建筑工人职业技能培训系列教材

钢 筋 工

主 编 张占伟

副主编 杨 龙

主 审 焦瑞生

中国建材工业出版社

图书在版编目（CIP）数据

钢筋工/张占伟主编；杨龙编．--北京：中国建材工业出版社，2020.5
建筑工人职业技能培训系列教材
ISBN 978-7-5160-2872-8

Ⅰ.①钢…　Ⅱ.①张…　②杨…　Ⅲ.①配筋工程－技术培训－教材　Ⅳ.①TU755.3

中国版本图书馆 CIP 数据核字（2020）第 055093 号

钢筋工
Gangjingong
主编　张占伟

出版发行：中国建材工业出版社
地　　址：北京市海淀区三里河路1号
邮　　编：100044
经　　销：全国各地新华书店
印　　刷：北京鑫正大印刷有限公司
开　　本：889mm×1194mm　1/32
印　　张：12.875
字　　数：330 千字
版　　次：2020 年 5 月第 1 版
印　　次：2020 年 5 月第 1 次
定　　价：**46.00 元**

建筑工人职业技能培训系列教材
编审委员会

出版说明

　　当前建筑工人流动性大、老龄化严重、技能素质偏低等问题，严重制约了建筑业的持续健康发展，为加快培育新时期建筑工人队伍，构建终身职业技能培训体系，广泛开展技能培训，全面提升企业职工岗位技能，强化工匠精神和职业素质培育，建设一支知识型、技能型、创新型的建筑业产业工人大军，满足建筑企业发展和建筑工人就业，河南省建设教育协会、河南省建设行业劳动管理协会联合成立了"建筑工人职业技能培训教材编审委员会"，组织相关建设类专业院校的教师和建筑施工企业的专家编写了《建筑工人职业技能培训系列教材》。

　　本系列教材依据国家及行业颁布的职业技能标准，紧扣建设行业对各工种的技能要求，对新技术、新工艺、新要求做了全新解读。本系列教材图文并茂、通俗易懂，理论与实践相结合，注重对建筑工人基本技能的培养，有助于工人对工艺规范、质量标准的理解。

　　《建筑工人职业技能培训系列教材》全套共 8 册，分为钢筋工、砌筑工、混凝土工、管道工、木工、油漆工、防水工、抹灰工等 8 个工种。每册教材涵盖初级、中级、高级三个级别的专业基础知识和专业技能的培训内容。

　　本系列教材可作为建筑工人职业培训考核用书，也可作为相关从业人员自学辅导用书或建设类专业职业院校参考用书，培训单位可依据国家或行业颁布的职业技能标准因需施教。

1

在此对参与教材编写及审稿的相关建设类院校教师和建筑施工企业行业专家表示衷心的感谢。

由于编写时间仓促，虽经多次修改，书中内容难免有不妥之处，恳请各位读者批评指正，提出宝贵意见，我们将在再版时予以修订完善。

建筑工人职业技能培训教材编审委员会

2020 年 5 月

目　　录

第二篇 钢筋工操作技能

第一篇　钢筋工理论知识

第一章　钢　　筋

第一节　钢筋的技术性质

一、钢筋的基本概念

钢筋是钢筋混凝土结构的重要构成成分，钢筋在混凝土结构中起到提高其承载能力，改善其工作性能的作用。

建筑结构中用的钢筋，要求具有较高的强度，良好的塑性，以便于加工和焊接。熟悉钢筋种类和强度等级，弄清钢筋的化学成分、生产工艺和加工条件，是钢筋工的基本素质。

钢筋是钢材的主要使用形式之一。钢材的化学成分主要是铁（Fe），但铁的强度很低，需要加入其他化学元素来改善其性能，如硅、锰、钛、钒、铬等化学元素。钢筋混凝土结构中的钢筋，按照化学成分的不同可以分为碳素钢和普通低合金钢。

碳素钢：碳素钢除含有铁元素外，还含有少量的碳、锰、硅、磷、硫等。根据含碳量的多少，又可划分为低碳钢（含碳量 <0.25%）、中碳钢（含碳量 0.25%～0.6%）和高碳钢（含碳量 0.6%～1.4%）。含碳量越高，强度越高，但塑性和可焊性越低；反之则强度越低，塑性和可焊性越好。

普通低合金钢：碳素钢中加入少量的合金元素，如锰、硅、镍、钛、钒等，生成普通低合金钢，如锰系（20锰硅、25锰硅）；硅钒系（40硅2锰钒、45硅锰钒）；硅钛系（45硅2锰钛）；硅锰系（40硅2锰、48硅2锰）；硅铬系（45硅2铬）。低合金钢能有效地提高钢材的强度和改善钢材的其他性能。

在钢的冶炼过程中，还会出现无法彻底清除的有害元素——磷和硫。它们的含量过多会使钢的塑性变差，易于脆断，并影响焊接质量。所以，合格的钢筋产品必须按相关标准限制这两种元素的含量。

二、钢筋的力学性能

钢筋的力学性能主要包括钢筋的强度和变形性能，可通过对钢筋单向拉伸试验得到的应力-应变曲线来分析说明。

1. 有明显流幅的钢筋

从图 1-1 的典型应力-应变曲线来看，应力值在 a 点以前，应力和应变按线性比例关系增长，a 点对应的应力称为比例极限。过了 a 点以后，应变比应力增长快，到达 b 点钢筋开始屈服，b 点称为屈服上限，当应力超过 b 点后，钢筋进入塑性阶段，应力随之下降到 c 点，c 点以后钢筋应力不变而应变增加很快，图形接近水平线，b 点到 c 点的水平部分称为屈服台阶。经过屈服台阶后，随着应变的增加，应力又继续增大，到 d 点时应力达到最大值，d 点对应的应力称为极限抗拉强度。d 点以后，应变迅速增加，应力随之下降，在测试试件上体现为试件薄弱处的截面突然显著减小，发生局部径缩现象，变形迅速增加达到 e 点，试件被拉断。

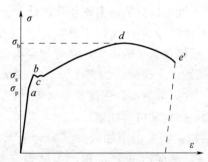

图 1-1　有明显流幅的钢筋应力-应变曲线

2. 无明显流幅的钢筋

没有明显流幅的钢筋应力-应变关系曲线则没有前者的屈服台

阶，而是直接到达强度极限，乃至破坏，具有脆性破坏的特点。

3. 钢筋的力学性能指标

混凝土结构中的钢筋既要有较高的强度，又要有良好的塑性。较高的强度可以提高结构构件的承载能力，塑性可以改善混凝土构件的变形性能。屈服强度、极限抗拉强度、伸长率和冷弯性能是进行钢筋检验的四项指标，对无明显屈服点的钢筋只测定后三项。

屈服强度：对于有明显屈服点的普通钢筋，图 1-1 中 c 点即为屈服强度（屈服下限）。对于无明显屈服点的预应力筋，一般取残余应变为 0.2% 时所对应的应力作为条件屈服强度。

极限抗拉强度：钢筋拉断前相应于最大拉力下的强度。实际中用强屈比（极限抗拉强度与屈服强度的比值）表示结构的可靠性潜力。在抗震结构中，要求强屈比不小于 1.25。

伸长率：钢筋试件拉断后的伸长值与原长的比率，按式（1-1）计算：

$$\delta = \frac{l - l_0}{l_0} \times 100\% \qquad (1-1)$$

式中 δ——断后伸长率；

l——钢筋拉断后的长度；

l_0——试件拉伸前的长度。

伸长率大的钢筋塑性性能好，拉断前有明显预兆；伸长率小的钢筋塑性性能差，破坏突然，呈现脆性特征。

冷弯性能：冷弯是将直径为 d 的钢筋绕直径为 D 的弯芯在常温下弯曲到规定的角度而无裂纹及起层现象，则表示合格。弯芯的直径 D 越小，弯转角越大，说明钢筋的塑性越好。图 1-2 为钢筋的弯曲性能。

三、钢筋的其他性能

1. 钢筋的应力松弛

钢筋在高拉力作用下，若保持其长度不变，其应力随时间增长而降低的现象称为应力松弛。应力松弛与钢筋中的应力、温度

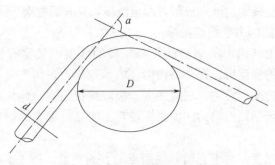

图 1-2　钢筋的弯曲试验

和钢筋品种有关。钢筋中的应力越大，松弛损失越大；温度越高，松弛越大；钢绞线的应力松弛比其他高强钢筋大。在预应力结构中钢筋应力松弛会引起预应力损失。

2. 钢筋的疲劳

钢筋在承受重复、周期性的动荷载作用下，经过一定次数后，突然脆性断裂的现象称为疲劳。钢筋的疲劳强度是指在某一规定应力幅度内，经受一定次数荷载循环（我国规定为 200 万次）后，发生疲劳破坏的最大应力值。一般认为，钢筋产生疲劳断裂是由于在外力作用下钢筋内部或外表面的缺陷引起了应力集中，钢筋中超负荷的晶粒发生滑移，产生疲劳裂纹，最后断裂。

影响疲劳强度的因素很多，如疲劳应力幅、最小应力值、钢筋直径、钢筋强度、试验方法等。

第二节　钢筋的规格与品种

钢筋种类很多，一般把直径为 3～5mm 的称为钢丝，直径为 6～12mm 的称为细钢筋，直径大于 12mm 的称为粗钢筋。钢筋通常按化学成分、在结构中的用途、轧制外形、生产工艺、力学性能以及直径大小进行分类。

一、按钢筋在构件中的作用分类

（1）受力钢筋：是指在外部荷载作用下，通过计算得出的构件所需配置的钢筋，包括受拉钢筋、受压钢筋等，见图 1-3。

图 1-3 梁钢筋骨架

（2）构造钢筋：因构造的构件要求或施工安装需要配置的钢筋，架力筋、分布筋、箍筋等都属于构造钢筋。

（3）箍筋：承受一部分斜拉应力，并固定受力筋的位置，多用于梁和柱内，见图 1-4、图 1-5。

（4）架立筋：用以固定梁内钢箍的位置，构成梁内的钢筋骨架。

（5）分布筋：用于屋面板、楼板内，与板的受力筋垂直布置，将承受的质量均匀传给受力筋，并固定受力筋的位置，以及抵抗热胀冷缩所引起的温度变形。

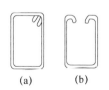

图 1-4 箍筋的形式
（a）封闭式；（b）开口式

（6）其他：因构件构造要求或施工安装需要而配置的构造筋，如腰筋、预埋锚固筋、环等。

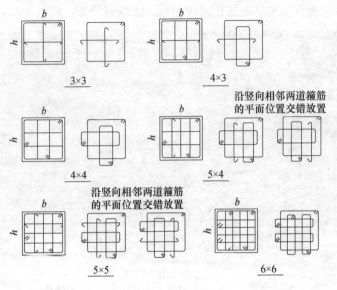

图 1-5 柱箍筋的形式

二、按钢筋外形分类（图1-6）

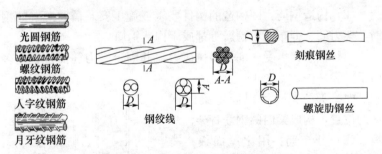

图 1-6 我国各种钢筋的形状

（1）光圆钢筋：轧制为光面圆形面的钢筋。

（2）带肋钢筋：又分为月牙肋钢筋和等高肋钢筋等。

（3）钢丝。

（4）钢绞线。

三、按生产工艺分类

1. 热轧钢筋

热轧钢筋由低碳钢、普通低合金钢或细晶粒钢在高温状态下轧制而成，是建筑工程中用量较大的钢材品种，主要用于钢筋混凝土和预应力混凝土结构的配筋。其强度由低到高分为 HPB300（符号 A）、HRB335（符号 B）、HRB400（符号 C）、HRBF400（符号 C^F）、RRB400（符号 C^R）、HRB500（符号 D）、HRBF500（符号 D^F）级。H 表示"热轧"、R 表示"带肋"、B 表示"钢筋"、F 表示"细晶粒"。其中 HPB300 为低碳钢，外形为光面圆形，称为光圆钢筋；HRB335、HRB400 和 HRB500 为普通低合金钢筋，HRBF400、HRBF500 为细晶粒钢筋，均在表面有肋，称为带肋钢筋或变形钢筋。

根据《钢筋混凝土用钢 第 1 部分：热轧光圆钢筋》（GB/T 1499.1—2017）和《钢筋混凝土用钢 第 2 部分：热轧带肋钢筋》（GB/T 1499.2—2018）的规定，热轧钢筋的力学性能和工艺性能应符合表 1-1 的要求。

表 1-1 热轧钢筋的力学性能及工艺性能

牌号	下屈服强度 R_{el}（MPa）	抗拉强度 R_m（MPa）	断后伸长率 A（%）	最大力总延伸率 A_{gt}（%）
	不小于			
HRB400 HRBF400	400	540	16	7.5
HRB400E HRBF400E			—	9.0
HRB500 HRBF500	500	630	15	7.5
HRB500E HRBF500E			—	9.0

2. 余热处理钢筋

余热处理钢筋是热轧后利用热处理原理进行表面控制冷却，并利用芯部余热自身完成回火处理所得的成品钢筋。根据《钢筋混凝土用余热处理钢筋》（GB 13014—2013）的规定，余热处理钢筋的力学性能特征值应符合表 1-2 的要求。

表 1-2　余热处理钢筋的力学性能特征值

牌号	R_{el}（MPa）	R_m（MPa）	A（%）	A_{gt}（%）
	不小于			
RRB400	400	540	14	5.0
RRB500	500	630	13	
RRB400W	430	570	16	7.5

热处理钢筋的特点：锚固性好、应力松弛率低、施工方便、质量稳定、节约钢材等。

3. 预应力筋

近年来，我国强度高、性能好的预应力钢筋（钢丝、钢绞线）已可充分供应，因此各种规范和标准中没再列入冷加工钢筋，增加了预应力品种；增补高强、大直径的钢绞线，列入大直径预应力螺纹钢筋，并列入中强度预应力钢丝。

中强度预应力钢丝的抗拉强度为 800～1270N/mm²，外形有光面（符号 A^{PM}）和螺旋肋（符号 A^{HM}）两种。补充中强度预应力筋的空缺，用于中小跨度的预应力构件。

消除应力钢丝的抗拉强度为 1470～1860N/mm²，外形也有光面（符号 A^P）和螺旋肋（符号 A^H）两种。

钢绞线（符号 A^S）抗拉强度为 1570～1960N/mm²，由多根高强钢丝扭结而成，常用的有 1×7（7 股）和 1×3（3 股）等。

预应力螺纹钢筋（符号 A^T）抗拉强度为 980～1230N/mm²，是用于预应力混凝土结构的大直径高强钢筋，这种钢筋在轧制时沿钢筋纵向全部轧有规律性的螺纹肋条，可用螺栓套筒连接和螺帽锚固，不需要再加工螺栓，也不需要焊接。

第三节 新材料性能及使用要求

一、新材料的使用说明

根据钢筋产品标准的修改，现行《混凝土结构设计规范》（GB 50010）不再限制钢筋化学成分和制作工艺，而按性能确定钢筋的牌号和强度级别，并以相应的符号表示。

增加强度为 500MPa 级的热轧带肋钢筋；推广 400MPa、500MPa 级高强热轧带肋钢筋作为纵向受力的主导钢筋，这是由于其高强度、高延性、良好的粘结性能和较高的性价比。限制并逐步淘汰 335MPa 级热轧带肋钢筋的应用。

RRB 系列余热处理钢筋，其强度有所提高，且价格相对较低，但延性、可焊性、机械连接性能及施工适应性稍差，应用受到一定限制，一般可在对变形性能及加工性能要求不高的构件中使用，如基础、大体积混凝土以及次要的中小结构构件等。

高效预应力混凝土对预应力筋的要求是强度高、低松弛，因此应以预应力钢绞线、钢丝为主导钢筋。

箍筋用于抗剪、抗扭及抗冲切设计时，其抗拉强度设计值受到限制，不宜采用强度高于 400MPa 级的钢筋。当用于约束混凝土的间接配筋时，其高强度可以得到充分发挥，采用 500MPa 级的钢筋具有一定的经济效益。

二、钢筋的选用

（1）强度要求：钢筋的屈服强度是结构构件承载力的主要依据，使用强度较高的钢筋可以节省钢材，取得较好的经济效果。但实际结构中钢筋的强度并非越高越好，高强钢筋在高应力下的变形会引起混凝土结构的过大变形和裂缝宽度。因此，宜优先选用 400MPa 和 500MPa 级钢筋。

（2）变形要求：为了保证混凝土结构构件具有良好的变形性能，在破坏前能给出即将破坏的预兆，不发生突然的脆性破坏，要求钢筋有良好的变形性能，并通过伸长率和冷弯试验进行检验。HPB300 级、HRB335 级和 HRB400 级热轧钢筋的延性和冷弯性能很好；钢丝和钢绞线具有较好的延性，但不能弯折，只能以直线或平缓曲线应用；余热处理钢筋 RRB400 级的冷弯性能也较差。

（3）可焊性要求：钢筋需要连接，连接可采用机械连接、焊接和搭接，其中焊接是一种主要的连接方式。可焊性好的钢筋焊接后不产生裂纹及过大的变形，焊接接头有良好的力学性能。焊接质量除了外观检查外，一般直接通过拉伸试验检验。

（4）粘结性能要求：粘结力是钢筋与混凝土能共同工作的基础，钢筋的表面形状凹凸不平与混凝土之间的机械咬合力是粘结力的主要部分，所以变形钢筋与混凝土的粘结性能最好。

（5）耐久性要求：细直钢筋和预应力钢筋容易遭受腐蚀而影响表面与混凝土的粘结性能，降低承载力。环氧树脂涂层钢筋或镀锌钢筋均可提高钢筋的耐久性，但降低了钢筋与混凝土之间的粘结性能。

（6）其他要求：经济性即强度价格比高的钢筋比较经济，不仅可以减少配筋率，方便施工，还减少了加工、运输、施工等一系列附加费用。

（7）低温性能：在寒冷地区要求钢筋具备抗低温性能，以防止钢筋低温冷脆而破坏。

第四节　钢筋的检验与保管

一、钢筋的检验

钢筋是混凝土构件中的重要组成部分，直接承受着各种荷载，因此，钢筋是否符合标准，直接影响着建筑物的安全和寿命。在钢筋施工中，必须加强对钢筋原材料的检验和保管工作，以贯彻落实"百年大计，质量第一"的基本建设方针。

钢筋通常按定尺长度交货，交货时的长度允许偏差为 $0 \sim +50mm$。

钢筋可按理论质量交货，也可按实际质量交货。按理论质量交货时，理论质量为钢筋长度乘以钢筋的每米理论质量。

每批钢筋的检验项目、取样方法应符合表 1-3 的规定。

表 1-3 钢筋检验项目和取样方法

序号	检验项目	取样数量（个）	取样方法
1	化学成分	1	现行 GB/T 20066
2	拉伸	2	不同根（盘）钢筋切取
3	弯曲	2	不同根（盘）钢筋切取
4	反向弯曲	1	任 1 根（盘）钢筋切取
5	尺寸	逐根（盘）	—
6	表面	逐根（盘）	—

拉伸、弯曲、反向弯曲试验试样不允许进行车削加工。

测量钢筋质量偏差时，试样应从不同根钢筋上截取，数量不少于 5 支，每支试样长度不小于 500mm。长度应逐支测量，应精确到 1mm。测量试样总质量时，应精确到不大于总质量的 1%。

钢筋表面采用目视检查。钢筋应在其表面轧上牌号标志、生产企业序号（许可证后 3 位数字）和公称直径毫米数字。钢筋应无有害的表面缺陷。当经钢丝刷刷过的试样的质量、尺寸、横截面面积和力学性能不低于规定的要求时，锈皮、表面不平整或氧化铁皮不作为拒收的理由。

钢筋的交货应在监理单位的见证下按批进行检查和验收，每批由同一牌号、同一炉罐号、同一规格的钢筋组成。每批质量通常不大于 60t。超过 60t 的部分，每增加 40t（或不足 40t 的余数），增加一个拉伸试验试样和一个弯曲试验试样。允许由同一牌号、同一冶炼方法、同一浇注方法的不同炉罐号组成混合批，但各炉罐号含碳量之差不大于 0.02%，含锰量之差不大于 0.15%。混合批的质量不大于 60t。

拉伸和弯曲试验，如有其中一项试验结果不符合标准要求，则从同一批中再任选双倍数量的试样进行该不合格项目的复验，复验结果若有一个指标不合格，即判定整批不合格。

二、钢筋的保管

钢筋的保管工作，是一项重要的工作，但往往没有引起人们足够的重视。特别是施工现场的一些管理人员，对钢筋乱堆乱放、日晒雨淋，习以为常，这种现象必须改变。这是因为，堆放不合理、保管不善，会造成钢筋锈蚀加剧，影响钢筋质量，锈蚀严重的需降级使用，这样就造成了浪费。

钢筋运到现场后，必须合理堆放、妥善保管，在堆放时，对不同等级、钢号、规格应分类堆放，不得混堆。如果分类不清会造成发货差错，以致造成严重的质量事故。因此，钢筋运到现场后，必须做到以下几点：

（1）对工程量较大、工期较长的单位工程，钢筋应堆放在仓库或简易料棚内，不得露天堆放。

（2）对工程量较小、工期较短的单位工程，或受条件限制的工地，应选择地势较高，土质坚实、较为平坦的场地堆放。钢筋下面要垫好垫木，离地面不宜小于 0.2m，且在四周挖好排水沟。

（3）钢筋应按不同等级、牌号、直径、长度等，分别挂牌堆放，并标明数量，做到账、物、牌三相符。条形钢筋最好设置堆放架，分格分类码放，以便于发货取货。

（4）钢筋不能和酸、碱、盐、油类等物品一起存放，存放的地点不得与有害气体生产车间靠近，以防钢筋被污染和锈蚀。

第二章 建筑识图与构造

第一节 结构施工图概述

一、钢筋混凝土基本概念

钢筋和混凝土都是土木工程中重要的建筑材料。混凝土有较好的抗压强度，但其抗拉强度很低，若将其应用于梁、板等受弯构件，则起不到承担荷载的作用。钢筋抗拉、抗压强度均很高，但细长条的钢筋受压易压屈，几乎不能形成实际承重结构。钢筋和混凝土两者经适当组合，则可充分发挥混凝土抗压性能好、钢筋抗拉强度高的优点。我们把凡是由钢筋和混凝土组成的结构构件统称为钢筋混凝土结构。

钢筋混凝土结构有着许多优点：

（1）能充分利用材料的力学性能，提高构件的承载能力；

（2）耐久性好，几乎不需要维修和养护；

（3）施工时能就地取材，可节约钢材，降低造价；

（4）可塑性好，适应性较强；

（5）具有良好的耐火性，混凝土包裹在钢筋的外面，起着保护作用；

（6）整体性好，对抗震、抗爆有利。

钢筋和混凝土是两种物理、力学性能截然不同的材料，能够结合在一起共同发挥作用，首先是由于混凝土硬化后，钢筋与混凝土之间有很好的粘结力（握裹力），在外荷载作用下能协调变形、共同工作。其次，钢筋与混凝土之间有较接近的温度膨胀系数，不会因温度变化产生过大的相对变形而破坏两者之间的粘结。最后，混凝土包裹在钢筋表面，能防止钢筋锈蚀，起保护作

13

用。混凝土本身对钢筋无腐蚀作用，从而保证了钢筋混凝土构件的耐久性。

二、钢筋的混凝土保护层

混凝土保护层厚度指最外层钢筋外边缘至混凝土表面的距离，见表 2-1。

表 2-1　混凝土保护层的最小厚度 （mm）

环境类别	板、墙	梁、柱
一	15	20
二$_a$	20	25
二$_b$	25	35
三$_a$	30	40
三$_b$	40	50

注意：

（1）本表适用于设计使用年限为 50 年的混凝土结构。

（2）构件中受力钢筋的保护层厚度不应小于钢筋的公称直径。

（3）一类环境中，设计使用年限为 100 年的结构最外层钢筋的保护层厚度不应小于表中数值的 1.4 倍；

（4）混凝土强度等级不大于 C25 时，表中保护层厚度数值应增加 5mm；

（5）基础底面钢筋的保护层厚度，有混凝土垫层时应从垫层顶面算起，且不应小于 40mm。

三、钢筋的锚固长度

钢筋受拉会产生向外的膨胀力，这个膨胀力导致拉力传送到构件表面。为了保证钢筋与混凝土之间有可靠的粘结，钢筋必须有一定的锚固长度。当计算中充分利用钢筋的强度时，受拉钢筋的锚固长度应按公式（2-1）计算：

$$l_{ab} = \alpha \frac{f_y}{f_t} d \tag{2-1}$$

式中　l_{ab}——受拉钢筋的基本锚固长度；

　　　f_y——受拉锚固钢筋的抗拉强度设计值；

f_t——锚固区混凝土的抗拉强度设计值；

d——锚固钢筋的直径；

α——锚固钢筋的外形系数；

《混凝土结构施工图平面基体表示方法　制图规则和构造详图（现浇混凝土框架、剪力墙、梁、板）》（16G101-1）中可查表得出受拉钢筋的基本锚固长度 l_{ab}（表 2-2）、抗震设计时受拉钢筋基本锚固长度 l_{abE}（表 2-3）、受拉钢筋锚固长度 l_{ab}（表 2-4）、受拉钢筋抗震锚固长度 l_{ab}（表 2-5）。

表 2-2　受拉钢筋的基本锚固长度 l_{ab}

钢筋种类	混凝土强度等级								
	C20	C25	C30	C35	C40	C45	C50	C55	≥C60
HPB300	$39d$	$34d$	$30d$	$28d$	$25d$	$24d$	$23d$	$22d$	$21d$
HRB335、HRBF335	$38d$	$33d$	$29d$	$27d$	$25d$	$23d$	$22d$	$21d$	$21d$
HRB400、HRBF400 RRB400	—	$40d$	$35d$	$32d$	$29d$	$28d$	$27d$	$26d$	$25d$
HRB500、HRBF500	—	$48d$	$43d$	$39d$	$36d$	$34d$	$32d$	$31d$	$30d$

表 2-3　抗震设计时受拉钢筋基本锚固长度 l_{abE}

钢筋种类及抗震等级		混凝土强度等级								
		C20	C25	C30	C35	C40	C45	C50	C55	≥C60
HPB300	一、二级	$45d$	$39d$	$35d$	$32d$	$29d$	$28d$	$26d$	$25d$	$24d$
	三级	$41d$	$36d$	$32d$	$29d$	$26d$	$25d$	$24d$	$23d$	$22d$
HRB335 HRBF335	一、二级	$44d$	$38d$	$33d$	$31d$	$29d$	$26d$	$25d$	$24d$	$24d$
	三级	$40d$	$35d$	$31d$	$28d$	$26d$	$24d$	$23d$	$22d$	$22d$
HRB400 HRBF400	一、二级	—	$46d$	$40d$	$37d$	$33d$	$32d$	$31d$	$30d$	$29d$
	三级	$42d$	$37d$	$34d$	$30d$	$29d$	$28d$	$27d$	$26d$	
HRB500 HRBF500	一、二级		$55d$	$49d$	$45d$	$41d$	$39d$	$37d$	$36d$	$35d$
	三级	—	$50d$	$45d$	$41d$	$38d$	$36d$	$34d$	$33d$	$32d$

对受压钢筋而言，钢筋受压后加大了界面的摩擦力和咬合力，对锚固受力有利。因此，受压钢筋的锚固长度应小于受拉钢筋的锚固长度。试验研究及工程实践表明，当计算中充分利用受压钢筋的抗压强度时，其锚固长度不应小于相应受拉钢筋锚固长度的 70%。

表 2-4　受拉钢筋锚固长度 l_{ab}

钢筋种类	混凝土强度等级																
	C20	C25		C30		C35		C40		C45		C50		C55		C60	
	d≤25	d≤25	d>25	d≤25	d>25	d≤25	d>25	d≤25	d>25	d≤25	d>25	d≤25	d>25	d≤25	d>25	d≤25	d>25
HPB300	39d	34d	—	30d	—	28d	—	25d	—	24d	—	23d	—	22d	—	21d	—
HRB335、HRBF335	38d	33d	—	29d	—	27d	—	25d	—	23d	—	22d	—	21d	—	21d	—
HRB400、HRBF400、RRB400	—	40d	44d	35d	39d	32d	35d	29d	32d	28d	31d	27d	30d	26d	29d	25d	28d
HRB500、HRBF500	—	48d	53d	43d	47d	39d	43d	36d	40d	34d	37d	32d	35d	31d	34d	30d	33d

表 2-5　受拉钢筋抗震锚固长度 l_{abE}

钢筋种类及抗震等级		混凝土强度等级																
		C20	C25		C30		C35		C40		C45		C50		C55		C60	
		d≤25	d≤25	d>25	d≤25	d>25	d≤25	d>25	d≤25	d>25	d≤25	d>25	d≤25	d>25	d≤25	d>25	d≤25	d>25
HPB300	一、二级	45d	39d	—	35d	—	32d	—	29d	—	28d	—	26d	—	25d	—	24d	—
	三级	41d	36d	—	32d	—	29d	—	26d	—	25d	—	24d	—	23d	—	22d	—
HRB335	一、二级	44d	38d	—	33d	—	31d	—	29d	—	26d	—	25d	—	24d	—	24d	—
HRBF335	三级	40d	35d	—	30d	—	28d	—	26d	—	24d	—	23d	—	22d	—	22d	—
HRB400	一、二级	—	46d	51d	40d	45d	37d	40d	33d	37d	32d	36d	31d	35d	30d	33d	29d	32d
HRBF400	二级	—	42d	46d	37d	41d	34d	37d	30d	34d	29d	33d	28d	32d	27d	30d	26d	29d
HRB500	一、二级	—	55d	61d	49d	54d	45d	49d	41d	46d	39d	43d	37d	40d	36d	39d	35d	38d
HRBF500	三级	—	50d	56d	45d	49d	41d	45d	38d	42d	36d	39d	34d	37d	33d	36d	32d	35d

四、机械锚固

工程实际中，若构件的支承长度不够，仅仅依靠钢筋自身的锚固无法满足受力钢筋的锚固要求时，应采用机械锚固措施。机械锚固形式如图 2-1 所示。

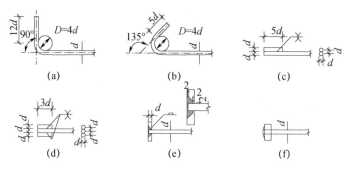

图 2-1　机械锚固形式及要求

（a）末端带 90°弯钩；（b）末端带 135°弯钩；（c）末端一侧贴焊锚筋；
（d）末端两侧贴焊锚筋；（e）末端与钢板穿孔塞焊；（f）末端带螺栓锚头

机械锚固虽能满足锚固承载力的要求，但仍需要一定的锚固长度与其配合，采取机械锚固措施后，其锚固长度（包括锚头在内的水平投影长度）可取基本锚固长度的 60%。

五、纵向钢筋的连接

当纵向钢筋长度不够，需要接头时，可采用绑扎搭接、机械连接或焊接进行连接。

受力钢筋连接接头应设置在受力较小处，且同一根钢筋上宜少设接头。凡连接接头中点位于该连接区段长度内的连接接头均属于同一连接区段。同一连接区段内，纵向受力钢筋连接接头面积百分率为该区段内有连接接头的纵向受力钢筋与全部纵向受力钢筋截面面积的比值。当直径不同的钢筋搭接时，按直径较小的钢筋计算。

同一构件中相邻纵向受拉钢筋的绑扎搭接接头宜相互错开。两搭接接头的中心间距应大于 $1.3l_l$，如图 2-2 所示。

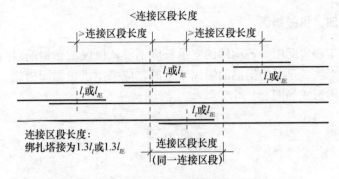

图 2-2　同一连接区段内纵向受拉钢筋绑扎搭接接头

当受拉钢筋直径＞25mm 及受压钢筋直径＞28mm 时，不宜采用绑扎搭接。

同一连接区段内的受拉钢筋搭接接头面积百分率，对梁类、板类及墙类构件，不宜大于 25％；对柱类构件，不宜大于 50％。

纵向受拉钢筋绑扎搭接接头的搭接长度，应根据表 2-6、表 2-7计算，但任何情况下，不应小于 300mm。

构件中纵向受压钢筋采用搭接连接时，其受压搭接长度应不小于 $0.7l_l$，且不应小于 200mm。

在受力钢筋搭接长度范围内应配置箍筋，箍筋直径不小于搭接钢筋直径的 1/4；对梁，其箍筋间距应不大于搭接钢筋较小直径的 5 倍，且不大于 100mm。当受压钢筋直径大于 25mm 时，应在搭接接头两端外侧 100mm 范围内各设置两道箍筋，如图 2-3所示。

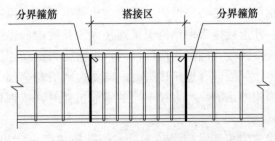

图 2-3　纵向受力钢筋搭接区箍筋构造

表 2-6　纵向受拉钢筋搭接长度 l_l

钢筋种类及同一区段内搭接钢筋面积百分率		C20 d≤25	C20 d>25	C25 d≤25	C25 d>25	C30 d≤25	C30 d>25	C35 d≤25	C35 d>25	C40 d≤25	C40 d>25	C45 d≤25	C45 d>25	C50 d≤25	C50 d>25	C55 d≤25	C55 d>25	C60 d≤25	C60 d>25
HPB300	≤25%	47d	—	41d	—	36d	—	34d	—	30d	—	29d	—	28d	—	26d	—	25d	—
	50%	55d	—	48d	—	42d	—	39d	—	35d	—	34d	—	32d	—	31d	—	29d	—
	100%	62d	—	54d	—	48d	—	45d	—	40d	—	38d	—	37d	—	35d	—	34d	—
HRB335 HRBF335	≤25%	46d	—	40d	—	35d	—	32d	—	30d	—	28d	—	26d	—	25d	—	25d	—
	50%	53d	—	46d	—	41d	—	38d	—	35d	—	32d	—	31d	—	29d	—	29d	—
	100%	61d	—	53d	—	46d	—	43d	—	40d	—	37d	—	35d	—	34d	—	34d	—
HRB400 HRBF400	≤25%	—	—	48d	53d	42d	47d	38d	42d	35d	38d	34d	37d	32d	36d	31d	35d	30d	34d
	50%	—	—	56d	62d	49d	55d	45d	49d	41d	45d	39d	43d	38d	42d	36d	41d	35d	39d
	100%	—	—	64d	70d	56d	62d	51d	56d	46d	51d	45d	50d	43d	48d	42d	46d	40d	45d
HRB500 HRBF500	≤25%	—	—	58d	64d	52d	56d	47d	52d	43d	48d	41d	44d	38d	42d	37d	41d	36d	40d
	50%	—	—	67d	74d	60d	66d	55d	60d	50d	56d	48d	52d	45d	49d	43d	48d	42d	46d
	100%	—	—	77d	85d	69d	75d	62d	69d	58d	64d	54d	59d	51d	56d	50d	54d	48d	53d

混凝土强度等级

表 2-7　纵向受拉钢筋抗震搭接长度 l_{lE}

钢筋种类及同一区段内搭接钢筋面积百分率		C20	C25		C30		C35		C40		C45		C50		C55		C60	
		$d\leqslant25$	$d\leqslant25$	$d>25$	$d\leqslant25$	$d>25$	$d\leqslant25$	$d>25$	$d\leqslant25$	$d>25$	$d\leqslant25$	$d>25$	$d\leqslant25$	$d>25$	$d\leqslant25$	$d>25$	$d\leqslant25$	$d>25$
一、二级抗震等级	HPB300 ≤25%	54d	47d	—	42d	—	38d	—	35d	—	34d	—	31d	—	30d	—	29d	—
	HPB300 50%	63d	55d	—	49d	—	45d	—	41d	—	39d	—	36d	—	35d	—	34d	—
	HRB335 HRBF335 ≤25%	53d	46d	—	40d	—	37d	—	35d	—	31d	—	30d	—	29d	—	29d	—
	HRB335 HRBF335 50%	62d	53d	—	46d	—	43d	—	41d	—	36d	—	35d	—	34d	—	34d	—
	HRB400 HRBF400 ≤25%	—	55d	61d	48d	54d	44d	48d	40d	44d	38d	43d	37d	42d	36d	40d	35d	38d
	HRB400 HRBF400 50%	—	64d	71d	56d	63d	52d	56d	46d	52d	45d	50d	43d	49d	42d	46d	41d	45d
	HRB500 HRBF500 ≤25%	—	66d	73d	59d	65d	54d	59d	49d	55d	47d	52d	44d	48d	43d	47d	42d	46d
	HRB500 HRBF500 50%	—	77d	85d	69d	76d	63d	69d	57d	64d	55d	60d	52d	56d	50d	55d	49d	53d
三级抗震等级	HPB300 ≤25%	49d	43d	—	38d	—	35d	—	31d	—	30d	—	29d	—	28d	—	26d	—
	HPB300 50%	57d	50d	—	45d	—	41d	—	36d	—	35d	—	34d	—	32d	—	31d	—
	HRB335 HRBF335 ≤25%	48d	42d	—	36d	—	34d	—	31d	—	29d	—	29d	—	26d	—	26d	—
	HRB335 HRBF335 50%	56d	49d	—	42d	—	39d	—	36d	—	34d	—	32d	—	31d	—	31d	—
	HRB400 HRBF400 ≤25%	—	50d	55d	44d	49d	41d	44d	36d	41d	35d	40d	34d	38d	32d	36d	31d	35d
	HRB400 HRBF400 50%	—	59d	64d	52d	57d	48d	52d	42d	48d	41d	46d	39d	45d	38d	42d	36d	41d
	HRB500 HRBF500 ≤25%	—	60d	67d	54d	59d	49d	54d	46d	50d	43d	47d	41d	44d	40d	43d	38d	42d
	HRB500 HRBF500 50%	—	70d	78d	63d	69d	57d	63d	53d	59d	50d	55d	48d	52d	46d	50d	45d	49d

第二节 建筑工程施工图识读

建筑工程施工图是表示建筑工程项目总体布局，建筑物的外部形状、内部布置、结构构造、内外装修、材料做法以及设备、施工等要求的图纸，具有图纸齐全、表达准确、要求具体的特点。它是建筑工程设计工作的最后成果，是进行建筑工程施工、编制施工图预算和施工组织设计的依据，也是进行施工技术管理的重要技术文件。

建筑工程施工图的内容包括：总平面图、建筑设计说明、门窗表、各层建筑平面图、各朝向建筑立面图、剖面图和各种详图。

一、图纸审核

钢筋工进行图纸审核的要点有：

（1）施工图纸是否经正规设计单位正式签章、是否通过有关部门评审；

（2）建筑图与结构图的表示方法是否清楚且符合制图标准，有无表达不规范，容易造成理解偏差，须进一步澄清的问题；

（3）建筑结构与各专业图纸本身是否有差错及矛盾，设计钢筋锚固长度是否符合其抗震等级的规范要求等；

（4）核对建筑物、构筑物平面坐标、尺寸及标高，核对与电气设备、采暖通风、给排水、设备安装有关的预留洞，以及预埋件位置、尺寸有无错、漏，预埋件是否有详图；

（5）钢筋混凝土结构构件应有详细、完整的配筋图，包括必要的剖面、节点配筋详图、洞口或其他需局部加强区的配筋、钢筋接头形式、钢筋保护层厚度等，且图面钢筋应有编号并附钢筋表、钢材汇总表等内容；

（6）需要焊接的材料、除锈质量等级，焊接检验要求等设计应予明确规定；

（7）有腐蚀介质区域的建筑物、构筑物是否需要采取一定的

21

防腐蚀措施。

二、结构施工图的识读

将结构构件的设计结果绘成图样可以指导工程施工，这种图样称为结构施工图，简称"结施"。结构施工图是表达房屋承重构件（如基础、梁、板、柱及其他构件）的布置、形状、大小、材料、构造及其相互关系的图样，主要用来作为施工放线、开挖基槽、支模板、绑扎钢筋、设置预埋件、浇捣混凝土和安装梁、板、柱等构件及编制预算和施工组织计划等的依据。结构施工图是在建筑施工图的基础上作出的，必须密切与建筑施工图配合，两种施工图不能有矛盾。

结构施工图一般包括结构平面布置图（如基础平面布置图、楼层平面布置图、屋顶平面布置图）、结构构件详图（梁、柱、板及基础结构详图、楼梯结构详图等）。

目前建筑结构施工图是按建筑结构施工图平面整体设计方法（简称"平法"）的国家建筑标准设计图集绘制的。概括来讲，平法的表达形式是把结构构件的尺寸和配筋等，按照平面整体表示方法制图规则，整体直接表达在各类构件的结构平面布置图上，再与标准构造详图相配合，构成一套完整的结构设计施工图纸。出图时，宜按基础、柱、剪力墙、梁、板、楼梯及其他构件的顺序排列。

第三节　16G101 图集概述

一、16G101 图集总说明

（1）本图集根据住房城乡建设部建质函〔2016〕89 号《关于印发〈二〇一六年国家建筑标准设计编制工作计划〉的通知》进行编制。

（2）本图集是混凝土结构施工图采用建筑结构施工图平面整体设计方法的国家建筑标准设计图集。

（3）本图集标准构造详图的主要设计依据：

《中国地震动参数区划图》（GB 18306—2015）

《混凝土结构设计规范》（2015 年版）（GB 50010—2010）

《建筑抗震设计规范》（2016 年版）（GB 50011—2010）

《高层建筑混凝土结构技术规程》（JGJ 3—2010）

《建筑结构制图标准》（GB/T 50105—2010）

当依据的标准进行修订或有新的标准出版实施时，本图集与现行工程建设标准不符的内容、限制或淘汰的技术产品，视为无效。工程技术人员在参考使用时，应注意加以区分，并应对本图集相关内容进行复核后使用。

（4）本图集包括基础顶面以上的现浇混凝土柱、剪力墙、梁、板（包括有梁楼盖和无梁楼盖）等构件的平法制图规则和标准构造详图两大部分内容。

（5）本图集适用于抗震设防烈度为 6～9 度地区的现浇混凝土框架、剪力墙、框架-剪力墙和部分框支剪力墙等主体结构施工图的设计，以及各类结构中的现浇混凝土板（包括有梁楼盖和无梁楼盖）、地下室结构部分现浇混凝土墙体、柱、梁、板结构施工图的设计。

（6）本图集的制图规则，既是设计者完成平法施工图的依据，也是施工、监理人员准确理解和实施平法施工图的依据。

（7）本图集中未包括的构造详图，以及其他未尽事项，应在具体设计中由设计者另行设计。

（8）当具体工程设计中需要对本图集的标准构造详图做某些变更，设计者应提供相应的变更内容。

（9）本图集构造节点详图中的钢筋部分采用红色线条表示。

（10）本图集的尺寸以毫米（mm）为单位，标高以米（m）为单位。

二、平面整体表示方法制图规则

（1）为了规范使用建筑结构施工图平面整体设计方法，保证按平法设计绘制的结构施工图实现全国统一，确保设计、施工质量，特制定本制图规则。

（2）本图集制图规则适用于基础顶面以上各种现浇混凝土结构的框架、剪力墙、梁、板（有梁楼盖和无梁楼盖）等构件的结构施工图设计。

（3）当采用本制图规则时，除遵守本图集有关规定外，还应符合国家现行有关标准。

（4）按平法设计绘制的施工图，一般由各类结构构件的平法施工图和标准构造详图两大部分构成，但对复杂的工业与民用建筑，尚需增加模板、开洞和预埋件等平面图。只有在特殊情况下才需增加剖面配筋图。

（5）按平法设计绘制结构施工图时，必须根据具体工程设计，按照各类构件的平法制图规则，在按结构（标准）层绘制的平面布置图上直接表示各构件的尺寸、配筋。出图时，宜按基础、柱、剪力墙、梁、板、楼梯及其他构件的顺序排列。

（6）在平面布置图上表示各构件尺寸和配筋的方式，分平面注写方式、列表注写方式和截面注写方式三种。

（7）按平法设计绘制结构施工图时，应将所有柱、剪力墙、梁和板等构件进行编号，编号中含有类型代号和序号等。其中，类型代号的主要作用是指明所选用的标准构造详图：在标准构造详图上，已经按其所属构件类型注明代号，以明确该详图与平法施工图中该类型构件的互补关系，使两者结合构成完整的结构设计图。

（8）按平法设计绘制结构施工图时，应当用表格或其他方式注明包括地下和地上各层的结构层楼（地）面标高、结构层高及相应的结构层号。

其结构层楼面标高和结构层高在单项工程中必须统一，以保证基础、柱与墙、梁、板、楼梯等用同一标准竖向定位。为施工方便，应将统一的结构层楼面标高和结构层高分别放在柱、墙、梁等各类构件的平法施工图中。

注意：结构层楼面标高系指将建筑图中的各层地面和楼面标高值扣除建筑面层及垫层做法厚度后的标高，结构层号应与建筑楼层号对应一致。

（9）为了确保施工人员准确无误地按平法施工图进行施工，在具体工程施工图中必须写明以下与平法施工图密切相关的内容：

① 注明所选用平法标准图的图集号（如本图集号为 16G101-1），以免图集升版后在施工中用错版本。

② 写明混凝土结构的设计使用年限。

③ 应写明抗震设防烈度及抗震等级，以明确选用相应抗震等级的标准构造详图。

④ 写明各类构件在不同部位所选用的混凝土的强度等级和钢筋级别，以确定相应纵向受拉钢筋的最小锚固长度及最小搭接长度等。

当采用机械锚固形式时，设计者应指定机械锚固的具体形式、必要的构件尺寸以及质量要求。

⑤ 当标准构造详图有多种可选择的构造做法时写明在何部位选用何种构造做法。当未写明时，则为设计人员自动授权施工人员可以任选一种构造做法进行施工。例如：框架顶层端节点配筋构造、复合箍中拉筋弯钩做法、无支承板端部封边构造等。

某些节点要求设计者必须写明在何部位选用何种构造做法。例如：板的上部纵向钢筋在端支座的构造，地下室外墙与顶板的连接，剪力墙上柱 QZ 纵筋的构造方式，剪力墙水平分布钢筋是否计入约束边缘构件体积配箍率计算，非底部加强部位剪力墙构造边缘构件是否设置外圈封闭箍筋等。

⑥ 写明柱（包括墙柱）纵筋、墙身分布筋、梁上部贯通筋等在具体工程中需接长时所采用的连接形式及有关要求。必要时，尚应注明对接头的性能要求。

轴心受拉及小偏心受拉构件的纵向受力钢筋不得采用绑扎搭接，设计者应在平法施工图中注明其平面位置及层数。

⑦ 写明结构不同部位所处的环境类别。

⑧ 注明上部结构的嵌固部位位置；框架柱嵌固部位不在地下室顶板，但仍需考虑地下室顶板对上部结构实际存在嵌固作用时，也应注明。

⑨ 设置后浇带时，注明后浇带的位置、浇注时间和后浇混凝土的强度等级以及其他特殊要求。

⑩ 当柱、墙或梁与填充墙需要拉结时，其构造详图应由设计者根据墙体材料和规范要求选用相关国家建筑标准设计图集或自行绘制。

⑪ 当具体工程需要对本图集的标准构造详图做局部变更时，应注明变更的具体内容。

⑫ 当具体工程中有特殊要求时，应在施工图中另加说明。

（10）对钢筋的混凝土保护层厚度、钢筋搭接和锚固长度，除在结构施工图中另有注明者外，均需按本图集标准构造详图中的有关构造规定执行。

第四节　柱平法施工图

一、柱平法施工图的表示方法

1. 柱平法施工图系在柱平面布置图上采用列表注写方式或截面注写方式表达。

柱平面布置图，主要表达柱或剪力墙的平面位置（与定位轴线之间的关系），可采用适当比例单独绘制柱平面布置图；当主体结构为框架-剪力墙结构时，柱与剪力墙平面布置图合并绘制。

2. 在柱平法施工图中，应注明各结构层的楼面标高、结构层高及相应的结构层号，尚应注明上部结构嵌固部位位置。

3. 上部结构嵌固部位的注写要求：

① 框架柱嵌固部位在基础顶面时，无须注明。

② 框架柱嵌固部位不在基础顶面时，在层高表嵌固部位标高下使用双细线注明，并在层高表下注明上部结构嵌固部位标高。

③ 框柱嵌固部位不在地下室顶板，但仍需考虑地下室顶板对上部结构实际存在嵌固作用时，可在层高表地下室顶板标高下使用双虚线注明，此时首层柱端箍筋加密区长度范围及纵筋连接位置均按嵌固部位要求设置。

4.列表注写方式。

（1）列表注写方式，系在柱平面布置图上（一般只需采用适当比例绘制一张柱平面布置图，包括框架柱、框支柱、梁上柱和剪力墙上柱），分别在同一编号的柱中选择一个（有时需要选择几个）截面标注几何参数代号；在柱表中注写柱编号、柱段起止标高、几何尺寸（含柱截面对轴线的偏心情况）与配筋的具体数值，并配以各种柱截面形状及其箍筋类型图的方式，来表达柱平法施工图。

（2）柱编号

由柱类型代号和序号组成，应符合表 2-8 的规定。

表 2-8　柱编号

柱类型	代号	序号	柱类型	代号	序号
框架柱	KZ	××	梁上柱	LZ	××
转换柱	ZHZ	××	剪力墙上柱	QZ	××
芯柱	XZ	××			

注意：编号时，当柱的总高、分段截面尺寸和配筋均对应相同，仅截面与轴线的关系不同时，仍可视其为同号，但应在图中注明截面与轴线的关系。

（3）各段柱的起止标高。注写各段柱的起止标高，自柱根部往上以变截面位置或截面未变但配筋改变处为界分段注写。框架柱和转换柱的根部标高是指基础顶面标高；芯柱的根部标高是指根据结构实际需要而定的起始位置标高；梁上柱的根部标高是指梁顶面标高；剪力墙上柱的根部标高为墙顶面标高。

注意：对剪力墙上柱 QZ 在 16G101 图集中提供了"柱纵筋锚固在墙顶部""柱与墙重叠一层"两种构造做法，设计人员应注明选用哪种做法。当选用"柱纵筋锚固在墙顶部"做法时，剪力墙平面外方向应设梁。

（4）柱截面尺寸 $b \times h$ 及与轴线关系的几何参数。

① 对矩形柱，注写柱截面尺寸 $b \times h$ 及与轴线关系的几何参数代号 b_1、b_2 和 h_1、h_2 的具体数值，须对应各段柱分别注写。其中 $b=b_1+b_2$，$h=h_1+h_2$。当截面的某一边收缩变化至与轴线重合

27

或偏离轴线的另一侧时，b_1、b_2、h_1、h_2中的某项为零或为负值。

② 对圆柱，表中 $b×h$ 一栏改用在圆柱直径数字前加 d 表示。为表达简单，圆柱截面与轴线的关系也用 b_1、b_2 和 h_1、h_2 表示，并使 $d=b_1+b_2=h_1+h_2$。

③ 对芯柱，根据结构需要，可以在某些框架柱的一定高度范围内，在其内部的中心位置设置（分别引注其柱编号）。芯柱中心应与柱中心重合，并标注其截面尺寸，按 16G101 图集标准构造详图施工；当设计者采用与本构造详图不同的做法时，应另行注明。芯柱定位随框架柱，不需要注写其与轴线的几何关系。

（5）柱纵筋。当柱纵筋直径相同，各边根数也相同时（包括矩形柱、圆柱和芯柱），将纵筋注写在"全部纵筋"一栏中；除此之外，柱纵筋分角筋、截面 b 边中部筋和 h 边中部筋三项分别注写（对采用对称配筋的矩形截面柱，可仅注写一侧中部筋，对称边省略不注；对采用非对称配筋的矩形截面柱，必须每侧均注写中部筋）。

（6）柱箍筋、箍筋种类型号及箍筋肢数。在箍筋类型栏内注写箍筋类型号与肢数。

用"/"区分柱端箍筋加密区与柱身非加密区长度范围内箍筋的不同间距。施工人员需根据标准构造详图的规定，在规定的几种长度值中取其最大者作为加密区长度。当框架节点核心区内箍筋与柱端箍筋设置不同时，应在括号中注明核心区箍筋直径及间距。

当箍筋沿柱全高为一种间距时，则不使用"/"。

当圆柱采用螺旋箍筋时，需在箍筋前加"L"。

具体工程所设计的各种箍筋类型图以及箍筋复合的具体方式，需画在表的上部或图中的适当位置，并在其上标注与表中相对应的 b、h 和类型号。

注意：确定箍筋肢数时要满足对柱纵筋"隔一拉一"以及箍筋肢距的要求。

（7）截面注写方式。

① 截面注写方式，系在柱平面布置图的柱截面上，分别在同一编号的柱中选择一个截面，以直接注写截面尺寸和配筋具体数值的方式来表达柱平法施工图。

② 对除芯柱之外的所有柱截面按表 2-8 的规定进行编号，从

相同编号的柱中选择一个截面，按另一种比例原位放大绘制柱截面配筋图，并在各配筋图上继其编号后注写截面尺寸 $b \times h$、角筋或全部纵筋（当纵筋采用一种直径且能够图示清楚时）、箍筋的具体数值，以及在柱截面配筋图上标注柱截面与轴线关系 b_1、b_2、h_1、h_2 的具体数值。

当纵筋采用两种直径时，需再注写截面各边中部筋的具体数值（对采用对称配筋的矩形截面柱，可仅在一侧注写中部筋，对称边省略不注）。

当在某些框架柱的一定高度范围内，在其内部的中心位设置芯柱时，首先按照表 2-8 的规定进行编号，继其编号之后注写芯柱的起止标高、全部纵筋及箍筋的具体数值，芯柱截面尺寸按构造确定，并按标准构造详图施工，设计不注；当设计者采用与构造详图不同的做法时，应另行注明。芯柱定位随框架柱，不需要注写其与轴线的几何关系。

③ 在截面注写方式中，如柱的分段截面尺寸和配筋均相同，仅截面与轴线的关系不同，可将其编为同一柱号，但此时应在未画配筋的柱面上注写该柱截面与轴线关系的具体尺寸。

示例见图 2-4。

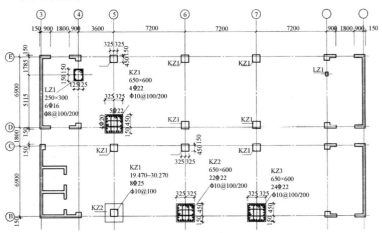

图 2-4　柱平法施工图（截面式）示例

二、柱标准构造详图

1. 柱纵向钢筋在基础中的锚固

柱纵向钢筋在基础中的构造见表2-9。

表 2-9　柱纵向钢筋在基础中的构造

构造图	相关说明
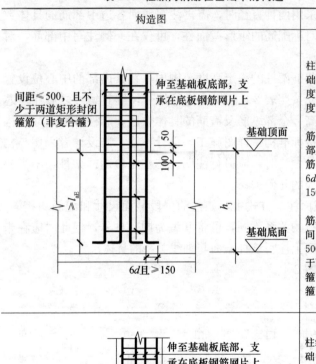	1. 适用条件：柱纵向钢筋在基础中的保护层厚度>5d，基础高度满足直锚。 2. 柱纵向钢筋伸至基础板底部并支在底板钢筋网上，弯折6d且不小于150mm。 3. 柱纵向钢筋在基础内设置间距不大于500mm，且不少于两道矩形封闭箍筋（非复合箍）
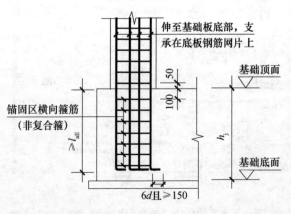	1. 适用条件：柱纵向钢筋在基础中的保护层厚度≤5d，基础高度满足直锚。 2. 柱纵向钢筋伸至基础板底部并支在底板钢筋网上，弯折6d且不小于150mm。 3. 柱纵向钢筋在基础内设置锚固区横向箍筋（非复合箍）

构造图	相关说明
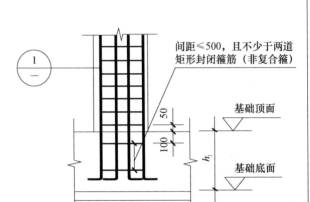	1. 适用条件：柱纵向钢筋在基础中的保护层厚度＞5d，基础高度不满足直锚。 2. 柱插筋伸至基础板底部并支在底板钢筋网上，固定垂直段不小于 0.6l_{aE} 且不小于 20d，弯折 15d（见节点①构造）。 3. 柱纵向钢筋在基础内设置间距不大于 500mm，且不少于两道矩形封闭箍筋（非复合箍）
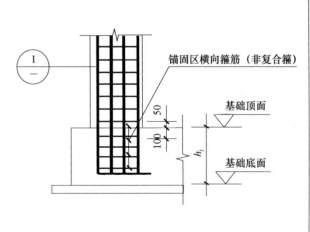	1. 适用条件：柱纵向钢筋在基础中的保护层厚度≤5d，基础高度不满足直锚。 2. 柱插筋伸至基础板底部并支在底板钢筋网上，固定垂直段不小于 0.6l_{aE} 且不小于 20d，弯折 15d（见节点①构造）。 3. 柱纵向钢筋在基础内设置锚固区横向箍筋（非复合箍）

续表

构造图	相关说明
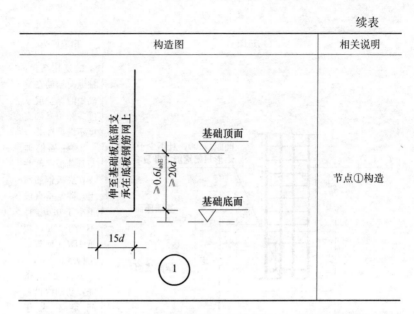	节点①构造

（1）表 2-9 中 h_j 为基础底面至基础顶面的高度；柱下为基础梁时，h_j 为梁底面至顶面的高度。当柱两侧基础梁标高不同时取较低标高。

（2）锚固区横向箍筋直径应满足直径 $\geqslant d/4$（d 为纵筋最大直径），间距 $\leqslant 5d$（d 为纵筋最小直径）且 $\leqslant 100mm$ 的要求。

（3）当柱纵筋在基础中保护层厚度不一致（如纵筋部分位于梁中，部分位于板内），保护层厚度不大于 $5d$ 的部分应设置锚固区横向钢筋。

（4）当符合下列条件之一时，可仅将柱四角纵筋伸至底板钢筋网片上或者筏形基础中间层钢筋网片上（伸至钢筋网片上的柱纵筋间距不应大于 $1000mm$），其余纵筋锚固在基础顶面下 l_{aE} 即可。条件 1：柱为轴心受压或小偏心受压，基础高度或基础顶面至中间层钢筋网片顶面距离不小于 $1200mm$。条件 2：柱为大偏心受压，基础高度或基础顶面至中间层钢筋网片顶面距离不小于 $1400mm$。

2. KZ 纵向钢筋连接构造（地下室部分）

地下室 KZ 纵向钢筋连接构造见图 2-5。

图中 h_c 表示柱截面长边尺寸（圆柱为截面直径）；H_n 表示所

在楼层的柱净高；d 表示框架柱纵向钢筋直径；l_{lE} 表示纵向受拉钢筋抗震绑扎搭接长度。

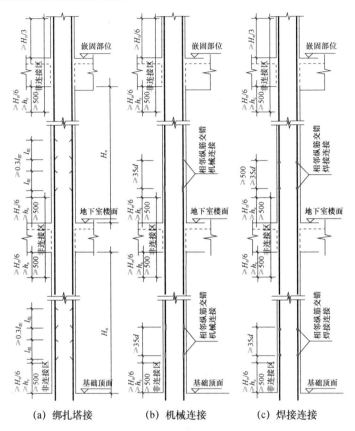

(a) 绑扎搭接　　(b) 机械连接　　(c) 焊接连接

图 2-5　地下室 KZ 纵向钢筋连接构造

(a) 绑扎搭接；(b) 机械连接；(c) 焊接连接

3. KZ 纵向钢筋连接构造（楼层部分）

一般楼层 KZ 纵向钢筋连接构造见图 2-6。楼层上下 KZ 纵向钢筋配置不同时的连接构造见图 2-7。

（1）非连接区是指柱纵筋不允许在这个区域之内进行连接。

（2）确定柱纵筋切断点的位置时，可以选在非连接区的边缘。

（3）柱相邻纵向钢筋连接接头相互错开。在同一连接区段内，内钢筋接头面积百分率不宜大于 50%。

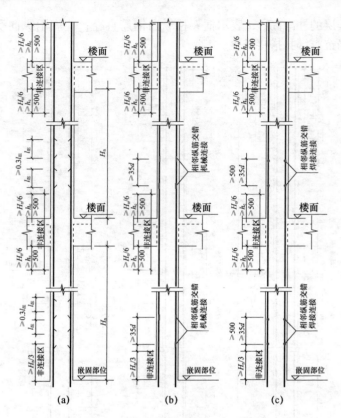

图 2-6　一般楼层 KZ 纵向钢筋连接构造

（a）绑扎搭接；（b）机械连接；（c）焊接连接

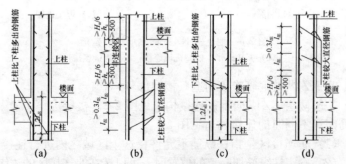

图 2-7　楼层上下 KZ 纵向钢筋配置不同时的连接构造

（a）上柱钢筋比下柱多时；（b）上柱钢筋直径比下柱钢筋直径大时；

（c）下柱钢筋比上柱多时；（d）下柱钢筋直径比上柱钢筋直径大时

（4）轴心受拉及小偏心受拉柱内的纵向钢筋不得采用绑扎搭接接头，设计者应在柱平法结构施工图中注明其平面位置及层数。

4. KZ柱顶纵向钢筋构造（边柱和角柱）

KZ边柱和角柱柱顶纵向钢筋的构造见表2-10。

表2-10　KZ边柱和角柱柱顶纵向钢筋的构造

构造图	相关说明
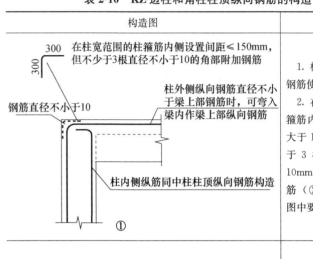	1. 柱筋作为梁上部钢筋使用。 2. 在柱宽范围的柱箍筋内侧设置间距不大于150mm，但不少于3根直径不小于10mm的角部附加钢筋（②、③、④、⑤图中要求相同）
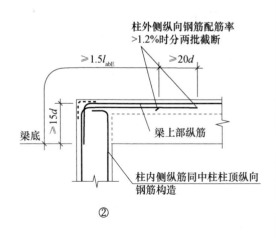	1. 从梁底算起$1.5l_{abE}$超过柱内侧边缘。 2. 柱外侧纵向钢筋伸入顶梁不小于$1.5l_{abE}$，与梁上部纵筋搭接。 3. 当柱外侧纵向钢筋配筋率大于1.2%时，柱外侧纵向钢筋伸入顶梁$1.5l_{abE}$后分两批截断，截断点距离不小于$20d$

构造图	相关说明
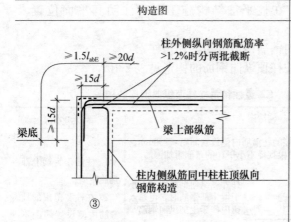 ③	1. 从梁底算起 $1.5l_{abE}$ 未超过柱内侧边缘。 2. 柱外侧纵向钢筋伸入顶梁不小于 $1.5l_{abE}$，与梁上部纵筋搭接。 3. 当柱外侧纵向钢筋配筋率大于 1.2% 时，柱外侧纵向钢筋伸入顶梁 $1.5l_{abE}$ 后分两批截断，截断点距离不小于 $20d$
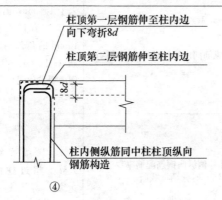 ④	1. 用于①、②、③节点未伸入梁内的柱外侧钢筋锚固。 2. 当现浇板厚度不小于 100mm 时，也可按②节点方式伸入板内锚固，且伸入板内长度不宜小于 $15d$
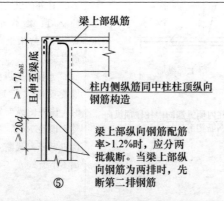 ⑤	梁、柱纵向钢筋搭接接头沿节点外侧直线布置

构造图	相关说明
边角柱柱顶节点注意事项	1. 节点①、②、③、④应配合使用，节点④不应单独使用（仅用于未伸入梁内的柱外侧纵筋锚固），伸入梁内的柱外侧纵筋不宜少于柱外侧全部纵面积的 65%。可选择①＋④、③＋④、①＋②＋④或①＋③＋④的做法。 2. 节点⑤用于梁、柱纵向钢筋接头沿节点柱顶外侧直线布置的情况，可与节点①组合使用
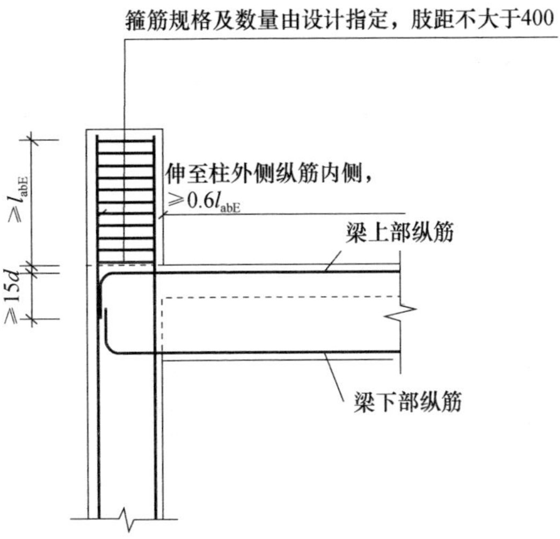	1. 边角柱柱顶等截面伸出时纵向钢筋构造。 2. 适用条件：当伸出长度自梁顶算起满足直锚长度 l_{aE} 时。 3. 箍筋间距应满足相关要求

箍筋规格及数量由设计指定，肢距不大于400

伸至柱外侧纵筋内侧，$\geqslant 0.6l_{abE}$

梁上部纵筋

梁下部纵筋

$\geqslant l_{abE}$

$\geqslant 15d$

37

构造图	相关说明
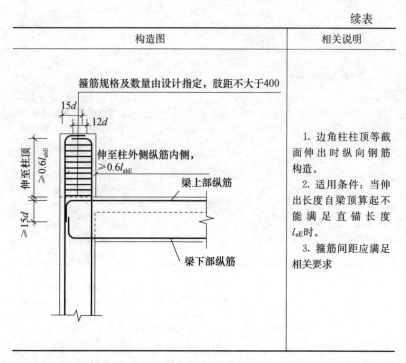	1. 边角柱柱顶等截面伸出时纵向钢筋构造。 2. 适用条件：当伸出长度自梁顶算起不能满足直锚长度l_{aE}时。 3. 箍筋间距应满足相关要求

5. KZ柱顶纵向钢筋构造（中柱）

KZ中柱柱顶纵向钢筋的构造见表2-11。

表2-11 KZ中柱柱顶纵向钢筋的构造

构造图	相关说明
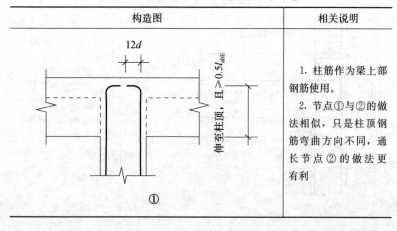	1. 柱筋作为梁上部钢筋使用。 2. 节点①与②的做法相似，只是柱顶钢筋弯曲方向不同，通长节点②的做法更有利

续表

构造图	相关说明
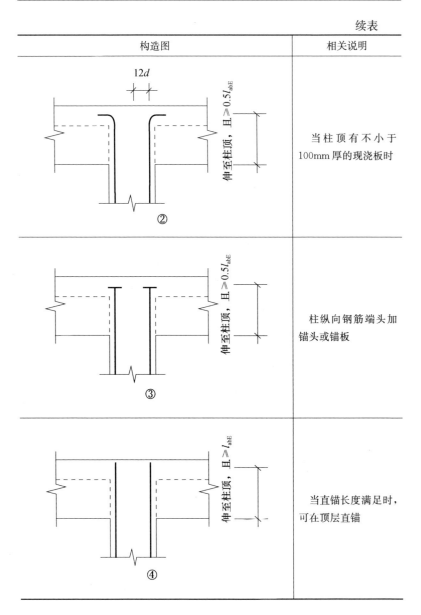	当柱顶有不小于100mm 厚的现浇板时
	柱纵向钢筋端头加锚头或锚板
	当直锚长度满足时，可在顶层直锚

6. KZ 柱变截面位置纵向钢筋构造（中柱）

KZ 柱变截面位置纵向钢筋的构造见表 2-12。

表 2-12 **KZ 柱变截面位置纵向钢筋的构造**

构造图	相关说明
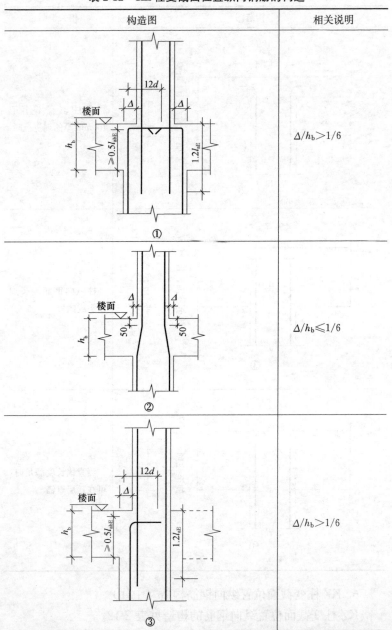	

续表

构造图	相关说明
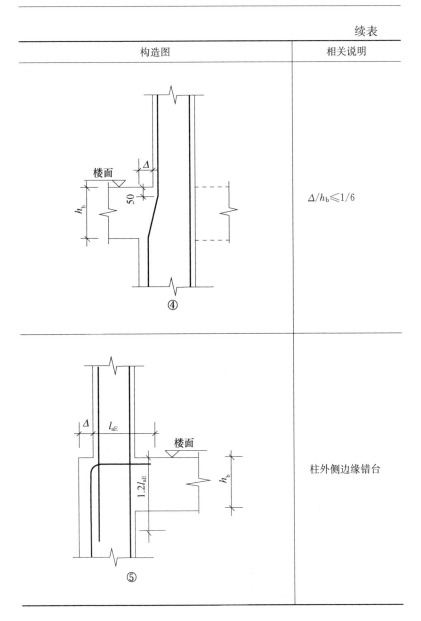	$\Delta/h_b \leqslant 1/6$
	柱外侧边缘错台

7. 剪力墙上柱、梁上柱纵筋构造要求
剪力墙上柱、梁上柱纵筋的构造要求见表2-13。

表 2-13　剪力墙上柱、梁上柱纵筋的构造要求

构造图	相关说明
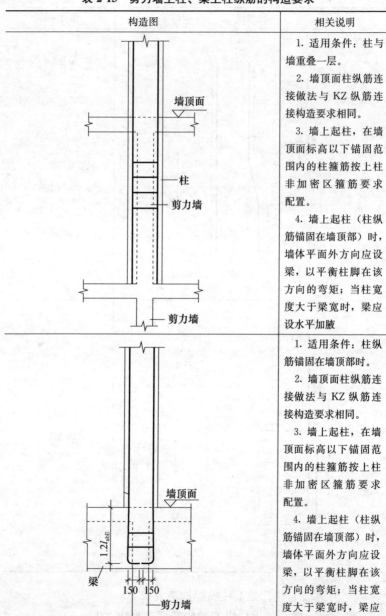	1. 适用条件：柱与墙重叠一层。 2. 墙顶面柱纵筋连接做法与 KZ 纵筋连接构造要求相同。 3. 墙上起柱，在墙顶面标高以下锚固范围内的柱箍筋按上柱非加密区箍筋要求配置。 4. 墙上起柱（柱纵筋锚固在墙顶部）时，墙体平面外方向应设梁，以平衡柱脚在该方向的弯矩；当柱宽度大于梁宽时，梁应设水平加腋 1. 适用条件：柱纵筋锚固在墙顶部时。 2. 墙顶面柱纵筋连接做法与 KZ 纵筋连接构造要求相同。 3. 墙上起柱，在墙顶面标高以下锚固范围内的柱箍筋按上柱非加密区箍筋要求配置。 4. 墙上起柱（柱纵筋锚固在墙顶部）时，墙体平面外方向应设梁，以平衡柱脚在该方向的弯矩；当柱宽度大于梁宽时，梁应设水平加腋

续表

构造图	相关说明
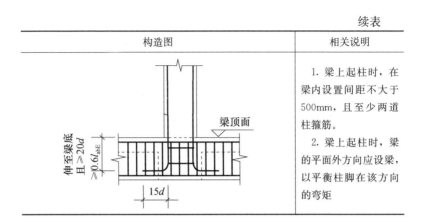	1. 梁上起柱时，在梁内设置间距不大于500mm，且至少两道柱箍筋。 2. 梁上起柱时，梁的平面外方向应设梁，以平衡柱脚在该方向的弯矩

8. KZ 箍筋加密区要求

KZ 箍筋的构造要求见表 2-14。

表 2-14 KZ 箍筋的构造要求

构造图	相关说明
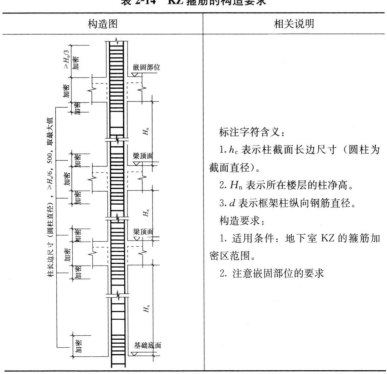	标注字符含义： 1. h_c 表示柱截面长边尺寸（圆柱为截面直径）。 2. H_n 表示所在楼层的柱净高。 3. d 表示框架柱纵向钢筋直径。 构造要求： 1. 适用条件：地下室 KZ 的箍筋加密区范围。 2. 注意嵌固部位的要求

43

续表

构造图	相关说明
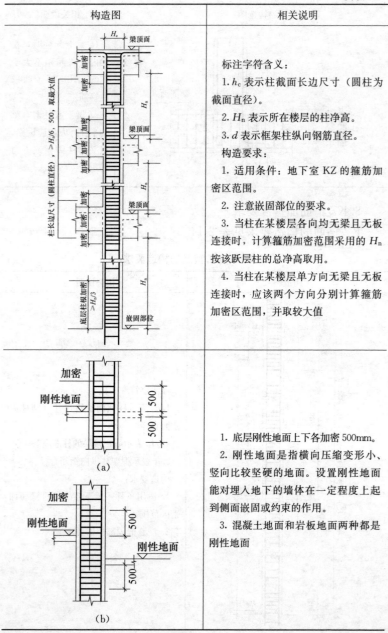	标注字符含义： 1. h_c 表示柱截面长边尺寸（圆柱为截面直径）。 2. H_n 表示所在楼层的柱净高。 3. d 表示框架柱纵向钢筋直径。 构造要求： 1. 适用条件：地下室 KZ 的箍筋加密区范围。 2. 注意嵌固部位的要求。 3. 当柱在某楼层各向均无梁且无板连接时，计算箍筋加密范围采用的 H_n 按该跃层柱的总净高取用。 4. 当柱在某楼层单方向无梁且无板连接时，应该两个方向分别计算箍筋加密区范围，并取较大值
	1. 底层刚性地面上下各加密 500mm。 2. 刚性地面是指横向压缩变形小、竖向比较坚硬的地面。设置刚性地面能对埋入地下的墙体在一定程度上起到侧面嵌固或约束的作用。 3. 混凝土地面和岩板地面两种都是刚性地面

第五节 剪力墙平法施工图

一、剪力墙平法施工图识读

剪力墙平法施工图是指在剪力墙平面布置图上采用列表注写方式或截面注写方式表达。本节主要介绍列表注写方式。

为表达清楚、简便，剪力墙可视为由剪力墙柱、剪力墙身和剪力墙梁三类构件构成。

列表注写方式，系分别在剪力墙柱表、剪力墙身表和剪力墙梁表中，对应于剪力墙平面布置图上的编号，用绘制截面配筋图并注写几何尺寸与配筋具体数值的方式，来表达剪力墙平法施工图。

1. 剪力墙柱

(1) 剪力墙柱编号如表 2-15 所示。

表 2-15 剪力墙柱编号

墙柱类型	代号	序号
约束边缘构件	YBZ	××
构造边缘构件	GBZ	××
非边缘暗柱	AZ	××
扶壁柱	FBZ	××

约束边缘构件包括约束边缘暗柱、约束边缘端柱、约束边缘翼墙、约束边缘转角墙（图 2-8）。构造边缘构件包括构造边缘暗柱、构造边缘端柱、构造边缘翼墙、构造边缘转角墙（图 2-9）。

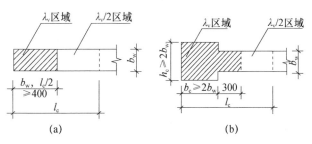

(a)　　　　　　　(b)

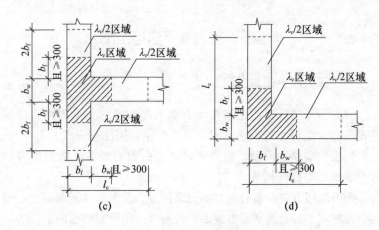

图 2-8　约束边缘构件

(a) 约束边缘暗柱；(b) 约束边缘端柱；

(c) 约束边缘翼墙；(d) 约束边缘转角墙

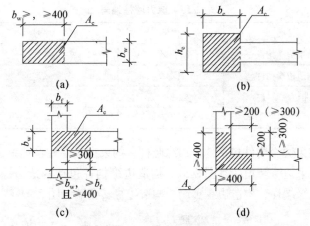

图 2-9　构造边缘构件

(a) 构造边缘暗柱；(b) 构造边缘端柱；

(c) 构造边缘翼墙；(d) 构造边缘转角墙

注：括号中数值用于高层建筑

(2) 在剪力墙柱表中，需要表达的内容见表 2-16。

① 注写墙柱编号，标注墙柱几何尺寸。

约束边缘构件需注明阴影部分尺寸；构造边缘构件需注明阴

表 2-16　剪力墙柱表

截面	编号	标高	纵筋	箍筋
	YBZ1	-0.030~12.270	24C20	Φ10@100
	YBZ2	-0.030~12.270	22C20	Φ10@100
	YBZ3	-0.030~12.270	18C22	Φ10@100
	YBZ4	-0.030~12.270	20C20	Φ10@100

影部分尺寸；扶壁柱、非边缘暗柱需注明几何尺寸。

② 注写各段墙柱起止标高，自墙柱根部向上以变截面位置或截面未变但配筋改变处为界分段注写。

③ 注写各段墙柱的纵向钢筋和箍筋，注写值应与在表中绘制的截面配筋图对应一致。纵向纵筋注总配筋值；墙柱箍筋注写方式与柱箍筋相同。

2. 剪力墙身

（1）墙身编号

编号由墙身代号、序号及所配置的水平分布筋与竖向分布筋的排数组成，其中，排数注写在括号内。表达形式为 Q××（××排）。

注意：

① 在编号中，如墙柱的截面尺寸与配筋均相同，仅截面与轴线的关系不同，可将其编为同一墙柱号，又如墙身的厚度尺寸和配筋均相同，仅墙厚与轴线的关系不同或墙身长度不同，也可将其编为同一墙身号，但应在图中注明与轴线的几何关系。

② 当墙身所设置的水平与竖向分布钢筋的排数为 2 时可不注。

③ 对分布钢筋网的排数规定：当剪力墙厚度不大于 400mm 时，应配置双排；当剪力墙厚度大于 400mm 但不大于 700mm 时，宜配置三排；当剪力墙厚度大于 700mm 时，宜配置四排。

④ 各排水平分布钢筋和竖向分布钢筋的直径与间距宜保持一致。当剪力墙配置的分布钢筋多于两排时，剪力墙拉筋两端应同时勾住外排水平纵筋和竖向纵筋，还应与剪力墙内排水平纵筋和竖向纵筋绑扎在一起。

（2）剪力墙身的钢筋设置

剪力墙身的钢筋包括水平分布筋、竖向分布筋和拉筋。三种钢筋形成了剪力墙身的钢筋网。

（3）剪力墙身列表注写内容（表 2-17）

① 注写墙身编号（含水平与竖向分布钢筋的排数）。

② 注写各段墙身起止标高，自墙身根部向上以变截面位置或截面未变但配筋改变处为界分段注写。

③ 注写水平分布筋、竖向分布筋和拉筋的具体数值。拉结筋应注明布置方式为"矩形"或"梅花"，用于剪力墙分布钢筋的拉结，如图 2-10 所示。

表 2-17　剪力墙身表

编号	标高	墙厚	水平分布筋	垂直分布筋	拉筋（矩形）
Q1	−0.030～30.270	300	φ12@200	φ12@200	φ6@600@600
	30.270～59.070	250	φ10@200	φ10@200	φ6@600@600
Q2	−0.030～30.270	250	φ10@200	φ10@200	φ6@600@600
	30.270～59.070	200	φ10@200	φ10@200	φ6@600@600

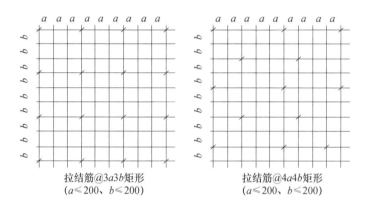

拉结筋@3a3b矩形　　　　　拉结筋@4a4b矩形
($a \leqslant 200$、$b \leqslant 200$)　　($a \leqslant 200$、$b \leqslant 200$)

图 2-10　剪力墙身拉结筋设置示意

3. 剪力墙梁

（1）剪力墙梁编号如表 2-18 所示。

表 2-18　剪力墙梁编号

墙梁类型	代号	序号
连梁	LL	××
连梁（对角暗撑配筋）	LL（JC）	××
连梁（交叉斜筋配筋）	LL（JX）	××
连梁（集中对角斜筋配筋）	LL（DX）	××
连梁（跨高比不小于 5）	LLK	××
暗梁	AL	××
边框梁	BKL	××

（2）剪力墙梁列表注写内容如表 2-19 所示。

表 2-19 剪力墙梁表

编号	所在楼层号	梁顶相对标高高差	梁截面 $b×h$	上部纵筋	下部纵筋	箍筋
LL1	2～9	0.800	300×2000	4ϕ25	4ϕ25	ϕ10@100（2）
	10～16	0.800	250×2000	4ϕ22	4ϕ22	ϕ10@100（2）
	屋面1		250×1200	4ϕ20	4ϕ20	ϕ10@100（2）
LL2	3	−1.200	300×2520	4ϕ25	4ϕ25	ϕ10@150（2）
	4	−0.900	300×2070	4ϕ25	4ϕ25	ϕ10@150（2）
	5～9	−0.900	300×1770	4ϕ25	4ϕ25	ϕ10@150（2）
	10～屋面1	−0.900	250×1770	4ϕ22	4ϕ22	ϕ10@150（2）
LL3	2		300×2070	4ϕ25	4ϕ25	ϕ10@100（2）
	3		300×1770	4ϕ25	4ϕ25	ϕ10@100（2）
	4～9		300×1170	4ϕ25	4ϕ25	ϕ10@100（2）
	10～屋面1		250×1170	4ϕ22	4ϕ22	ϕ10@100（2）
LL4	2		250×2070	4ϕ20	4ϕ20	ϕ10@120（2）
	3		250×1770	4ϕ20	4ϕ20	ϕ10@120（2）
	4～屋面1		250×1170	4ϕ20	4ϕ20	ϕ10@120（2）
AL1	2～9		300×600	3ϕ20	3ϕ20	ϕ8@150（2）
	10～16		250×500	3ϕ18	3ϕ18	ϕ8@150（2）
BKL1	屋面1		500×750	4ϕ22	4ϕ22	ϕ10@150（2）

① 注写墙梁编号。

② 注写墙梁所在楼层号。

③ 注写墙梁顶面标高高差，指墙梁顶面相对于墙梁所在结构层楼面标高的高度差。高于者为正值，低于者为负值，当无高差时不注。

④ 注写墙梁截面尺寸、上部纵筋、下部纵筋和箍筋的具体数值。

⑤ 墙梁侧面纵筋的配置，当墙身水平分布钢筋满足连梁、暗梁及边框梁的梁侧面纵向构造钢筋的要求时，该筋配置同墙身水

平分布钢筋，表中不注，施工按标准构造详图的要求即可。梁侧面纵向钢筋在支座内锚固要求同连梁中受力钢筋。

4. 剪力墙洞口的表示方法

剪力墙上的洞口均可在剪力墙平面布置图上原位表达。

（1）洞口的表示方法

在剪力墙平面布置图上绘制洞口示意，并标注洞口中心的平面定位尺寸。

在洞口中心位置引注四项内容：

① 洞口编号：矩形洞口为 JD×× （×× 为序号），圆形洞口为 YD×× （×× 为序号）。

② 洞口几何尺寸：矩形洞口为洞宽×洞高（$b×h$），圆形洞口为洞口直径 D。

③ 洞口中心相对标高，系相对于结构层楼（地）面标高的洞口中心高度。当其高于结构层楼面时为正值，低于结构层楼面时为负值。

④ 洞口每边补强钢筋。

（2）洞口每边补强钢筋的具体要求

① 当矩形洞口的洞宽、洞高均不大于 800mm 时，此项注写为洞口每边补强钢筋的具体数值。当洞宽、洞高方向补强钢筋不一致时，分别注写洞宽方向、洞高方向补强钢筋，以"/"分隔。

② 当矩形或圆形洞口的洞宽或直径大于 800mm 时，在洞口的上、下需设置补强暗梁，此项注写为洞口上、下每边暗梁的纵筋与箍筋的具体数值（在标准构造详图中，补强暗梁梁高一律定为 400mm，施工时按标准构造详图取值，设计不注。当设计者采用与该构造详图不同的做法时，应另行注明），圆形洞口时尚需注明环向加强钢筋的具体数值；当洞口上、下边为剪力墙连梁时，此项免注；洞口竖向两侧设置边缘构件时，亦不在此项表达（当洞口两侧不设置边缘构件时，设计者应给出具体做法）。

③ 当圆形洞口设置在连梁中部 1/3 范围（且圆洞直径不大于

1/3梁高）时，需注写在圆洞上下水平设置的每边补强纵筋与箍筋。

④ 当圆形洞口设置在墙身或暗梁、边框梁位置，且洞口直径不大于300mm时，此项注写为洞口上下左右每边布置的补强纵筋的具体数值。

⑤ 当圆形洞口直径大于300mm，但不大于800mm时，此项注写为洞口上下左右每边布置的补强纵筋的具体数值，以及环向加强钢筋的具体数值。

【例2.1】 JD2 400×300 +3.100 3Φ14 表示2号矩形洞口，洞宽400mm，洞高300mm，洞口中心距本结构层楼面3100mm，洞口每边补强钢筋为3Φ14。

【例2.2】 JD3 400×300 +3.100 表示3号矩形洞口，洞宽400mm，洞高300mm，洞口中心距本结构层楼面3100mm，洞口每边补强钢筋按构造配置。

【例2.3】 JD4 800×300 +3.1003 3Φ18/3Φ14 表示4号矩形洞口，洞宽800mm，洞高300mm，洞口中心距本结构层楼面3100mm，洞宽方向补强钢筋为3Φ18，洞高方向补强钢筋为3Φ14。

【例2.4】 JD5 1000×900 +1.400 6Φ20 Φ8@150 表示5号矩形洞口，洞宽1000mm，洞高900mm，洞口中心距本结构层楼面1400mm，洞口上下设补强暗梁，每边暗梁纵筋为6Φ20，箍筋为Φ8@150。

【例2.5】 YD5 1000 +1.800 6Φ20 Φ8@150 2Φ16 表示5号圆形洞口，直径1000mm，洞口中心距本结构层楼面1800mm，洞口上下设补强暗梁，每边暗梁纵筋为6Φ20，箍筋为Φ8@150，环向加强钢筋2Φ16。

5. 地下室外墙的表示方法

（1）地下室外墙仅适用于起挡土作用的地下室外围护墙。地下室外墙中墙柱、连梁及洞口等的表示方法同地上剪力墙。

（2）地下室外墙编号，由墙身代号、序号组成。表达为DWQ××。

（3）地下室外墙平面注写方式，包括集中标注墙体编号、厚度、贯通筋、拉筋等和原位标注附加非贯通筋等两部分内容。当仅设置贯通筋，未设置附加非贯通筋时，则仅做集中标注。

（4）地下室外墙的集中标注，规定如下：

① 注写地下室外墙编号，包括代号、序号、墙身长度（注为××～××轴）。

② 注写地下室外墙厚度 b_w＝×××。

③ 注写地下室外墙的外侧、内侧贯通筋和拉筋。

以 OS 代表外墙外侧贯通筋。其中，外侧水平贯通筋以 H 打头注写，外侧竖向贯通前以 V 打头注写。

以 IS 代表外墙内侧贯通筋。其中，内侧水平贯通筋以 H 打头注写，内侧竖向贯通筋以 V 打头注写。

以 tb 打头注写拉结筋直径、强度等级及间距，并注明"矩形"或"梅花"。

（5）地下室外的原位标注，主要表示在外墙外侧配置的水平非贯通筋或竖向非贯通筋。

当配置水平非贯通筋时，在地下室墙体平面图上原位标注。在地下室外墙外侧绘制粗实线段代表水平非贯通筋，在其上注写钢筋编号并以 H 打头注写钢筋强度等级、直径、分布间距，以及自支座中线向两边跨内的伸出长度值。当自支座中线向两侧对称伸出时，可仅在单侧标注跨内伸出长度，另一侧不注，此种情况下非贯通筋总长度为标注长度的 2 倍。边支座处非贯通钢筋的伸出长度值从支座外边缘算起。

地下室外侧非贯通筋通采用"隔一布一"方式与集中标注的贯通筋间隔布置，其标注间距应与贯通筋相同，两者组合后的实际分布间距为各自标注间距的 1/2。

当在地下室外墙外侧底部、顶部、中层楼板位置配置竖向非贯通筋时，应补充绘制地下室外墙竖向剖面图并在其上原位标注。表示方法为在地下室外墙竖向剖面图外侧绘制粗实线段代表竖向非贯通筋，在其上注写钢筋编号并以 V 打头注写钢筋强度等级、直径、分布间距，以及向上（下）层的伸出长度值，并在外墙竖向剖面图名下注明分布范围××～××轴。

地下室外墙外侧水平、竖向非贯通筋配置相同者，可仅选择一处注写，其他可仅注写编号。

当在地下室外墙顶部设置水平通长加强钢筋时应注明。

注意：

竖向非贯通筋向层内的伸出长度值注写方式：

① 地下室外墙底部非贯通钢筋向层内的伸出长度值从基础底板顶面算起。

② 地下室外墙顶部非贯通钢筋向层内的伸出长度值从顶板底面算起。

③ 中层楼板处非贯通钢筋向层内的伸出长度值从板中间算起，当上下两侧伸出长度值相同时可仅注写一侧。

6. 地下室剪力墙平法施工图示例（图 2-11）

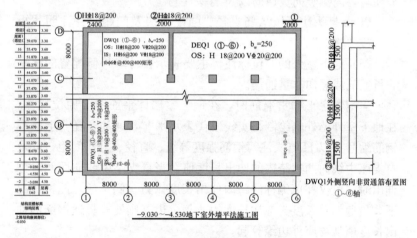

图 2-11　地下室外墙平法施工图示例

二、剪力墙相关的标准构造详图

1. 剪力墙水平分布钢筋构造

剪力墙水平分布钢筋一般构造见表 2-20。剪力墙水平分布钢筋在暗柱中的构造见表 2-21。剪力墙水平分布钢筋在端柱中的构造见表 2-22。

表 2-20 剪力墙水平分布钢筋一般构造

构造图	相关说明
拉结筋规格、间距详见设计 $b_w \geq 400$	1. 剪力墙双排配筋。 2. 当墙厚 $b_w \leqslant 400$mm 时。 3. 拉结筋应勾在水平分布钢筋的外侧
拉结筋规格、间距详见设计 $400 < b_w \geqslant 700$	1. 剪力墙三排配筋。 2. 当墙厚 400mm$< b_w \leqslant 700$mm 时。 3. 拉结筋应勾在水平分布钢筋的外侧
拉结筋规格、间距详见设计 $b_w > 700$	1. 剪力墙四排配筋。 2. 当墙厚 $b_w > 700$mm 时。 3. 拉结筋应勾在水平分布钢筋的外侧
$\geqslant 1.2l_{aE}$ $\geqslant 500$ $\geqslant 1.2l_{aE}$ 相邻上、下层水平分布钢筋	1. 剪力墙水平分布钢筋交错搭接。 2. 水平分布筋的搭接长度不小于 $1.2l_{aE}$。 3. 两个相邻搭接区之间距离不小于 500mm

表 2-21 剪力墙水平分布钢筋在暗柱中的构造

构造图	相关说明
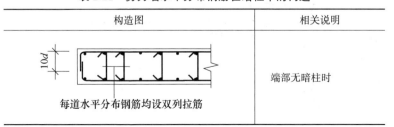 每道水平分布钢筋均设双列拉筋	端部无暗柱时

续表

构造图	相关说明
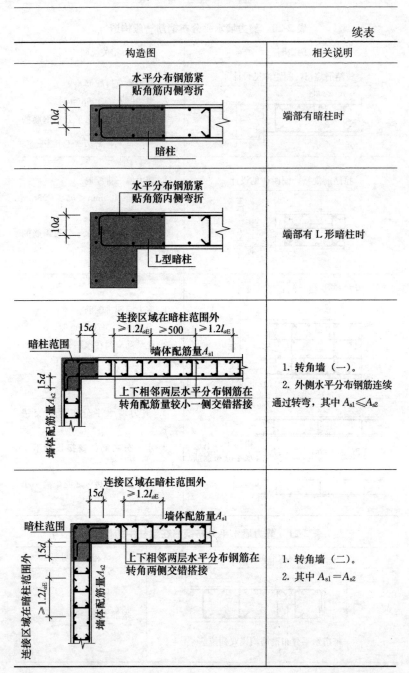	端部有暗柱时
	端部有 L 形暗柱时
	1. 转角墙（一）。 2. 外侧水平分布钢筋连续通过转弯，其中 $A_{s1} \leqslant A_{s2}$
	1. 转角墙（二）。 2. 其中 $A_{s1} = A_{s2}$

续表

构造图	相关说明
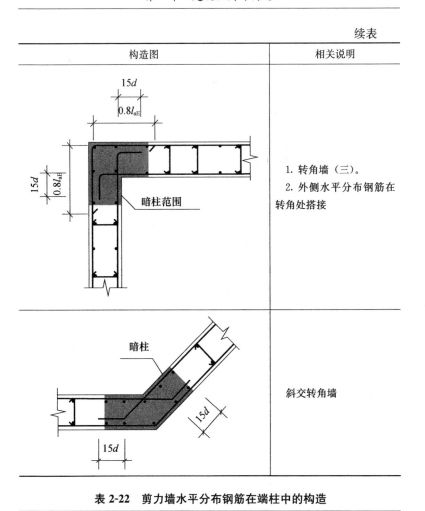	1. 转角墙（三）。 2. 外侧水平分布钢筋在转角处搭接
	斜交转角墙

表 2-22 剪力墙水平分布钢筋在端柱中的构造

构造图	相关说明
	剪力墙水平分布钢筋在端柱端部墙中的构造（一）

续表

构造图	相关说明

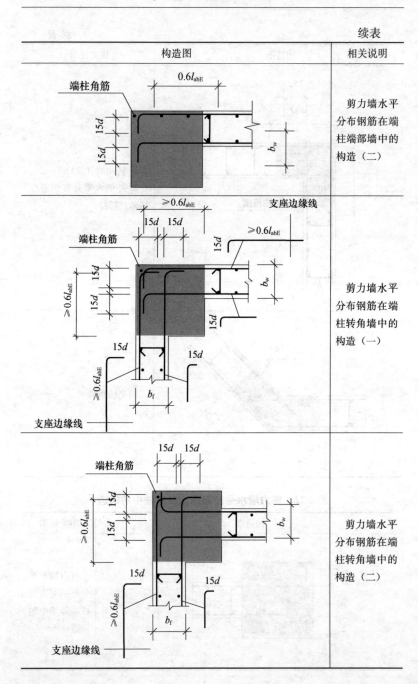

剪力墙水平分布钢筋在端柱端部墙中的构造（二）

剪力墙水平分布钢筋在端柱转角墙中的构造（一）

剪力墙水平分布钢筋在端柱转角墙中的构造（二）

续表

构造图	相关说明
	剪力墙水平分布钢筋在端柱转角墙中的构造（三）
	剪力墙水平分布钢筋在端柱翼墙中的构造（一）

构造图	相关说明
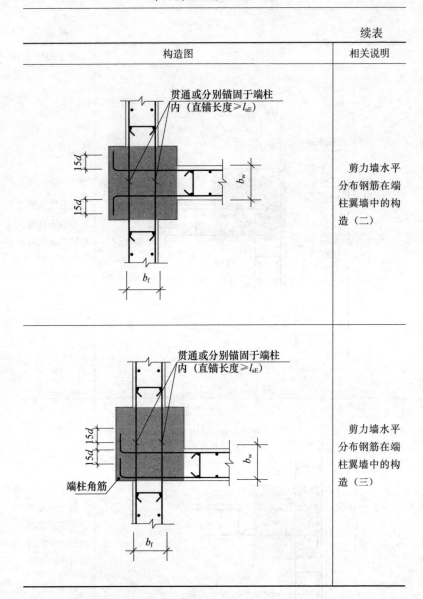	剪力墙水平分布钢筋在端柱翼墙中的构造（二） 剪力墙水平分布钢筋在端柱翼墙中的构造（三）

2. 剪力墙竖向分布钢筋构造

剪力墙竖向分布钢筋连接构造见表 2-23。剪力墙竖向分布钢筋施工节点构造见表 2-24。

表 2-23 剪力墙竖向分布钢筋连接构造

构造图	相关说明
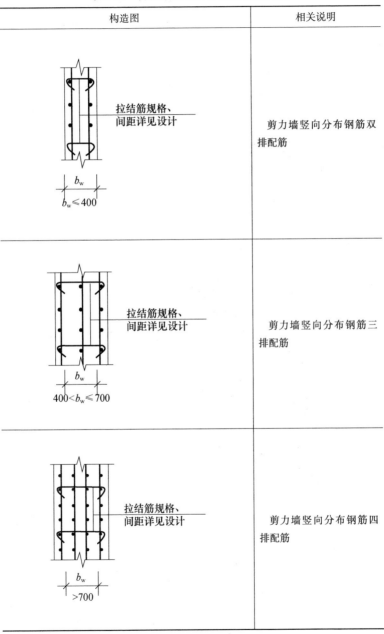	剪力墙竖向分布钢筋双排配筋

（图中文字说明：拉结筋规格、间距详见设计；b_{w}；$b_{w} \leqslant 400$）

（图中文字说明：拉结筋规格、间距详见设计；b_{w}；$400 < b_{w} \leqslant 700$）剪力墙竖向分布钢筋三排配筋

（图中文字说明：拉结筋规格、间距详见设计；b_{w}；>700）剪力墙竖向分布钢筋四排配筋

续表

构造图	相关说明
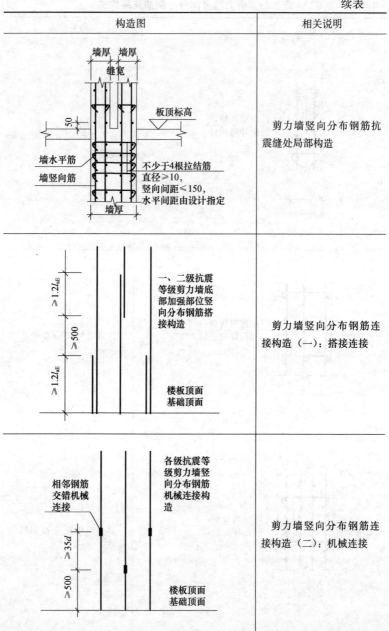	剪力墙竖向分布钢筋抗震缝处局部构造
	剪力墙竖向分布钢筋连接构造（一）：搭接连接
	剪力墙竖向分布钢筋连接构造（二）：机械连接

续表

构造图	相关说明
相邻钢筋交错焊接　各级抗震等级剪力墙竖向分布钢筋焊接构造　≥500　≥35d　≥500　楼板顶面 基础顶面	剪力墙竖向分布钢筋连接构造（三）：焊接连接
一、二级抗震等级剪力墙非底部加强部位或三、四级抗震等级剪力墙竖向分布钢筋可在同一部位搭接　≥1.2l_{aE}　楼板顶面 基础顶面	剪力墙竖向分布钢筋连接构造（四）：一、二级抗震等级剪力墙非底部加强部位或三、四级抗震等级剪力墙竖向分布钢筋可在同一部位搭接
l_E　≥0.3l_E　l_E　楼板顶面 基础顶面	1. 剪力墙边缘构件纵向钢筋连接构造（一）：搭接连接。 　2. 适用于约束边缘构件阴影部分和构造边缘构件的纵向钢筋

续表

构造图	相关说明
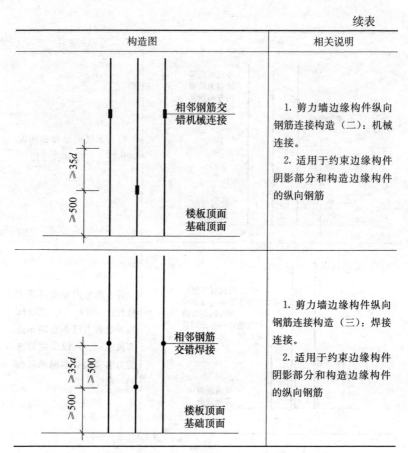	1. 剪力墙边缘构件纵向钢筋连接构造（二）：机械连接。 2. 适用于约束边缘构件阴影部分和构造边缘构件的纵向钢筋
	1. 剪力墙边缘构件纵向钢筋连接构造（三）：焊接连接。 2. 适用于约束边缘构件阴影部分和构造边缘构件的纵向钢筋

剪力墙竖向分布钢筋构造注意点：

（1）端柱竖向钢筋和箍的构造与框架柱相同。矩形面独立墙肢，当截面高度不大于截面厚度的 4 倍时，其竖向钢筋和箍筋的构造要求与框架柱相同或按设计要求设置。

（2）约束边缘构件阴影部分、构造边缘构件、扶壁柱及非边缘暗柱的纵筋搭接长度范围内，箍筋直径应不小于纵向搭接钢筋最大直径的 0.25 倍，箍筋间距不大于 100mm。

（3）剪力墙分布钢筋配置若多于两排，水平分布筋宜均匀放置，竖向分布钢筋在保持相同配筋率条件下外排筋直径宜大于内排筋直径。

表 2-24 剪力墙竖向分布钢筋施工节点构造

构造图	相关说明
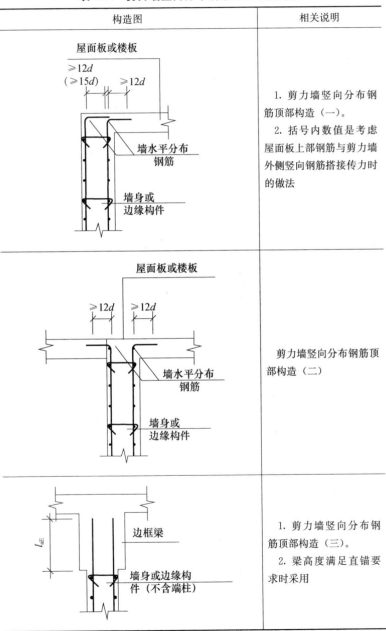	1. 剪力墙竖向分布钢筋顶部构造（一）。 2. 括号内数值是考虑屋面板上部钢筋与剪力墙外侧竖向钢筋搭接传力时的做法
	剪力墙竖向分布钢筋顶部构造（二）
	1. 剪力墙竖向分布钢筋顶部构造（三）。 2. 梁高度满足直锚要求时采用

构造图	相关说明
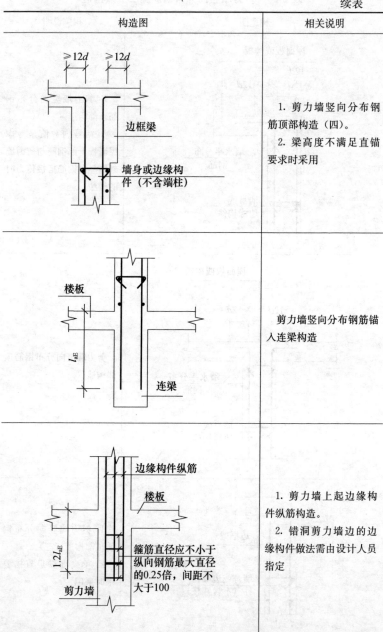	1. 剪力墙竖向分布钢筋顶部构造（四）。 2. 梁高度不满足直锚要求时采用
	剪力墙竖向分布钢筋锚入连梁构造
	1. 剪力墙上起边缘构件纵筋构造。 2. 错洞剪力墙边的边缘构件做法需由设计人员指定

构造图	相关说明
	剪力墙变截面处竖向钢筋构造（一）
	剪力墙变截面处竖向钢筋构造（二）
	剪力墙变截面处竖向钢筋构造（三）

续表

构造图	相关说明
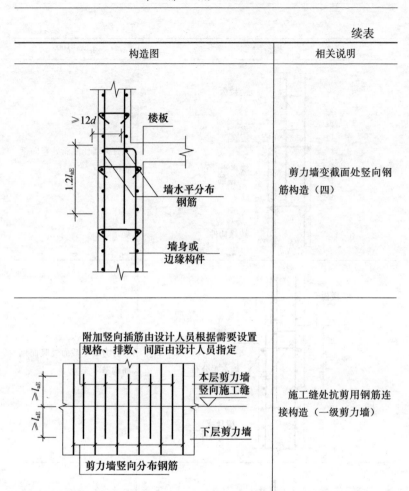	剪力墙变截面处竖向钢筋构造（四）
	施工缝处抗剪用钢筋连接构造（一级剪力墙）

剪力墙竖向分布钢筋构造注意点：

剪力墙层高范围最下一排拉结筋位于底部板顶以上第二排水平分布钢筋位置处，最上一排拉结筋位于层顶部板底（梁底）以下第一排水平分布钢筋位置处。

3. 剪力墙约束边缘构件、构造边缘构件、连梁 LL 等钢筋构造

相关构造见表 2-25～表 2-28。

表 2-25 约束边缘构件 YBZ 构造

构造图	相关说明
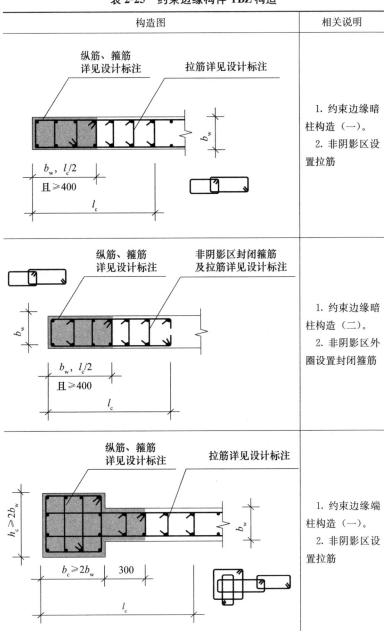	1. 约束边缘暗柱构造（一）。 2. 非阴影区设置拉筋
	1. 约束边缘暗柱构造（二）。 2. 非阴影区外圈设置封闭箍筋
	1. 约束边缘端柱构造（一）。 2. 非阴影区设置拉筋

构造图	相关说明
	1. 约束边缘端柱构造（二）。 2. 非阴影区外圈设置封闭箍筋
	1. 约束边缘翼墙构造（一）。 2. 非阴影区设置拉筋

续表

构造图	相关说明
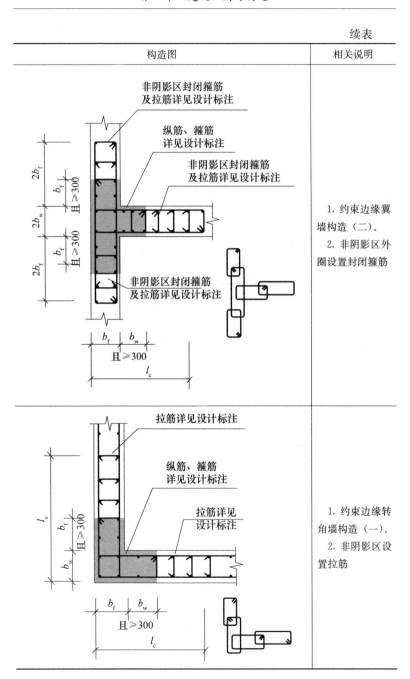	1. 约束边缘翼墙构造（二）。 2. 非阴影区外圈设置封闭箍筋
	1. 约束边缘转角墙构造（一）。 2. 非阴影区设置拉筋

续表

构造图	相关说明
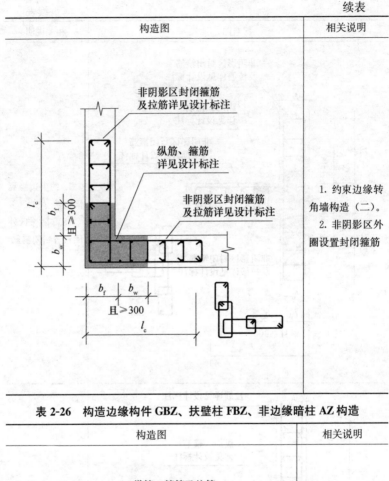	1. 约束边缘转角墙构造（二）。 2. 非阴影区外圈设置封闭箍筋

表 2-26 构造边缘构件 GBZ、扶壁柱 FBZ、非边缘暗柱 AZ 构造

构造图	相关说明
	构造边缘暗柱构造（一）

构造图	相关说明
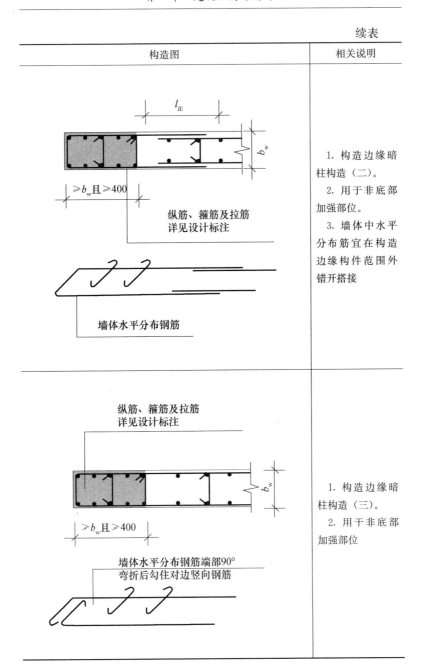	1. 构造边缘暗柱构造（二）。 2. 用于非底部加强部位。 3. 墙体中水平分布筋宜在构造边缘构件范围外错开搭接
纵筋、箍筋及拉筋详见设计标注 墙体水平分布钢筋端部90°弯折后勾住对边竖向钢筋	1. 构造边缘暗柱构造（三）。 2. 用于非底部加强部位

构造图	相关说明
纵筋、箍筋 详见设计标注 h_c　　b_c	构造边缘端柱构造
纵筋、箍筋 详见设计标注 h_c　　b_c	扶壁柱 FBZ 构造
纵筋、箍筋 详见设计标注 b_w　　h	非边缘暗柱 AZ 构造
纵筋、箍筋及拉筋详见设计标注 b_w b_f　（≥300） ≥b_w，≥b_f 且≥400	1. 构造边缘翼墙构造（一）。 2. 括号内数字用于高层建筑

构造图	相关说明
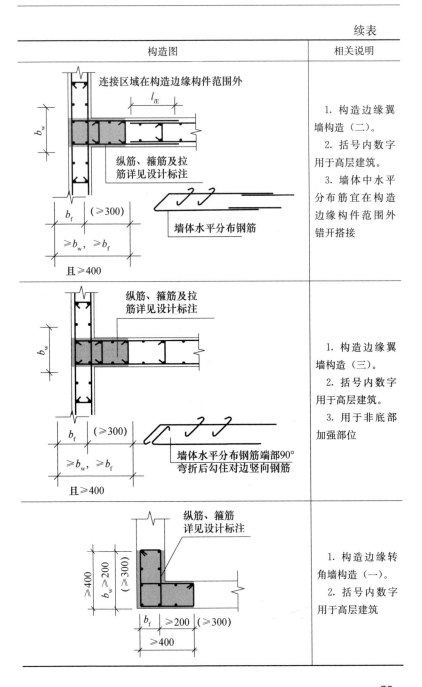 连接区域在构造边缘构件范围外 l_{lE} b_w 纵筋、箍筋及拉筋详见设计标注 b_f（≥300） ≥b_w，≥b_f 且≥400 墙体水平分布钢筋	1. 构造边缘翼墙构造（二）。 2. 括号内数字用于高层建筑。 3. 墙体中水平分布筋宜在构造边缘构件范围外错开搭接
纵筋、箍筋及拉筋详见设计标注 b_w b_f（≥300） ≥b_w，≥b_f 且≥400 墙体水平分布钢筋端部90°弯折后勾住对边竖向钢筋	1. 构造边缘翼墙构造（三）。 2. 括号内数字用于高层建筑。 3. 用于非底部加强部位
纵筋、箍筋详见设计标注 ≥400 b_w≥200（≥300） b_f ≥200 （≥300） ≥400	1. 构造边缘转角墙构造（一）。 2. 括号内数字用于高层建筑

续表

构造图	相关说明
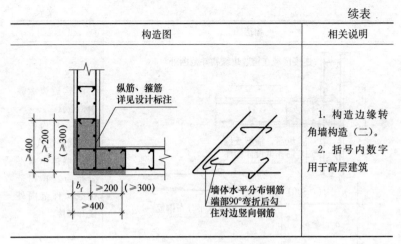	1. 构造边缘转角墙构造（二）。 2. 括号内数字用于高层建筑

表 2-27　连梁 LL 配筋构造

构造图	相关说明
直径同跨中，间距150　　直径同跨中，间距150 15d 15d 墙顶LL 伸至墙外侧纵筋内侧弯折 100　50　　50　100 l_{aE} 且 ≥300 楼层LL 15d 15d 伸至墙外侧纵筋内侧弯折 墙体水平分布钢筋端部90°弯折后勾住对边竖向钢筋 50　50 l_{aE} 且 ≥600 <l_{aE} 或<600	小墙垛处洞口连梁（端部墙肢较短）

76

构造图	相关说明
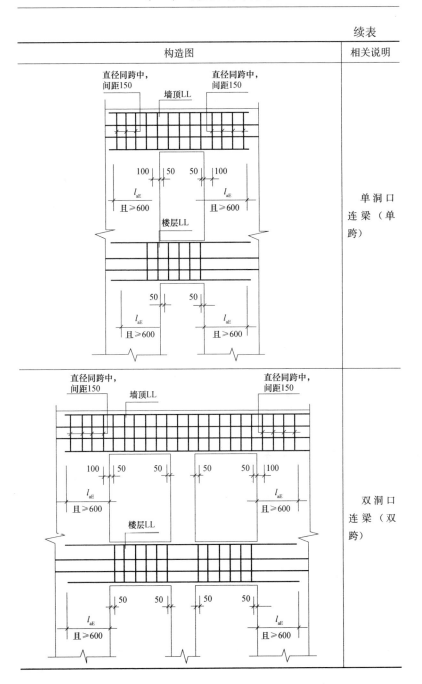	单洞口连梁（单跨） 双洞口连梁（双跨）

续表

构造图	相关说明
	连梁侧面纵筋和拉筋构造（一）
	连梁侧面纵筋和拉筋构造（二）
	连梁侧面纵筋和拉筋构造（三）
	暗梁AL侧面纵筋和拉筋构造

续表

构造图	相关说明
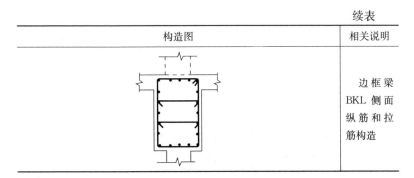	边框梁 BKL 侧面纵筋和拉筋构造

表 2-28 连梁 LLK 配筋构造

构造图	相关说明
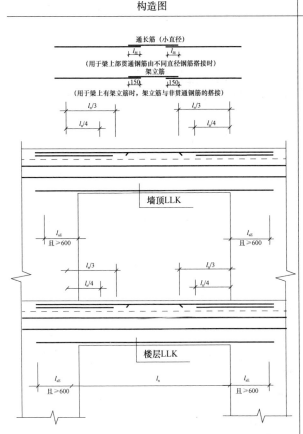	1. 连梁 LLK（跨高比不小于5）纵向钢筋配筋构造。 2. 梁上部通长钢筋与非贯通钢筋直径相同时，连接位置宜位于跨中 $l_n/3$ 范围内；梁下部钢筋连接位置宜位于支座 $l_n/3$ 范围内；且在同一连接区段内钢筋接头面积百分率不宜大于 50%。 3. 当梁纵筋（不包括架立筋）采用绑扎搭接接长时，搭接区内箍筋直径及间距要求见相关构造要求。 4. 梁侧面构造钢筋做法同连梁

续表

构造图	相关说明

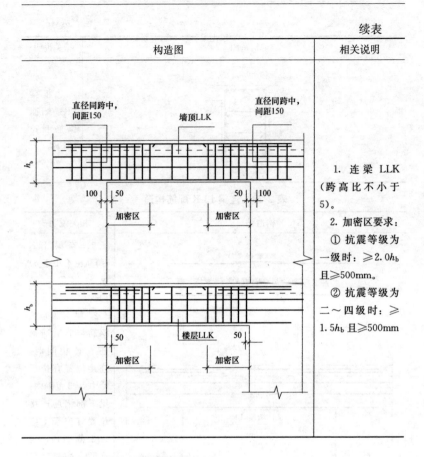

1. 连梁 LLK（跨高比不小于5）。

2. 加密区要求：

① 抗震等级为一级时：$\geqslant 2.0 h_b$ 且 $\geqslant 500mm$。

② 抗震等级为二～四级时：$\geqslant 1.5 h_b$ 且 $\geqslant 500mm$

连梁 LL 配筋构造注意点：

（1）当端部洞口梁的纵向钢筋在端支座的直筋长度 $\geqslant l_{aE}$ 且 $\geqslant 600mm$ 时，可不必往上（下）弯折。

（2）洞口范围内的连梁箍筋详见具体工程设计。

（3）连梁、暗梁及边框梁拉筋直径：当梁宽 $\leqslant 350mm$ 时为 6mm，梁宽 $> 350mm$ 时为 8mm，拉筋间距为 2 倍箍筋间距，竖向沿侧面水平筋隔一拉一。

（4）剪力墙的竖向钢筋连续贯穿边框梁和暗梁。

4. 剪力墙洞口补强构造

剪力墙洞口补强构造见表 2-29。

表 2-29 剪力墙洞口补强构造

构造图	相关说明
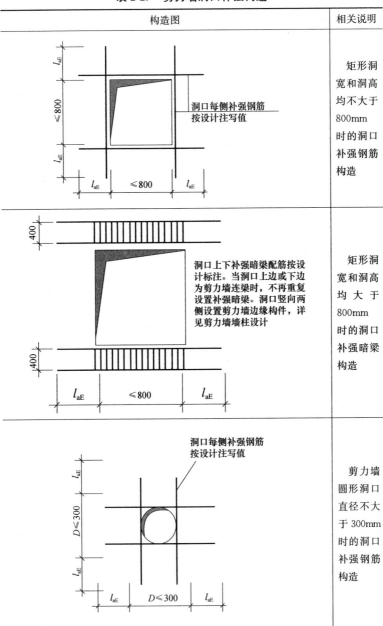 洞口每侧补强钢筋按设计注写值	矩形洞宽和洞高均不大于 800mm 时的洞口补强钢筋构造
洞口上下补强暗梁配筋按设计标注。当洞口上边或下边为剪力墙连梁时，不再重复设置补强暗梁。洞口竖向两侧设置剪力墙边缘构件，详见剪力墙墙柱设计	矩形洞宽和洞高均大于 800mm 时的洞口补强暗梁构造
洞口每侧补强钢筋按设计注写值	剪力墙圆形洞口直径不大于 300mm 时的洞口补强钢筋构造

构造图	相关说明
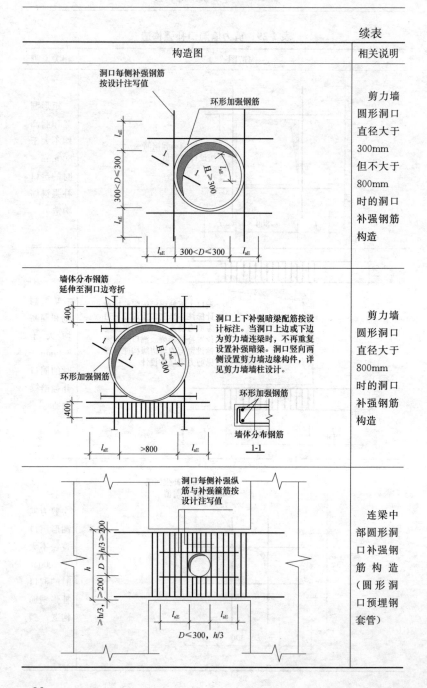	剪力墙圆形洞口直径大于300mm但不大于800mm时的洞口补强钢筋构造
	剪力墙圆形洞口直径大于800mm时的洞口补强钢筋构造
	连梁中部圆形洞口补强钢筋构造（圆形洞口预埋钢套管）

第六节 梁平法施工图

一、梁平法施工图的表示方法

梁平法施工图系在梁平面布置图上采用平面注写方式或截面注写方式表达。本节主要介绍平面注写方式。

梁平面布置图，应分别按梁的不同结构层，将全部梁和与其相关联的柱、墙、板一起采用适当比例绘制。在梁平法施工图中，应当用表格或其他方式注明各结构层的顶面标高及相应的结构层号。对轴线未居中的梁，应标注其偏心定位尺寸（贴柱边的梁可不注）。

梁平面注写方式系在梁平面布置图上，分别在不同编号的梁中各选一根梁，在其上注写截面尺寸和配筋具体数值的方式来表达梁平法施工图。平面注写方式包括集中标注和原位标注两部分。集中标注表达梁的通用数值，原位标注表达梁的特殊数值。当集中标注中的某项数值不适合梁的某部位时，则将该项数值原位标注，施工时，原位标注取值优先。示例见图 2-12。

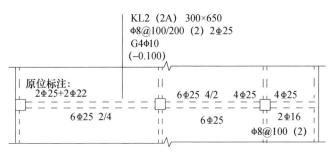

图 2-12　梁平法标注示例

1. 梁集中标注的内容

梁集中标注的内容，有五项必注值和一项选注值（集中标注可以从梁的任意一跨引出），规定如下：

（1）梁编号，必注。梁编号由梁类型代号、序号、跨数及有无悬挑代号几项组成，应符合表 2-30 的规定。（××A）为一端有悬挑，（××B）为两端有悬挑，悬挑不计入跨数。

表 2-30　梁编号

梁类型	代号	序号	跨数及是否带有悬挑
楼层框架梁	KL	××	(××)、(××A) 或 (××B)
屋面框架梁	WKL	××	(××)、(××A) 或 (××B)
框支架	KZL	××	(××)、(××A) 或 (××B)
非框架梁	L	××	(××)、(××A) 或 (××B)
悬挑梁	XL	××	(××)、(××A) 或 (××B)
井字梁	JZL	××	(××)、(××A) 或 (××B)

（2）梁截面尺寸，必注。当为等截面梁时，用 $b \times h$ 表示；当有悬挑梁且跟部和端部高度不同时，用斜线分隔跟部和端部的高度值，即为 $b \times h_1/h_2$，h_1 为根部高度值，h_2 为端部高度值。

（3）梁箍筋，必注。它包括钢筋级别、直径、加密区与非加密区的间距及肢数。箍筋加密区与非加密区的间距、肢数用斜线分隔；当梁箍筋为同一种间距及肢数时，不需用斜线；当加密区与非加密区的箍筋肢数相同时，只注写一次，肢数应写在括号里；当加密区与非加密区的箍筋肢数不同时，需要分别在括号内标注。

（4）梁上部通长筋或架立筋配置，必注。当同排纵筋中既有通长筋又有架立筋时，用加号将通长筋和架立筋相连。注写时将角部纵筋写在加号前面，架立筋写在加号后面的括号内，以示不同直径及与通长筋的区别。当全部采用架立筋时，将其写在括号内。当上部、下部纵筋全跨相同，且多数跨配筋同时，此项可加注下部纵筋的配筋值，用分号将上部与下部纵筋的配筋值分隔开来。

（5）梁侧面纵向构造钢筋或受扭钢筋配置，必注。当梁腹板高度 $h_w \geqslant 450\text{mm}$ 时，需配置纵向构造钢筋，以大写字母 G 开头，接续注写梁两侧面的总配筋值，且对称配置。当梁侧面需配置受扭钢筋时，以大写字母 N 开头，接续注写梁两侧面的总配筋值，且对称配置。受扭钢筋应满足纵向构造钢筋的间距要求，且不再配置纵向构造钢筋。

当梁侧钢筋作为梁侧面构造钢筋时,其搭接与锚固长度可取为 $15d$。

当梁侧钢筋作为梁侧面受扭纵向钢筋时,其搭接与锚固长度为 l_l 或 l_{lE},锚固长度为 l_a 或 l_{aE},其锚固方式同框架梁下部纵筋。

(6) 梁顶面标高高差,该项为选注值。梁顶面标高高差系指梁顶面相对于结构层楼面标高的高差值。有高差时,写入括号内,无高差时不注。梁顶面高于结构层的楼面标高时,标高差为正值,反之为负值。

2. 梁原位标注的内容

(1) 梁支座上部纵筋,含通长筋在内的所有纵筋

当上部纵筋多于一排时,用斜线将各排纵筋自上而下分开。

当同排纵筋有两种直径时,用加号将两种直径的纵筋相连,且将角部钢筋写在前面。

当梁中间支座两边的上部纵筋不同时,应在支座两边分别标注;当梁中间支座两边的上部纵筋相同时,可仅在支座一边标注配筋,另一边省去不注。

(2) 梁下部纵筋

当下部纵筋多于一排时,用斜线将各排纵筋自上而下分开。

当同排纵筋有两种直径时,用加号将两种直径的纵筋相连,且将角部钢筋写在前面。

当梁下部纵筋不全伸入支座时,将梁支座下部纵筋减少的数量写在括号内。

当梁的集中标注已经注写了梁上、下通长纵筋时,不需在梁下部重复做原位标注。

(3) 附加箍筋或吊筋

将附加箍筋或吊筋直接画在平面图中的主梁上用,用线引注总配筋值(附加箍筋的肢数注在括号里);当多数附加箍筋或吊筋相同时,可在梁平法施工图上统一注明,少数和统一注明值不同时,再原位引注。示例如图 2-13 所示。

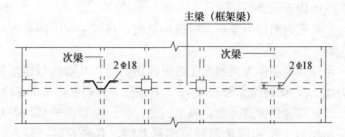

图 2-13 附加箍筋和吊筋的画法示例

3. 梁支座上部纵筋的长度规定

为方便施工，凡框架梁的所有支座和非框架梁的中间支座上部纵筋的伸出长度 a_0 值在标准构造详图中统一取值：第一排非通长筋及跨中直径不同的通长筋从柱（梁）边起伸出至 $l_n/3$ 位置；第二排非通长筋伸出至 $l_n/4$ 位置。l_n 的取值规定：对端支座，l_n 为本跨的净跨值；对中间支座 l_n 为支座两边较大一跨的净跨值。

悬挑梁（包括其他类型梁的悬挑部分）上部第一排纵筋伸出至梁端头并下弯，第二排伸出至 $3l/4$ 位置，l 为自柱（梁）边算起的悬挑净长。

二、框架梁纵向钢筋的构造

1. 楼层框架梁与屋面框架梁纵向钢筋的构造要求

楼层框架梁纵向钢筋构造见图 2-14。屋面框架梁 WKL 纵向钢筋构造见图 2-15。

识图时注意：

（1）跨度值 l_n 为左跨 l_{ni} 和右跨 l_{ni+1} 之较大值，其中 $i=1$，2，3，…。

（2）图中 h_c 为柱截面沿框架方向的高度。

（3）梁上部通长钢筋与非贯通钢筋直径相同时，连接位置宜位于跨中 $l_{ni}/3$ 范围内；梁下部钢筋连接位置宜位于支座 $l_{ni}/3$ 范围内；在同一连接区段内钢筋接头面积百分率不宜大于 50%。

（4）钢筋连接要求参见相关连接规定。

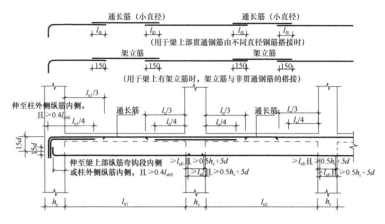

图 2-14 楼层框架梁纵向钢筋构造

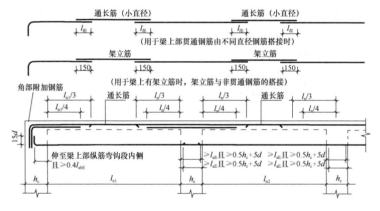

图 2-15 屋面框架梁 WKL 纵向钢筋构造

（5）当梁纵筋（不包括侧面 G 打头的构造筋及架立筋）采用绑扎搭接接长时，搭接区内箍筋直径及间距要求见相关规定。

（6）当上柱截面尺寸小于下柱截面尺寸时，梁上部钢筋的锚固长度起算位置应为上柱内边缘，梁下纵筋的锚固长度起算位置为下柱内边缘。

2. 不伸入支座的梁下部纵向钢筋的构造要求

不伸入支座的梁下部纵向钢筋断点位置见图 2-16。

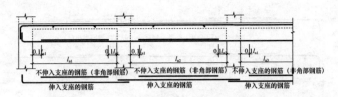

图 2-16　不伸入支座的梁下部纵向钢筋断点位置

识图时注意：

（1）不伸入支座的梁下部纵向钢筋断点构造要求不适用于框支梁、框架扁梁；

（2）伸入支座的梁下部纵向钢筋锚固构造见相关要求。

三、框架梁相关标准构造详图

1. 楼层框架梁 KL、屋面框架梁 WKL 纵向钢筋在支座节点的构造

相关构造见表 2-31、表 2-32。

表 2-31　KL、WKL 纵向钢筋在端支座和中间节点的构造

构造图	相关说明
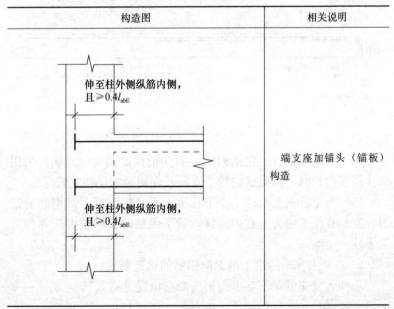	端支座加锚头（锚板）构造

续表

构造图	相关说明
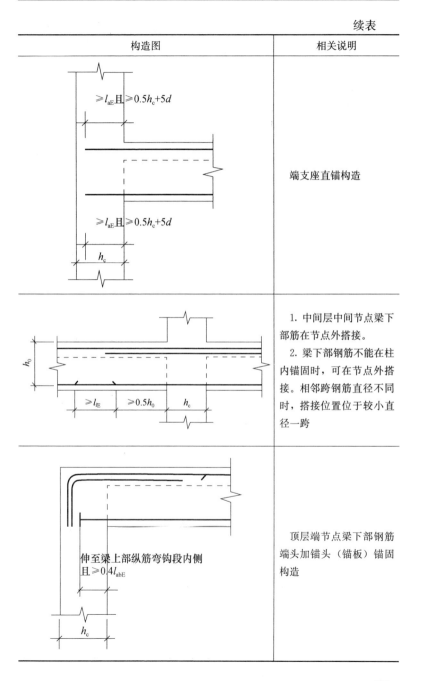	端支座直锚构造
	1. 中间层中间节点梁下部筋在节点外搭接。 2. 梁下部钢筋不能在柱内锚固时，可在节点外搭接。相邻跨钢筋直径不同时，搭接位置位于较小直径一跨
	顶层端节点梁下部钢筋端头加锚头（锚板）锚固构造

续表

构造图	相关说明
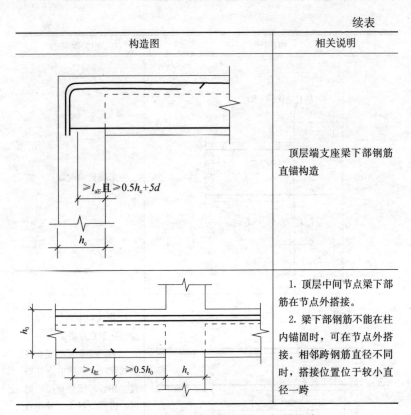	顶层端支座梁下部钢筋直锚构造
	1. 顶层中间节点梁下部筋在节点外搭接。 2. 梁下部钢筋不能在柱内锚固时，可在节点外搭接。相邻跨钢筋直径不同时，搭接位置位于较小直径一跨

表 2-32　KL、WKL 中间支座纵向钢筋构造

构造图	相关说明
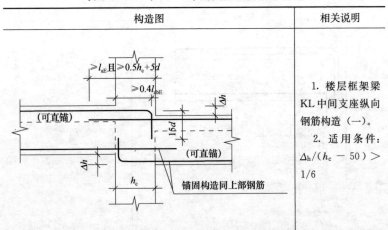	1. 楼层框架梁 KL 中间支座纵向钢筋构造（一）。 2. 适用条件：$\Delta_\mathrm{h}/(h_\mathrm{c}-50)>1/6$

构造图	相关说明
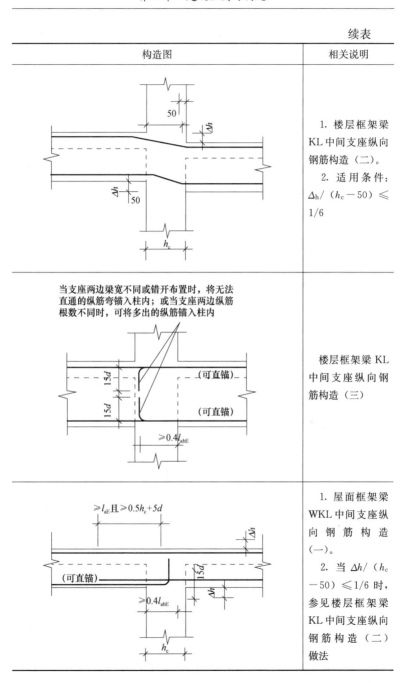	1. 楼层框架梁 KL 中间支座纵向钢筋构造（二）。 2. 适用条件：$\Delta_h/(h_c-50) \leqslant 1/6$
当支座两边梁宽不同或错开布置时，将无法直通的纵筋弯锚入柱内；当支座两边纵筋根数不同时，可将多出的纵筋锚入柱内	楼层框架梁 KL 中间支座纵向钢筋构造（三）
	1. 屋面框架梁 WKL 中间支座纵向钢筋构造（一）。 2. 当 $\Delta h/(h_c-50) \leqslant 1/6$ 时，参见楼层框架梁 KL 中间支座纵向钢筋构造（二）做法

构造图	相关说明
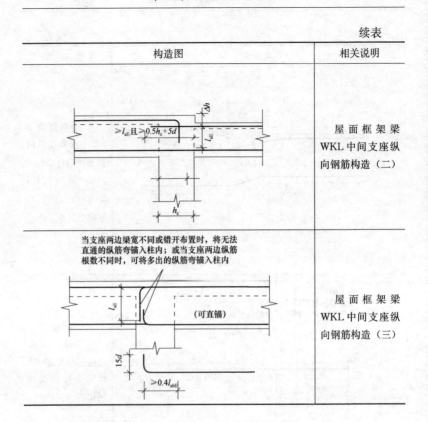	屋面框架梁WKL中间支座纵向钢筋构造（二）

当支座两边梁宽不同或错开布置时，将无法直通的纵筋弯锚入柱内；或当支座两边纵筋根数不同时，可将多出的纵筋弯锚入柱内

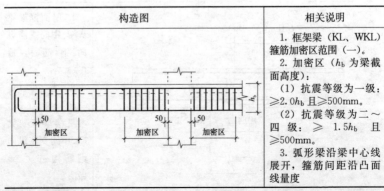

屋面框架梁WKL中间支座纵向钢筋构造（三）

2. 梁箍筋的构造

梁箍筋构造见表2-33。

表2-33　梁箍筋构造

构造图	相关说明
	1. 框架梁（KL、WKL）箍筋加密区范围（一）。 2. 加密区（h_b 为梁截面高度）： （1）抗震等级为一级：$\geqslant 2.0h_b$ 且$\geqslant 500$mm。 （2）抗震等级为二～四级：$\geqslant 1.5h_b$ 且$\geqslant 500$mm。 3. 弧形梁沿梁中心线展开，箍筋间距沿凸面线量度

构造图	相关说明
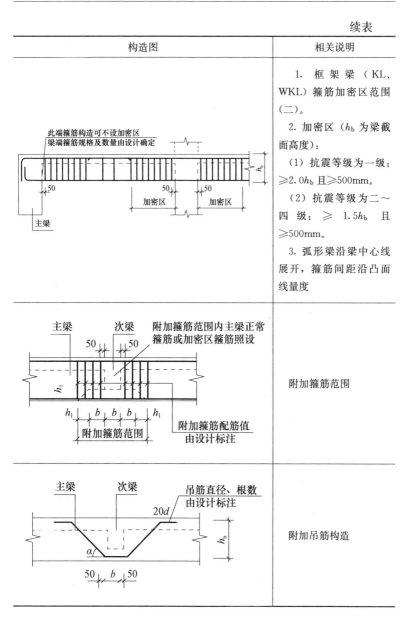	1. 框架梁（KL、WKL）箍筋加密区范围（二）。 2. 加密区（h_b 为梁截面高度）： （1）抗震等级为一级：$\geqslant 2.0 h_b$ 且 $\geqslant 500mm$。 （2）抗震等级为二～四级：$\geqslant 1.5 h_b$ 且 $\geqslant 500mm$。 3. 弧形梁沿梁中心线展开，箍筋间距沿凸面线量度
	附加箍筋范围
	附加吊筋构造

3. 梁侧面纵向构造筋和拉筋构造

梁侧面纵向构造筋和拉筋的要求见表2-34。

93

表 2-34 梁侧面纵向构造筋和拉筋的要求

构造图	相关说明
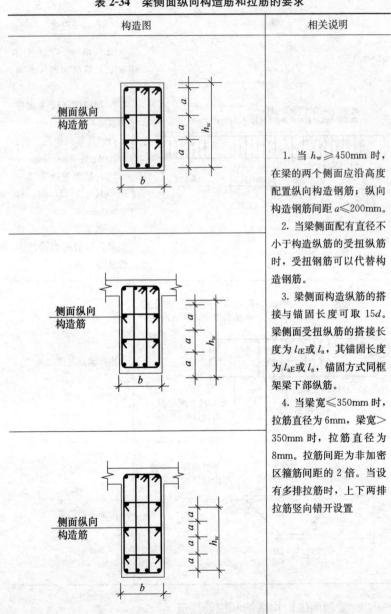	1. 当 $h_w \geqslant 450mm$ 时，在梁的两个侧面应沿高度配置纵向构造钢筋；纵向构造钢筋间距 $a \leqslant 200mm$。 2. 当梁侧面配有直径不小于构造纵筋的受扭纵筋时，受扭钢筋可以代替构造钢筋。 3. 梁侧面构造纵筋的搭接与锚固长度可取 $15d$。梁侧面受扭纵筋的搭接长度为 l_{lE} 或 l_a，其锚固长度为 l_{aE} 或 l_a，锚固方式同框架梁下部纵筋。 4. 当梁宽 $\leqslant 350mm$ 时，拉筋直径为 6mm，梁宽 > 350mm 时，拉筋直径为 8mm。拉筋间距为非加密区箍筋间距的 2 倍。当设有多排拉筋时，上下两排拉筋竖向错开设置

第七节　有梁楼盖平法施工图

楼盖分为有梁楼盖和无梁楼盖，有梁楼盖是指以梁为支座的楼面板与屋面板，无梁楼盖是指没有梁的楼盖板。本节主要介绍有梁楼盖板平法施工图，指在楼面板和屋面板布置图上，采用平面注写的表达方式。板平面注写主要包括板块集中标注和板支座原位标注。

为方便设计表达和施工识图，规定结构平面的坐标方向为：

（1）当两向轴网正交布置时，图面从左至右为 X 向，从下至上为 Y 向；

（2）当轴网转折时，局部坐标方向顺轴网转折角度做相应转折；

（3）当轴网向心布置时，切向为 X 向，径向为 Y 向。

板平法施工图示例见图 2-17。

一、有梁楼盖施工图的表示方法

1. 板集中标注

（1）板编号（表 2-35）

表 2-35　板编号

板类型	代号	序号
楼面板	LB	××
屋面板	WB	××
悬挑板	XB	××

（2）板厚

① 注写为 $h=××$，为垂直于板面的厚度。

② 当悬挑板的端部改变截面厚度时，用斜线分隔根部与端部的厚度值，注写为 $h=××/××$。

③ 当设计已在图中统一注明板厚时，此项可不注。

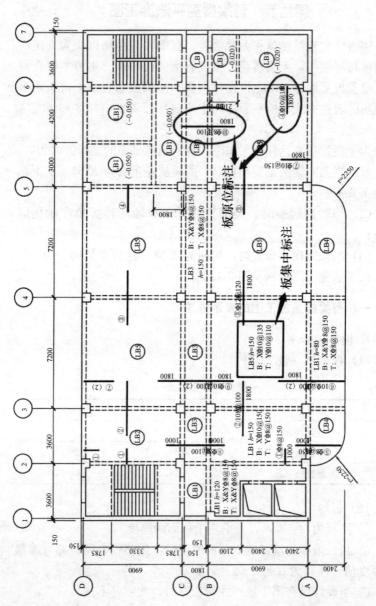

图 2-17　板平法施工图示例

（3）纵筋

纵筋按板块的下部纵筋和上部贯通纵筋分别注写（当板块上部不设贯通纵筋时不注），用 B 代表下部纵筋，T 代表上部贯通纵筋，用 B&T 表示下部与上部；X 向纵筋以 X 打头，Y 向纵筋以 Y 打头，两向纵筋配置相同时，以 X&Y 打头。

当纵筋采用两种规格钢筋"隔一布一"方式时，表达为 ϕ $xx/yy@\times\times\times$，表示直径为 $\times\times$ 的钢筋和直径为 yy 的钢筋二者之间间距为 $\times\times\times$，直径 xx 的钢筋间距为 $\times\times\times$ 的 2 倍，直径 yy 的钢筋的间距为 $\times\times\times$ 的 2 倍。

（4）板面标高高差

板面标高高差系指相对于结构层楼面标高的高差，应将其注写在括号内，且有高差则注，无高差则不注。

2. 板支座原位标注

板支座原位标注的内容为板支座上部非贯通纵筋和悬挑板上部受力钢筋。

板支座原位标注的钢筋，应在配置相同跨的第一跨表达，绘制一端适宜长度的中粗实线段代表支座上部的非贯通纵筋，并在线段上方注写钢筋编号、配筋值、横向连续布置的跨数，以及是否横向连续布置到梁的悬挑端。

板支座上部非贯通筋自支座中线向跨内的伸出长度，注写在线段的下方位置。当中间支座上部非贯通纵筋向支座两侧对称伸出时，可仅在支座一侧线段下方标注伸出长度，另一侧不注。

当中间支座上部非贯通纵筋向支座两侧非对称伸出时，应分别在支座两侧线段下方标注伸出长度。对线段画至对边贯通全跨或贯通全悬挑长度的上部通长纵筋，贯通全跨或伸出至全悬挑一侧的长度值不注，只注明非贯通筋的另一侧的伸出长度值。

板支座上部非贯通筋示例见图 2-18。

当板的上部已配置有贯通纵筋，但需增配板支座上部非贯通纵筋时，应结合已配置的同向贯通纵筋的直径与间距采取"隔一布一"方式配置。"隔一布一"方式为非贯通纵筋的标注间距与贯通纵筋相同，两者组合后的实际间距为各自标注间距的 1/2。

当设定的贯通纵筋为纵筋总截面面积的50%时，两种钢筋应取相同直径；当设定贯通纵筋大于或小于总截面面积的50%，两种钢筋则取不同直径。

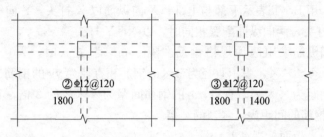

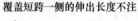

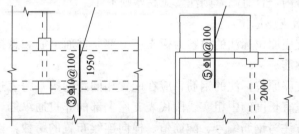

图 2-18　板支座上部非贯通筋示例

施工应注意：当支座一侧设置了上部贯通纵筋，而在支座另一侧仅设置了上部非贯通纵筋时，如果支座两侧设置的纵筋直径、间距相同，应将二者连通，避免各自在支座上部分别锚固。

二、有梁楼盖板配筋构造

识图时注意：

（1）当相邻等跨或不等跨的上部贯通纵筋配置不同时，应将配置较大者越过其标注的跨数终点或起点伸出至相邻跨的跨中连接区域连接。

（2）图 2-19 所示为搭接连接，另外板纵筋可采用机械连接或焊接连接。接头位置：上部钢筋见图示连接区，下部钢筋宜在距支座 1/4 净跨内。

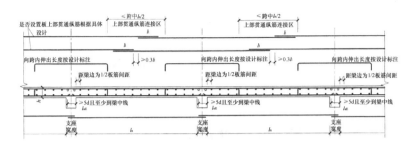

图 2-19　有梁楼盖楼面板 LB 和屋面板 WB 钢筋构造

（3）板贯通纵筋的连接要求见有关钢筋连接的构造要求，且同一连接区段内钢筋接头百分率不宜大于 50%。

（4）板位于同一层面的两向交叉纵筋何向在下何向在上，应按具体设计说明。

（5）图示中板的中间支座均按梁要求，当支座为混凝土剪力墙时，其构造要求相同。

第三章　常用工具设备

第一节　钢筋加工基本工具

钢筋加工时常用的工具包括工作台、手摇扳子、扳柱铁板、钢筋扳子、扎丝钩、小撬杠、绑扎支架等工具。

一、工作台

手工弯曲钢筋是利用扳子在工作台（图 3-1）上进行的。弯曲细钢筋的工作台，台面为 400cm×80cm，台高为 85cm。弯曲粗钢筋的工作台，台面为 800cm×80cm，台高为 80cm。工作台的面板用 5cm 厚木板，支腿用 20cm×20cm 木方拼成。工作台要求牢固，避免在操作过程中发生晃动。

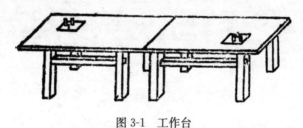

图 3-1　工作台

二、手摇扳子

手摇扳子（图 3-2）是弯曲细钢筋的主要工具。它由一块铁板底盘和扳柱扳手组成。图 3-2（a）所示是弯单根钢筋的手摇扳，图 3-2（b）所示是可以同时弯制多根钢筋的手摇扳。

操作时，要将底盘固定在工作台上。单根钢筋的手摇扳子，可弯曲直径 12mm 的钢筋。多根钢筋的手摇扳子，每次可弯 4~8 根直径为 8mm 以下的钢筋，主要适宜于弯制箍筋。扳子的手柄长度可根据弯制直径适当调节，底盘钢板厚 6mm，扳柱直径为 12～16mm。

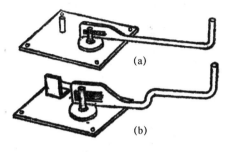

(a)

(b)

图 3-2　手摇扳子

三、扳柱铁板

扳柱铁板（图 3-3）由一块铁板底盘和扳柱组成，固定在工作台上，用来弯曲粗钢筋。扳柱铁板有两种形式：第一种由一块铁板焊四个扳柱，扳柱水平方向净距约为 100mm，垂直方向的净距约为 34mm，可弯 32mm 直径的钢筋。

这种扳柱铁板在弯曲 28mm 直径以下的钢筋时，在后面两个扳柱上要加不同厚度的钢板套。第二种是在铁板上焊三个扳柱，成三角形，扳柱的两条斜边净距为 100mm，另一边净距为 80mm。这种扳柱不需要配备不同厚度的钢套，操作人员所站位置比较自由，是目前常用的一种形式。扳柱铁板底盘厚约 12mm，扳柱直径应根据所弯钢筋来选

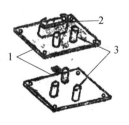

图 3-3　扳柱铁板
1—铁板；2—钢套；3—扳柱

择，一般为 16～25mm。扳柱可用钢筋头制作，所以又叫钢筋柱。

四、钢筋扳子

钢筋扳子（图 3-4）有横口扳子和顺口扳子两种。横口扳子又有平头和弯头之分。弯头横口扳子仅在绑扎钢筋时纠正钢筋形

状或位置使用，常用的是平头横口
扳子。弯制直径较大的钢筋，可在
扳子柄上接上套管，这样可以省力
些。扳子的扳口一般比钢筋直径大
2mm 较为合适。所以，钢筋加工
场最好配备各种规格扳口的扳子。

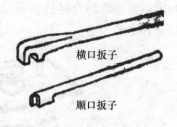

图 3-4 钢筋扳子

五、扎丝钩

扎丝钩又叫钢筋钩或铅丝钩，是绑扎钢筋的主要工具。扎丝
钩是用直径 12～16mm，长 160～200mm 光圆钢筋制成的。弯钩
部分与手柄应成 90°，以便于扭结丝扣，且操作时比较省力。为
了在绑扎扎丝钩时旋转方便
不致磨手，可在扎丝钩手柄
上加一套管。有的为了利用
扎丝钩扳弯直径小于 6mm
的钢筋，也可在末端加一小
扳口。扎丝钩形状如图 3-5
所示。

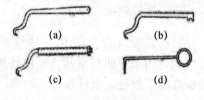

图 3-5 扎丝钩

六、小撬杠

小撬杠在绑扎安装钢筋
网、架时，用以调整钢筋间距、矫正钢筋局部弯曲，以及垫保护
层水泥砂浆垫块。

七、绑扎支架

在钢筋加工场，为了便于钢筋骨架的绑扎，常采用直径
20mm 以下的短钢筋焊制成简单的支架（图 3-6）。这种支架比较
轻巧，操作方便。当绑扎平板钢筋网片时，如果一种型号的构件
数量较多，可以利用木条制作绑扎模架。模架上按钢筋间距刻上
凹槽。在进行绑扎时，只需将钢筋放入凹槽内即可，不但省去了
画线步骤，而且钢筋位置准确，便于绑扎，可提高工效。

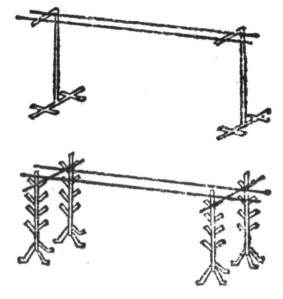

图 3-6 绑扎支架

第二节 钢筋加工设备

一、钢筋强化机械

为了提高钢筋强度，通常对钢筋进行冷加工。冷加工的原理：利用机械对钢筋施以超过屈服点的外力，使钢筋产生变形，从而提高钢筋的强度和硬度，减少塑性变形。同时还可以增加钢筋长度，节约钢材。钢筋冷加工主要有冷拉、冷拔、冷轧和冷轧扭四种工艺。钢筋强化机械是对钢筋进行冷加工的专用设备，主要有钢筋冷拉机、钢筋冷拔机等。

1. 钢筋冷拉机

常用的钢筋冷拉机有卷扬机式冷拉机械、阻力轮冷拉机械和液压冷拉机械等。其中卷扬机式冷拉机械具有适应性强、设备简单、成本低、制造维修容易等特点。下面以卷扬机式钢筋冷拉机为例，介绍其构造组成、工作原理、安全操作要点。

（1）构造组成

如图 3-7 所示，卷扬机式钢筋冷拉机主要由电动卷扬机、钢筋滑轮组（定滑轮组、动滑轮组）、地锚、导向滑轮、夹具（前夹具、后夹具）和测力器等组成。主机采用慢速卷扬机，冷拉粗钢筋时选用 JJ M-5 型；冷拉细钢筋时选用 JJ M-3 型。为提高卷扬机的牵引力，降低冷拉速度，以适应冷拉作业需要，常配装多轮滑轮组，如 JJ M-5 型卷扬机配装六轮滑轮组后，其牵引力由 50kN 提高到 600kN，绳速由 9.2m/min 降低到 0.76m/min。

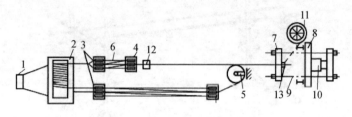

图 3-7　卷扬机式钢筋冷拉机构造

1—地锚；2—电动卷扬机；3—定滑轮组；4—动滑轮组；5—导向滑轮；6—钢丝绳；

7—活动横梁；8—固定横梁；9—传力杆；10—测力器；11—放盘架；

12—前夹具；13—后夹具

（2）工作原理

由于卷筒上钢丝绳是正、反向穿绕在两副动滑轮组上的，因此，当卷扬机旋转时，夹持钢筋的一组动滑轮被拉向卷扬机，使钢筋被拉伸；而另一组动滑轮则被拉向导向滑轮，等下一次冷拉时交替使用。钢筋所受的拉力经传力杆、活动横梁传给测力装置，从而测出拉力的大小。拉伸长度可通过标尺测出或用行程开关来控制。

（3）安全操作要点

① 应根据冷拉钢筋的直径，合理选用卷扬机。卷扬钢丝绳应经过封闭式导向滑轮并和被拉钢筋水平方向成直角。卷扬机的位置应使操作人员能见到全部冷拉场地，卷扬机与冷拉中线距离不得小于 5m。

② 冷拉场地应在两端地锚外侧设置警戒区，并应安装防护栏及警告标志。无关人员不得在此停留。操作人员在作业时必须离

开钢筋 2m 以外。

③ 用配重控制的设备应与滑轮匹配，并应有指示起落的记号，没有指示记号时应有专人指挥。配重框提起时高度应限制在离地面 300mm 以内，配重架四周应有栏杆及警告标志。

④ 作业前，应检查冷拉夹具，夹齿应完好，滑轮、拖拉小车应润滑灵活，拉钩、地锚及防护装置均应齐全牢固。确认其良好后方可作业。

⑤ 卷扬机操作人员必须看到指挥人员发出信号，并待所有人员离开危险区后方可作业。冷拉应缓慢、均匀。当有停车信号或见到有人进入危险区时，应立即停拉，并稍稍放松卷扬钢丝绳。

⑥ 用延伸率控制的装置，应装设明显的限位标志，并应有专人负责指挥。

⑦ 夜间作业的照明设施，应装设在张拉危险区外。当需要装设在场地上空时，其高度应超过 5m。灯泡应加防护罩，导线严禁采用裸线。

⑧ 作业后，应放松卷扬钢丝绳，落下配重，切断电源，锁好开关箱。

2. 钢筋冷拔机

（1）构造组成

立式单筒冷拔机由电动机、支架、拔丝模、卷筒、阻力轮、盘料架等组成，如图 3-8 所示。

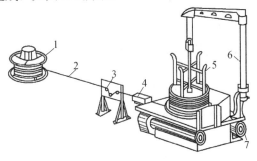

图 3-8　立式单筒冷拔机构造

1—盘料架；2—钢筋；3—阻力轮；4—拔丝模；5—卷筒；6—支架；7—电动机

卧式双筒冷拔机的卷筒是水平设置的，其构造如图3-9所示。

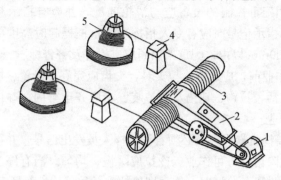

图 3-9 卧式双筒冷拉机构造

1—电动机；2—减速器；3—卷筒；4—拔丝模盒；5—承料架

（2）工作原理

① 立式单筒冷拔机的工作原理。电动机动力通过蜗轮、蜗杆减速后，驱动立轴旋转，使安装在立轴上的拔丝筒一起转动，卷绕着强行通过拔丝模的钢筋，完成冷拔工序。当卷筒上面缠绕的冷拔钢筋达到一定数量后，可用冷拔机上的辅助吊具将成卷钢筋卸下，再使卷筒继续进行冷拔作业。

② 卧式双筒冷拔机的工作原理。电动机动力经减速器减速后驱动左右卷筒以 20r/min 的转速旋转，卷筒的缠绕强力使钢筋通过拔丝模完成拉拔工序，并将冷拔后的钢筋缠绕在卷筒上，达到一定数量后卸下，使卷筒继续冷拔作业。

（3）安全操作要点

① 应检查并确认机械各连接件牢固，模具无裂纹，轧头和模具的规格配套，然后启动空机运转，确认正常后方可作业。

② 在冷拔钢筋时，每道工序的冷拔直径应按机械出具的说明书规定进行，不得超量缩减模具孔径，无资料时，可按每次缩减孔径 0.5～1.0mm 进行。

③ 轧头时，应先使钢筋的一端穿过模具长度达 100～500mm，再用夹具夹牢。

④ 作业时，操作人员的手和轧辊应保持 300～500mm 的距

离。不得用手直接接触钢筋的滚筒。

⑤ 冷拔模架中应随时加足润滑剂，润滑剂应采用石灰和肥皂水调和晒干后的粉末。钢筋通过冷拔模前，应抹少量润滑脂。

⑥ 当钢筋的末端通过冷拔模后，应立即脱开离合器，同时用手闸挡住钢筋末端。

⑦ 拔丝过程中，当出现断丝或钢筋打结乱盘时，应立即停机；在处理完毕后，方可开机。

二、钢筋成型机械

1. 钢筋调直切断机

钢筋调直切断机按调直原理的不同可分为孔模式和斜辊式两种；按其切断机构的不同有下切剪刀式和旋转剪刀式两种。下切剪刀式又由于切断控制装置的不同分为机械控制式和光电控制式。下面主要以 GT4/8 型钢筋调直切断机进行介绍。

（1）构造组成

GT4/8 型钢筋调直切断机主要由放盘架、调直筒、传动箱等组成，其构造如图 3-10 所示。

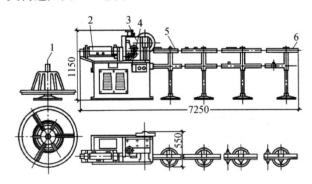

图 3-10　GT4/8 型钢筋调直切断机构造

1—放盘架；2—调直筒；3—传动箱；4—基座；5—承受架；6—定尺板

（2）工作原理

如图 3-11 所示，电动机经胶带轮驱动调直筒旋转，实现调直钢筋动作。另外，通过同一电动机上的另一胶带轮传递给一对锥齿轮转动偏心轴，再经过两级齿轮减速后带动上压辊和下压辊相对旋转，从而实现调直和曳引运动。偏心轴通过双滑块机构，带动锤头上下运动，当上切刀进入锤头下面时即受到锤头敲击，实现切断作业。上切刀依赖拉杆重力作用完成回程。

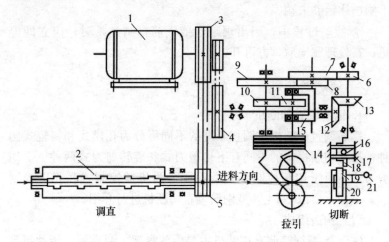

图 3-11　GT4/8 型钢筋调直切断机工作原理

1—电动机；2—调直筒；3～5—胶带轮；6～11—齿轮；12、13—锥齿轮；14—压辊；15—框架；16、17—双滑块；18—锤头；19—上切刀；20—方刀台；21—拉杆

在工作时，方刀台和承受架上的拉杆相连，拉杆上装有定尺板。当钢筋端部顶到定尺板时，即将方刀台拉到锤头下面，切断钢筋。定尺板在承受架的位置，可按切断钢筋所需长度调整。

（3）安全操作要点

① 料架、料槽应安装平直，并应对准导向筒、调直筒和下切刀孔的中心线。

② 用手转动飞轮，检查传动机构和工作装置，调整间隙，紧固螺栓，确认正常后，启动空运转，并应检查轴承无异响、齿轮啮合良好、运转正常后方可作业。

③ 应按调直钢筋的直径，选用适当的调直块及传动速度。调直块的孔径应比钢筋直径大 2～5mm，传动速度应根据钢筋直径选用，直径大的宜选用慢速，经调试合格，方可送料。

④ 在调直块未固定、防护罩未盖好前不得送料。作业中严禁打开各部位的防护罩及调整间隙。

⑤ 当钢筋送入后,手与曳轮应保持一定的距离,不得接近。

⑥ 送料前,应将不直的钢筋端头切除。导向筒前应安装一根1m 长的钢管,钢筋应先穿过钢管再送入调直前端的导孔内。

⑦ 经过调直后的钢筋如仍有慢弯,可逐渐加大调直块的偏移量,直到调直为止。

⑧ 切断 3~4 根钢筋后,应停机检查其长度。当超过允许偏差时,应调整限位开关或定尺板。

2. 钢筋弯曲机

钢筋弯曲机是将调直、切断后的钢筋弯曲成所要求的尺寸和形状的专用设备。在建筑工地广泛使用的台式钢筋弯曲机按传动方式可分为机械式和液压式两类。其中,机械式钢筋弯曲机又分为蜗轮蜗杆式、齿轮式等形式。以下主要介绍在建筑工地使用较为广泛的 GW40 型蜗轮蜗杆式钢筋弯曲机。

(1)构造组成

如图 3-12 所示,蜗轮蜗杆式钢筋弯曲机主要由机架、电动机、传动系统、工作机构(工作盘、插入座、夹持器、转轴等)及控制系统等组成。机架下装有行走轮,便于移动。

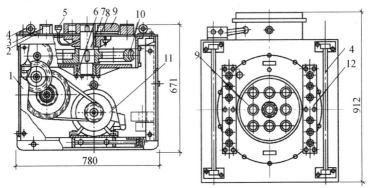

图 3-12 蜗轮蜗杆式弯曲机构造

1—机架;2—工作台;3—插入座;4—转轴;5—油杯;6—蜗轮箱;
7—工作主轴;8—轴承;9—工作盘;10—蜗轮;11—电动机;12—孔眼条板

（2）工作原理

钢筋弯曲机工作原理如图 3-13 所示。首先将钢筋放到工作盘的芯轴和成形轴之间，开动弯曲机使工作盘转动，由于钢筋一端被挡铁轴挡住，因而钢筋被成型轴推压，绕芯轴进行弯曲。当达到所要求的角度时，自动或手动使工作盘停止，然后使工作盘反转复位。如要改变钢筋弯曲的曲率，可以更换不同直径的芯轴。

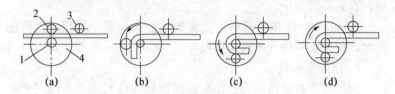

图 3-13　钢筋弯曲机工作原理
1—芯轴；2—成型轴；3—挡铁轴；4—工作盘

（3）安全操作要点

① 工作台和弯曲机台面应保持水平，作业前应准备好各种芯轴及工具。

② 应按加工钢筋的直径和弯曲半径的要求，装好相应规格的芯轴和成型轴、挡铁轴。芯轴直径应为钢筋直径的 2.5 倍。挡铁轴应有轴套。

③ 挡铁轴的直径和强度不得小于被弯钢筋的直径和强度。不直的钢筋，不得在弯曲机上弯曲。

④ 应检查并确认芯轴、挡铁轴、转盘等无裂纹和损伤，防护罩坚固可靠，空载运转正常后方可作业。

⑤ 作业时，应将钢筋需弯一端插在转盘固定销的间隙内，另一端紧靠机身固定销，并用手压紧；应检查机身固定销并确认安放在挡住钢筋的一侧，方可开动。

⑥ 作业中，严禁更换轴芯、销子和变换角度以及调速，也不得进行清扫和加油。

⑦ 对超过机械铭牌规定直径的钢筋严禁进行弯曲。在弯曲未经冷拉或带有锈皮的钢筋时，应戴防护镜。

⑧ 弯曲高强度或低合金钢筋时，应按机械铭牌规定换算最大

允许直径并应调换相应的芯轴。

⑨ 在弯曲钢筋的作业半径内和机身不设固定销的一侧严禁站人。弯曲好的半成品，应堆放整齐，弯钩不得朝上。

⑩ 转盘换向时，应待其停稳后进行。作业后，应及时清除转盘及插入座孔内的铁锈、杂物等。

3. 钢筋切断机

钢筋切断机是将钢筋原材料或已调直的钢筋切断成所需长度的专用机械，有机械传动式和液压传动式两种。

（1）机械传动式钢筋切断机

卧式钢筋切断机属于机械传动式钢筋切断机，因其结构简单，使用方便，得到了广泛的采用。

其构造如图 3-14 所示，卧式钢筋切断机主要由电动机、传动

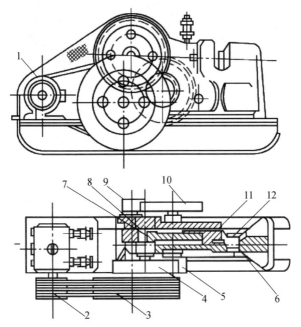

图 3-14　卧式钢筋切断机构造

1—电动机；2、3—V 带轮；4、5、9、10—减速齿轮；6—固定刀片；
7—连杆；8—曲柄轴；11—滑块；12—活动刀片

系统、减速机构、曲轴机构、机体及切断机构等组成，适用于切断 6～40mm 普通碳素钢筋。

（2）工作原理

如图 3-15 所示，卧式钢筋切断机由电动机驱动，通过 V 带轮、圆柱齿轮减速带动偏心轴旋转。在偏心轴上装有连杆，连杆带动滑块和活动刀片在机座的滑道中做往复运动，并和固定在机座上的固定刀片相配合切断钢筋。切断机的刀片选用碳素工具钢并经热处理制成，一般前角度为 3°，后角度为 12°。一般固定刀片和活动刀片之间的间隙为 0.5～1mm。在刀口两侧机座上装有两个挡料架，以减少钢筋的摆动现象。

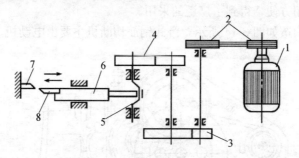

图 3-15　卧式钢筋切断机工作原理

1—电动机；2—V 带轮；3、4—减速齿轮；5—偏心轴；
6—连杆；7—固定刀片；8—活动刀片

（3）安全操作要点

① 接送料的工作台面应和切刀下部保持水平，工作台的长度可根据加工材料长度确定。

② 启动前，应检查并确认切刀无裂纹，刀架螺栓紧固，防护罩牢靠。然后用手转动皮带轮，检查齿轮啮合间隙，调整切刀间隙。

③ 启动后，应先空运转，检查各传动部分及轴承运转正常后方可作业。

④ 机械未达到正常转速时不得切料。切料时，应使用切刀的中、下部位，紧握钢筋对准刃口迅速投入；操作者应站在固定刀

片一侧用力压住钢筋，以防止钢筋末端弹出伤人。严禁用两手分在刀片两边握住钢筋俯身送料。

⑤ 不得剪切直径及强度超过机械铭牌规定的钢筋和烧红的钢筋。一次切断多根钢筋时，其总截面面积应在规定范围内。

⑥ 剪切低合金钢时，应更换高硬度切刀，剪切直径应符合机械铭牌规定。

⑦ 切断短料时，手和切刀之间的距离应保持在 150mm 以上。如手握端小于 400mm，应采用套管或夹具将钢筋短头压住或夹牢。

⑧ 运转中，严禁用手直接清除切刀附近的断头和杂物。钢筋摆动周围和切刀周围，不得停留非操作人员。

⑨ 当发现机械运转不正常、有异常响声或切刀歪斜时，应立即停机检修。

⑩ 作业后，应切断电源，用钢刷清除切刀间的杂物，进行整机清洁、润滑。

4. 液压传动式钢筋切断机

（1）构造组成

液压传动式钢筋切断机主要由电动机、液压传动系统（液体缸体、液压泵缸）、操纵装置、定刀片、动刀片等组成，如图 3-16 所示。

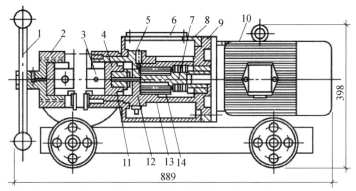

图 3-16　液压传动式钢筋切断机构造

1—手柄；2—支座；3—主刀片；4—活塞；5—放油缸；6—观察玻璃；

7—偏心轴；8—油箱；9—连接架；10—电动机；11—皮碗；

12—液压缸缸体；13—液压泵缸；14—柱塞

（2）工作原理

如图 3-17 所示，电动机带动偏心轴旋转，偏心轴的偏心面推动和它接触的柱塞做往返运动，使柱塞泵产生高压将油压入油缸体内，推动油缸内的活塞，驱使动刀片前进，和固定在支座上的定刀片相错而切断钢筋。

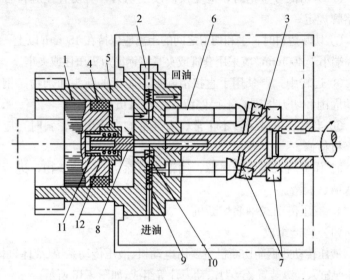

图 3-17　液压传动式钢筋切断机工作原理

1—活塞；2—放油阀；3—偏心轴；4—皮碗；5—液压缸体；6—柱塞；

7—轴承；8—主阀；9—吸油球阀；10—进油球阀；

11—小回位弹簧；12—大回位弹簧

（3）安全操作要点

① 接送料的工作台面应和切刀下部保持水平，工作台的长度可根据加工材料长度确定。

② 启动前，应检查并确认切刀无裂纹，刀架螺栓紧固，防护罩牢靠。然后用手转动皮带轮，检查齿轮啮合间隙，调整切刀间隙。

③ 启动后，应先空运转，检查各传动部分及轴承运转正常后方可作业。

④ 机械未达到正常转速时，不得切料。切料时，应使用切刀的中、下部位，紧握钢筋对准刃口迅速投入；操作者应站在固定刀片一侧用力压住钢筋，以防止钢筋末端弹出伤人。严禁用两手分在刀片两边握住钢筋俯身送料。

⑤ 不得剪切直径及强度超过机械铭牌规定的钢筋和烧红的钢筋。一次切断多根钢筋时，其总截面面积应在规定范围内。

⑥ 剪切低合金钢时，应更换高硬度切刀，剪切直径应符合机械铭牌规定。

⑦ 切断短料时，手和切刀之间的距离应保持在150mm以上。如手握端小于400mm，应采用套管或夹具将钢筋短头压住或夹牢。

⑧ 运转中，严禁用手直接清除切刀附近的断头和杂物。钢筋摆动周围和切刀周围，不得停留非操作人员。

⑨ 当发现机械运转不正常、有异常响声或切刀歪斜时，应立即停机检修。

⑩ 作业后，应切断电源，用钢刷清除切刀间的杂物，进行整机清洁润滑。液压传动式切断机作业前，应检查并确认液压油位及电动机旋转方向符合要求。启动后，应空载运转，松开放油阀，排尽液压缸体内的空气，方可进行切筋。手动液压式切断机使用前，应将放油阀按顺时针方向旋紧；切割完毕后，应立即按逆时针方向旋松。作业中，手应持稳切断机，并戴好绝缘手套。

第三节 钢筋焊接设备

一、电渣压力焊

电渣压力焊的基本构造见图3-18。

1. 设备组成

（1）焊接电源

电渣压力焊可采用交流或直流焊接电源，焊机容量应根据所焊钢筋的直径选定。由于电渣压力焊机的生产厂家很多，产品设计各有不同，所以配用焊接电源的型号异同，常用的多为弧焊电源（电弧焊机），如 BX3-500 型、BX3-630 型、BX3-750 型、BX3-1000 型等。

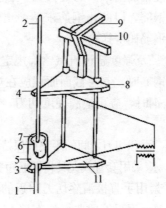

图 3-18　电渣压力焊的基本构造

1、2—钢筋；3—固定电极；4—活动电极；5—药盒；6—导电剂；
7—焊药；8—滑动杆；9—手柄；10—支架；11—固定架

（2）焊接夹具

焊接夹具由立柱、传动机械、上、下夹钳、焊剂筒等组成，其上安装有监控器，即控制开关、次级电压表、时间显示器（蜂鸣器）等，焊接夹具应具有足够的刚度，在最大允许荷载下应移动灵活，操作便利；焊剂筒的直径应与所焊钢筋直径相适应；监控器上的附件（如电压表、时间显示器等）应配备齐全。

（3）控制箱

控制箱的主要作用是通过焊工操作，使弧焊电源的初级线接通或断开，控制箱正面板上装有初级电压表、电源开关、指示灯、信号电铃等，也可刻制焊接参数表，供操作人员参考。

（4）焊剂

① 焊剂的作用

熔化后产生气体和熔渣，保护电弧和熔池，保护焊缝金属，更好地防止氧化和氮化；减少焊缝金属中化学元素的蒸发和烧损；使焊接过程稳定；具有脱氧和掺合金的作用，使焊缝金属获得所需要的化学成分和力学性能；焊剂熔化后形成渣池，电流通过渣池产生大量的电阻热；包托被挤出的液态金属和熔渣，使接头获得良好展开形状；渣壳对接头有保温和缓冷作用。

② 常用焊剂

焊剂牌号为"焊剂×××"，其中第一位数字表示焊剂中氧化锰含量，第二位数字表示二氧化硅和氟化钙含量，第三个数字表示同一牌号焊剂的不同品种。施工中最常用的焊剂牌号为"焊剂431"，它是高锰、高硅、低氟类型的，可交、直流两用，适合于焊接重要的低碳钢钢筋及普通低合金钢钢筋。与"焊剂432"性能相近的还有"焊剂350""焊剂360""焊剂430""焊剂433"等。"焊剂"亦可写成"HJ"，如"焊剂431"写成"HJ431"。有关部门正在研制专用电渣压力焊的焊剂。

2. 操作规程

（1）根据所选机型按所附附录的接线图接好线路。

（2）根据待焊钢筋直径，参照出厂说明书提供的技术参数调整弧焊机电流至所需位置。

（3）打开控制电源开关，观察电源指示灯是否正常。

（4）用焊机机头的下夹具夹住固定的下钢筋，下钢筋端头伸在焊剂筒中偏下位置；对齿轮式机头，则将上夹具摇到距上止点15mm处，把待焊钢筋夹在上夹具上；对杠杆式机头，则将杠杆置于水平位置，把待焊钢筋夹在上夹具上。

（5）使上下钢筋端头顶住，并应接触良好，装上焊剂筒，底部放上合适的石棉防漏垫，将下部间隙堵严，关闭焊剂盒，将干燥的焊剂倒入筒中，以装满为止。

（6）做好上述准备工作后，开动电源，立即摇动手柄，提升上钢筋2～4mm引燃电弧，观察电压表，使电压稳定在25～45V之间；如电压偏低，反时针摇动手柄，如电压偏高，则顺时针摇动手柄，参考机头仪表盒上的数字时间显示。当各项技术参数符合要求时，迅速顺时针摇动手柄下送钢筋，并用力顶紧，同时置仪表盒上的按钮开关于"停止"位置，断掉焊机电源，至此一个接头焊接完毕。对杠杆式机头，焊接时按下手把的控制开关，并轻轻按动手把引燃电弧，使监视器指针在"电渣—电弧"位置，数字显示时间达到要求后，迅速抬起后把，使钢筋接口处产生一定压力，并同时释放控制开关，至此焊接过程结束。

（7）焊口焊完后，隔 2～3min，打开焊剂盒，回收未熔焊剂。

3. 注意事项

（1）电渣压力焊机二次空载电压一般在 65～80V，其工作时间 20％左右，空载时间 80％左右，空载时间越长，人身触电危险性越大。焊把线接在建筑物的钢筋上，与整个建筑物金属全部连通，焊接好的钢筋林立密集，作业场地狭小，地面钢筋堆放，作业人员长时间工作，一旦触及焊把线电源就有触电危险。

（2）竖向焊接全部是崭新螺纹钢，质硬量重，作业用的劳保用品如手套及鞋损坏快，没有及时更换劳防用品，手与脚可能直接接触钢筋，很容易触电。

（3）潮湿和炎热的天气，汗湿程度严重，人体电阻明显下降，一旦触电，不容易摆脱，其危险性更大。

（4）建筑业施工一般时间安排较紧，一层楼面一般需焊接钢筋成千上万根，钢筋焊接时需一次性完成，十多个小时连续作业是正常的，天气炎热的季节，长时间体力劳动和露天作业，人体极易疲劳，触电危险性同样较大。

二、闪光对焊

UN$_1$-75 型手动对焊机见图 3-19。

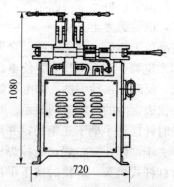

图 3-19 UN$_1$-75 型手动对焊机

1. 常用对焊机的技术性能（表 3-1）

表 3-1　常用对焊机的技术性能

项次	项目		单位	焊机型号			
				UN$_1$-75	UN$_1$-100	UN$_2$-150	UN$_{17}$-150-1
1	额定容量		kV·A	75	100	150	150
2	初级电压		V	220/380	380	380	380
3	次级电压调节范围		V	3.52~7.94	4.5~7.6	4.05~8.1	3.8~7.6
4	次级电压调节级数			8	8	15	15
5	额定持续率		%	20	20	20	50
6	钳口夹紧力		kN	20	40	100	160
7	最大顶锻力		kN	30	40	65	80
8	钳口最大距离		mm	80	80	100	90
9	动钳口最大行程		mm	30	50	27	80
10	动钳口最大烧化行程		mm				20
11	焊件最大预热压缩量		mm			10	
12	连续闪光焊时钢筋最大直径		mm	12~16	16~20	20~25	20~25
13	预热闪光焊时钢筋最大直径		mm	32~36	40	40	40
14	生产率		次/h	75	20~30	80	120
15	冷却水消耗量		L/h	200	200	200	500
16	压缩空气	压力	N/mm²			5.5	6
		消耗量	m³/h			15	5
17	焊机质量		kg	445	465	2500	1900
18	外形尺寸	长	mm	1520	1800	2140	2300
		宽	mm	550	550	1360	1100
		高	mm	1080	1150	1380	1820

2. 操作规程

钢筋闪光对焊是利用钢筋对焊机将两根钢筋安放成对接形式，压紧于两电流直击，通过低压强电流，把电能转化为热能，使钢筋加热到一定温度后，即施于轴向压力顶锻，产生强烈飞溅，形成闪光，使两根钢筋焊合在一起。

钢筋闪光对焊的设备是对焊机，对焊机按其形式可分为弹簧顶锻式、电动凸轮顶锻式、气压顶锻式等。

三、气压焊

1. 工作原理

钢筋气压焊是采用氧乙炔火焰或其他火焰对两钢筋对接处加热，使其达到塑性态，加压完成的一种压焊方法。由于加热和加压使接合面附近金属受到镦锻式压延，被焊金属产生强烈的塑性变形，促使两接合面接近到原子间的距离，进入原子作用的范围内，实现原子间的互相嵌入扩散及键合，并在热变形过程中，完成晶粒重新组合的再结晶过程而获得牢固的接头。

2. 气压焊的基本组成

钢筋气压焊设备包括氧、乙炔供气设备、加热器、加压器及钢筋卡具等，见图 3-20。钢筋气压焊接机系列有 GQH-Ⅱ 与Ⅲ型等。

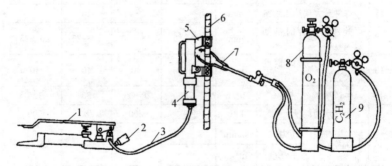

图 3-20　气压焊设备工作简图
1—脚踏液压泵；2—压力表；3—液压胶管；4—活动油缸；5—钢筋卡具；
6—被焊接钢筋；7—多火口烤枪；8—氧气瓶；9—乙炔瓶

加热器由混合气管和多火口烤枪组成。为使钢筋接头能均匀受热，烤枪应设计成环状钳形。烤枪的火口数：对直径为 16～22mm 的钢筋为 6～8 个，对直径为 25～28mm 的钢筋为 8～10 个，对直径为 32～36mm 的钢筋为 10～12 个，对直径为 40mm 的钢筋为 12～14 个。

加压器由液压泵、压力表、液压胶管和活动油缸组成。液压泵有手动式、脚踏式和电动式。在钢筋气压焊接作业中，加压器作为压力源，通过钢筋卡具对钢筋施加 30N/mm² 以上的压力。

钢筋卡具由可动卡子与固定卡子组成，用于卡紧、调整和压接钢筋用。

3. 操作规程

（1）两钢筋安装后，预压顶紧。预压力宜为 10MPa，钢筋之间的局部缝隙不得大于 3mm。

（2）钢筋加热初期应采用碳化焰（还原焰），对准两钢筋接缝处集中加热，并使其淡白色羽状内焰包住缝隙或伸入缝隙内，并始终不离开接缝，以防止压焊面产生氧化。待接缝处钢筋红黄，随即对钢筋进行第二次加压，直至焊口缝隙完全闭合。应注意：碳化焰若呈黄色，说明乙炔过多，必须适当减少乙炔量，不得使用碳化焰外焰加热，严禁用汽化过剩的氧化焰加热。

（3）在确认两钢筋的缝隙完全粘合后，应改用中性焰，在压焊面中心 1~2 倍钢筋直径的长度范围内，均匀摆动往返加热。摆幅由小到大，摆速逐渐加大，使其达到压接温度（1150~1300℃）。

（4）当钢筋表面变成炽白色，氧化物变成芝麻粒大小的灰白色球状物，继而聚集成泡沫状并开始随加热器的摆动方向移动时，则可边加热边第三次加压，先慢后快，达到 30~40MPa，使接缝处隆起的直径为 1.4~1.6 倍母材直径、变形长度为母材直径 1.2~1.5 倍的鼓包。在合理选用火焰的基础上，气压焊接时间：对直径为 16~25mm 的钢筋为 1~2min，对直径为 28~32mm 的钢筋为 2~3min，对直径为 36~40min 的钢筋为 3~4min。火口前端距钢筋表面 25~30mm。

（5）压接后，当钢筋火红消失，即温度为 600~650℃时，才能解除压接器上的卡具。

（6）在加热过程中，如果火焰突然中断，发生在钢筋接缝已完全闭合以后，即可继续加热加压，直至完成全部压接过程；如果火焰突然中断发生在钢筋接缝完全闭合以前，则应切掉接头部分，重新压接。

4. 注意事项

（1）焊工必须有上岗证，不同级别的焊工有不同的作业允许范围，应符合国家标准的规定。辅助工应具有钢筋气压焊的有关知识和经验，掌握钢筋端部加工和钢筋安装的质量要求。

（2）对焊工乙炔气瓶，减压器使用遵守相关安全规定。

（3）气压焊接作业如遇雨雪天气或气温在－15℃以下，无遮蔽、无保温缓冷时不许作业。

（4）施工现场必须设置牢固的安全操作平台，完善安全技术措施，加强操作人员的劳动保护，防止发生烧伤、烫伤。

（5）施工地点及附近须配备消防设备。

（6）油泵和油管各连接处不得漏油，防止因油管微裂而喷出油雾引起爆燃事故。

四、埋弧压力焊

手工埋弧压力焊机由焊接机架、工作平台和焊接机头组成见图3-21。

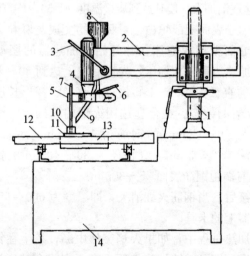

图 3-21　手工埋弧压力焊机

1—立柱；2—摇臂；3—操作手柄；4—焊接机头；5—钢筋夹钳；

6—夹钳手柄；7—钢筋；8—焊剂斗；9—焊剂下料管；10—焊剂盒；

11—钢板；12—可移动的工作台面；13—电磁吸盘；14—机架

焊接机头装在摇臂的前端，其下端连接钢筋夹钳（活动电极）。工作平台上装有电磁吸盘（固定电极），用以固定钢板。高频引弧器的作用是利用高频电压、电流来引弧，它能使周围空气剧烈电离，在其输出端距离 1～3mm 的情况下，能产生电击穿现象。但应注意：焊接变压器的初级与次级间要有良好绝缘，以防被高频电压击穿。焊剂宜采用 HJ431 型。自动埋弧压力焊机是在手工埋弧压力焊机的基础上，增加带有延时调节器的自动控制系统。

1. 操作规程

（1）按启动按钮，此时焊丝上抽，接着焊丝自动变为下送与工件接触摩擦并引起电弧，以保证电弧正常燃烧，焊接工作正常进行。

（2）焊接过程中必须随时观察电流表和电压表，并及时调整有关调节器（或按钮）。使其符合所要求的焊接规范，在发现网路电压过低时应立刻暂停焊接工作，以免严重影响熔选质量，等网路电压恢复正常后进行工作。在使用 4mm 焊丝时要求焊缝宽度 >10mm，焊接沟槽时焊接速度 ≈15m/h，电压 ≈24V，电流 ≈300A，在接近表面时，电压 >27V，电流 ≈450A。在焊接球阀时一般在焊第一层时尽量用低电压、小电流，因无良好冷却怕升温过高损坏内件及内应力大。在焊第二层及以后一定通水冷却，电压及电流均可加大，以焊渣容易清理为好。

（3）焊接过程还应随时注意焊缝的熔透程度和表面成型是否良好，熔透程度可观察工件的反面电弧燃烧处红热程度来判断，表面成型即可在焊了一小段时，就去焊渣观察，若发现熔透程度和表面成型不良，应及时调节进行挽救，以减少损失。

（4）注意观察焊丝是否对准焊缝中心，以防上焊偏，焊工观察的位置应与引弧的调整焊丝时的位置一样，以减少视线误差。焊小直径筒体的内焊缝时，可根据焊缝背面的红热情况判断此电弧的走向是否偏斜，进行调整。

（5）经常注意焊剂漏斗中的焊剂量，并随对添加，当焊剂下流不顺时就及时用棒疏通通道，排除大块的障碍物。

（6）焊接结束，应做以下工作。

① 关闭焊剂漏斗闸门，停送焊剂。

② 轻按（即按一半深，不要按到底）停止按钮，使焊丝停止送进，但电弧仍燃烧，以填满金属熔池，然后将停止按钮按到底，切断焊接电流，如一下子将停止按钮按到底，不但焊缝末端会产生熔池没有填满的现象，严重时此处还会有裂缝，而且焊丝还可能被粘在工件上，增加操作的麻烦。

③ 按焊丝向上按钮，上抽焊丝，焊枪上升。

④ 回收焊剂，供下次使用，但要注意勿使焊渣混入。

⑤ 检查焊接质量，不合格的应铲刨去，进行补焊。二次焊接前必须清理干净焊接面。

2. 注意事项

（1）埋弧自动焊机的小车轮子要有良好绝缘，导线应绝缘良好，工作过程中应理顺导线，防止扭转及被熔渣烧坏。

（2）控制箱和焊机外壳应可靠接地（零）和防止漏电。接线板罩壳必须盖好。

（3）焊接过程中应注意防止焊剂突然停止供给而发生强烈弧光裸露，灼伤眼睛。所以，焊工作业时应戴普通防护眼镜。

（4）半自动埋弧焊的焊把应有固定放置处，以防短路。

（5）埋弧自动焊熔剂的成分里含有氧化锰等对人体有害的物质。焊接时虽不像手弧焊那样产生可见烟雾，但将产生一定量的有害气体和蒸气。所以，在工作地点最好有局部的抽气通风设备。

五、点焊机

1. 工作原理

点焊机（图 3-22）系采用双面双点过流焊接的原理，工作时两个电极加压工件使两层金属在两电极的压力下形成一定的接触电阻，而焊接电流从一电极流经另一电极时在两接触电阻点形成瞬间的热熔接，且焊接电流瞬间从另一电极沿两工件流至此电极形成回路，并且

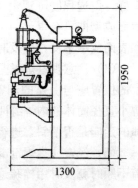

图 3-22 点焊机

124

不会伤及被焊工件的内部结构。

点焊机利用正负两极在瞬间短路时产生的高温电弧来熔化电极间的被焊材料，来达到使它们结合的目的。点焊机的结构简单，是一个大功率的变压器，将220V交流电变为低电压、大电流的电源，可以是直流的也可以是交流的。电焊变压器有自身的特点，就是具有电压急剧下降的特性。

在焊条引燃后电压下降，电焊机的工作电压的调节，除了一次的220/380V电压变换，二次线圈也有抽头变换电压，同时还有用铁心来调节的。可调铁心电焊机一般是一个大功率的变压器，系利用电感的原理做成的。电感量在接通和断开时会产生巨大的电压变化，利用正负两极在瞬间短路时产生的高压电弧来熔化电焊条上的焊料，来达到使它们结合的目的。

2. 操作规程

（1）焊接时应先调节电极杆的位置，使电极刚好压到焊件上，电极臂保持互相平行。

（2）电流调节开关级数的选择可按焊件厚度与材质而选定。通电后电源指示灯应亮，电极压力大小可调整弹簧压力螺母，改变其压缩程度而获得。

（3）在完成上述调整后，可先接通冷却水后接通电源准备焊接。焊接程序：焊件置于两电极之间，踩下脚踏板，并使上电极与焊件接触并加压，在继续压下脚踏板时，电源触头开关接通，于是变压器开始工作，次级回路通电使焊件加热。当焊接一定时间后松开脚踏板时电极上升，借弹簧的拉力先切断电源而后恢复原状，单点焊接过程即告结束。

（4）焊件准备及装配：钢焊件焊前须清除一切脏物、油污、氧化皮及铁锈，对热轧钢，最好把焊接处先经过酸洗、喷砂或用砂轮清除氧化皮。未经清理的焊件虽能进行点焊，但是严重地降低电极的使用寿命，同时降低点焊的生产效率和质量。对有薄镀层的中低碳钢，可以直接施焊。

3. 注意事项

（1）现场使用的，应设有防雨、防潮、防晒的机棚，并应装设相应的消防器材。

（2）焊接现场 10m 范围内，不得堆放油类、木材、氧气瓶、乙炔发生器等易燃、易爆物品。

（3）焊接操作及配合人员必须按规定穿戴劳动防护用品，并必须采取防止触电、高空坠落、瓦斯中毒、火灾等事故的安全措施。

（4）次级抽头连接铜板应压紧，接线柱应有垫圈。合闸前，应详细检查接线螺帽、螺栓及其他部件并确认完好齐全、无松动或损坏。接线柱处均有保护罩。

（5）使用前，应检查并确认初、次级线接线正确，输入电压符合电焊机的铭牌规定，了解点焊机焊接电流的种类和适用范围。接通电源后，严禁接触初级线路的带电部分。初、次级接线处必须装有防护罩。

（6）移动点焊机时，应切断电源，不得用拖拉电缆的方法移动焊机。当焊接中突然停电时，应立即切断电源。

（7）焊接铜、铝、锌、锡、铅等有色金属时，必须在通风良好的地方进行，焊接人员应戴防毒面具或呼吸滤清器。

（8）多台点焊机集中使用时，应分接在三相电源网络上，使三相负载平衡。多台焊机的接地装置，应分别由接地极处引接，不得串联。

（9）严禁在运行中的压力管道、装有易燃易爆物的容器和受力构件上进行焊接。

（10）焊接预热件时，应设挡板隔离预热焊件发出的辐射热。

六、交流弧焊机

1. 工作原理

交流弧焊机是一个结构特殊的降压变压器，属于磁分路动铁式电焊变压器。焊机的空载电压为 60～70V，工作电压为 30V，电流调节范围为 50～450A。如图 3-23 所示，铁心由两侧的静铁心 5 和中间的动铁心 4 组成，变压器的次级绕组分成两部分，一部分紧绕在初级绕组 1 的外部，另一部分绕在铁心的另侧。前一部分起建立电压的作用，后一部分相当于电感线圈。焊接时，电感线圈的感抗电压降使电焊机获得较低的工作电压，这是电焊机具有陡降外特性的原因。引弧时，电焊机能供给较高的电压和较小的电流，当电弧稳定燃烧时，电流增大而电压急剧降低；当焊条与工件短路时，也限制了短路电流。

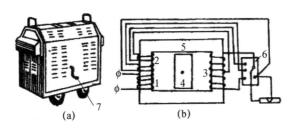

图 3-23　BX1-330 交流弧焊机

（a）外形图；（b）线路图

1—初级绕组；2、3—次级绕组；4—动铁心；5—静铁心；6—接线板；7—摇把

焊接电流调节分为粗调、细调两挡。电流的细调靠移动铁心 4 改变压器的漏磁来实现。向外移动铁心，磁阻增大，漏磁减小，则电流增大，反之，则电流减小。电流的粗调靠改变次级绕组的匝数来实现。

2. 技术性能

电弧焊设备主要采用交流弧焊机。常用交流弧焊机的技术性能见表 3-2。

焊接电流调节分为粗调、细调两挡。电流的细调靠移动动铁心 4 改变变压器的漏磁来实现。向外移动铁心，磁阻增大，漏磁减小，则电流增大，反之，则电流减小。电流的粗调靠改变次级绕组的匝数来实现。

表 3-2　常用交流弧焊机的技术性能

项目	BX$_3$-120-1	BX$_3$-300-2	BX$_3$-500-2	BX$_2$-1000 （BC-1000）
额定焊接电流（A）	120	300	500	1000
初级电压（V）	220/380	380	380	220/380
次级空载电压（V）	70～75	70～78	70～75	69～78
额定工作电压（V）	25	32	40	42

续表

项目		BX₃-120-1	BX₃-300-2	BX₃-500-2	BX₂-1000 (BC-1000)
额定初级电流（A）		41/23.5	61.9	101.4	340/196
焊接电流调节范围（A）		20～160	40～400	60～600	400～1200
额定持续率（%）		60	60	60	60
额定输入功率（kV·A）		9	23.4	38.6	76
各持续率 时功率	100%（kV·A）	7	18.5	30.5	—
	额定持续率（kV·A）	9	23.4	38.6	76
各持续率时 焊接电流	100%（kV·A）	93	232	388	775
	额定持续率（kV·A）	120	300	500	1000
功率因数（cosϕ）		—	—	—	0.62
效率（%）		80	82.5	87	90
外形尺寸（长×宽×高）（mm）		485×470 ×680	730×540 ×900	730×540 ×900	744×950 ×1220
质量（kg）		100	183	225	560

电弧焊所采用的焊条，其性能应符合现行《碳钢焊条》（GB 5117）或《低合金钢焊条》（GB 5118）的规定，其型号应根据设计确定；若设计无规定，可按表 3-3 选用。

表 3-3 钢筋电弧焊焊条型号

钢筋级别	电弧焊接头形式		
	帮条焊 搭接焊	坡口焊 熔槽帮条焊 预埋件穿孔塞焊	钢筋与钢板搭接焊 预埋件 T 形角焊
HPB300	E4303	E4303	E4303
HRB335	E4303	E5003	E4303
HRB400	E5003	E5503	—

当采用低氢型碱性焊条时，应按使用说明书的要求烘焙；酸性焊条若在运输或存放中受潮，使用前也应烘焙后方可使用。

3. 操作规程

（1）焊机的容量应按照铭牌上所列的数据，以暂载率 65% 的情况来确定。所谓暂载率，即焊接时间与工作周期之比，工作周期限为焊接时间之和，在手动电弧焊中一般规定为 5min，所以暂载率 65% 即连续工作 3.25min，中断为 1.75min。显然，使用时暂载率百分数越大，焊机的容量必须相应减少，否则焊机将发热。

（2）焊接的钳子线，其端头应焊上接线卡头，并用螺帽把它旋紧在接线柱上。焊接在使用中常因螺帽松动，接触不良，使接线柱烧坏。

（3）在使用过程中，应按上述调节方法，根据焊件所需的电流进行粗略调节，活动铁心的螺杆要经常上油润滑。

（4）当需较大的焊接电流而焊接的容量又不够时，可以把两台焊机并联使用，以获得强大的焊接电流。这种连接，应当选用相同型式和相同外特性的焊机。接线时把焊机初级线圈的同名端相连，然后把次级线圈的同名端相连。先将初级接入电网，用试灯在次级同名端测试下，如果灯不亮，说明接线正确，然后正式使用。

4. 注意事项

（1）操作者必须经过电焊工专业技术培训，熟悉电焊机性能及操作技术，持有上岗证方可上岗操作。

（2）开始焊接之前，必须穿戴整齐电焊安全防护用具，检查焊机的输入、输出接线是否正确，外壳是否接地，其电源的装拆应由电工进行。

（3）通电后，注意检查电焊把线、电缆和电源线的绝缘是否良好，如有破损，必须修理或更换。切断电源之前，严禁碰触焊机的带电部分，工作完毕或临时离开现场，必须切断电源。

（4）电焊机一侧必须有空载降压保护器或触电保护器。

（5）焊钳与把线必须绝缘良好、连接牢固，更换焊条应戴手套。在潮湿地点工作，应站在绝缘胶板或木板上。

（6）严禁在带压力的容器或管道上施焊，焊接带电的设备必须先切断电源。

（7）焊接储存过易燃、易爆、有毒物品的容器或管道前，必须把容器或管道清理干净，并将所有孔盖打开。

第二篇　钢筋工操作技能

第四章　钢筋计算

第一节　钢筋长度计算

一、基本概念及原理

（一）钢筋计算原理

钢筋的计算过程是从结构平面图的钢筋标注出发，根据结构的特点和钢筋所在的部位，计算钢筋长度和根数，最后得到钢筋质量，即

$$钢筋质量＝钢筋长度×根数×理论质量$$

$$钢筋长度＝净长＋节点锚固＋搭接＋弯钩（圆钢）$$

计算钢筋长度时，应分别计算预算长度和下料长度，因为这两个长度是不同的，预算长度是按照钢筋的外皮计算的，而下料长度则是按照钢筋的中轴线计算的。

（二）混凝土结构的抗震等级

影响混凝土结构抗震等级的因素主要有结构类型、设防烈度和檐高，抗震等级与它们之间的相互关系见表 4-1。

（三）混凝土保护层的最小厚度

构件中普通钢筋和预应力钢筋的混凝土保护层厚度应满足下列要求：

（1）构件中受力钢筋的保护层厚度不应小于钢筋的公称直径 d；

130

表 4-1　混凝土结构抗震等级与主要结构类型的关系

结构体系与类型		设防烈度									
		6		7			8			9	
框架结构	普通框架 高度(m)	≤24	>24	≤24	>24		≤24	>24		≤24	
	普通框架	四	三	三	二		二	一		一	
	大跨度框架	三		二			一			一	
框架-剪力墙结构	高度(m)	≤60	>60	≤24	>24且≤60	>60	≤24	>24且≤60	>60	≤24	>24且≤50
	框架	四	三	四	三	二	三	二	一	二	一
	剪力墙	三		三			二			一	
剪力墙结构	高度(m)	≤80	>80	≤24	>24且≤80	>80	≤24	>24且≤80	>80	≤24	24~60
	剪力墙	四	三	四	三	二	三	二	一	二	一

（2）设计使用年限为 50 年的混凝土结构，最外层钢筋的保护层厚度应符合表 4-2 的规定，设计使用年限为 100 年的混凝土结构，最外层钢筋的保护层厚度应符合表 4-2 数值的 1.4 倍。

（3）混凝土强度等级不大于 C25 时表 4-2 中混凝土保护层厚度数值应增加 5mm。

（4）钢筋混凝土基础应设置混凝土垫层，基础中钢筋的混凝土保护层厚度应从垫层顶算起，且不小于 40mm。

（5）当有充分依据并采取下列措施时，可适当减小混凝土保护层的厚度。

① 构件表面有可靠的防护层；

② 采用工厂化生产的预制构件；

③ 在混凝土中掺加阻锈剂或采用阴极保护处理等防锈措施；

④ 当对地下室墙体采取可靠的建筑防水做法和防护措施时，与土层接触一侧钢筋的保护层厚度可适当减小，但不应小于 25mm。

（6）当梁、柱、墙中纵向受力钢筋的保护层厚度大于 50mm 时，宜对保护层采取有效的构造措施。当在保护层内配置防裂、防剥落的钢筋网片时，网片钢筋的保护层厚度不应小于 25mm。

为了防止钢筋锈蚀，增强钢筋与混凝土之间的粘结力及钢筋的防火能力，在钢筋混凝土构件中钢筋的外边缘至构件表面应留有一定厚度的混凝土，称为混凝土保护层，如图 4-1 所示。

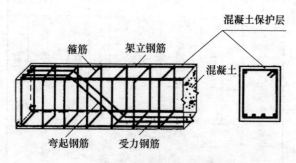

图 4-1 混凝土保护层

影响混凝土保护层厚度的四大因素是环境类别、构件类型、混凝土强度等级及结构设计使用年限。不同环境类别的混凝土保护层的最小厚度应符合表 4-2 的规定。

表 4-2 不同环境类别的混凝土保护层的最小厚度

(GB 50010—2010) （mm）

环境类别	板、墙、壳	梁、柱、杆
一	15	20
二 a	20	25
二 b	25	35
三 a	30	40
三 b	40	50

注：1. 表中混凝土保护层厚度指最外层钢筋外边缘至混凝土表面的距离，适用于设计使用年限为 50 年的混凝土结构。

2. 构件中受力钢筋的保护层厚度不应小于钢筋的公称直径。

3. 设计使用年限为 100 年的混凝土结构，一类环境中，最外层钢筋的保护层厚度不应小于表中数值的 1.4 倍；二、三类环境中，应采取专门的有效措施。例如，环境类别为一类，结构设计使用年限为 100 年的框架梁，混凝土强度等级为 C30，其混凝土保护层的最小厚度应为 $20 \times 1.4 = 28$（mm）。

4. 混凝土强度等级不大于 C25 时，表中保护层厚度数值应增加 5mm。

5. 基础底面钢筋的保护层厚度，有混凝土垫层时，应从垫层顶面算起，且不应小于 40mm；无垫层时，不应小于 70mm。

（四）钢筋的锚固长度

为了保证钢筋与混凝土共同受力，它们之间必须有足够的粘结强度。为了保证粘结效果，钢筋在混凝土中要有足够的锚固长度。

（1）受拉钢筋基本锚固长度 l_{ab} 和抗震基本锚固长度 l_{abE} 应符合表 4-3 的规定。

（2）受拉钢筋锚固长度 l_a 和抗震锚固长度 l_{aE} 应符合表 4-3 的规定。

（五）钢筋的搭接长度

钢筋的搭接长度是钢筋计算中的一个重要参数，其搭接长度的规定见表 4-4。

表 4-3　钢筋的锚固长度

钢筋种类	抗震等级	混凝土强度等级								
		C20	C25	C30	C35	C40	C45	C50	C55	≥C60
HPB300	一、二级 (l_{abE})	$45d$	$39d$	$35d$	$32d$	$29d$	$28d$	$26d$	$25d$	$24d$
	三级 (l_{abE})	$41d$	$36d$	$32d$	$29d$	$26d$	$25d$	$24d$	$23d$	$22d$
	四级 (l_{abE})、非抗震 (l_{ab})	$39d$	$34d$	$30d$	$28d$	$25d$	$24d$	$23d$	$22d$	$21d$
HRB335 HRBF335	一、二级 (l_{abE})	$44d$	$38d$	$33d$	$31d$	$29d$	$26d$	$25d$	$24d$	$24d$
	三级 (l_{abE})	$40d$	$35d$	$31d$	$28d$	$26d$	$24d$	$23d$	$22d$	$22d$
	四级 (l_{abE})、非抗震 (l_{ab})	$38d$	$33d$	$29d$	$27d$	$25d$	$23d$	$22d$	$21d$	$21d$
HRB400 HRBF400 RRB400	一、二级 (l_{abE})	—	$46d$	$40d$	$37d$	$33d$	$32d$	$31d$	$30d$	$29d$
	三级 (l_{abE})	—	$42d$	$37d$	$34d$	$30d$	$29d$	$28d$	$27d$	$26d$
	四级 (l_{abE})、非抗震 (l_{ab})	—	$40d$	$35d$	$32d$	$29d$	$28d$	$27d$	$26d$	$25d$
HRB500 HRBF500	一、二级 (l_{abE})	—	$55d$	$49d$	$45d$	$41d$	$39d$	$37d$	$36d$	$35d$
	三级 (l_{abE})	—	$50d$	$45d$	$41d$	$38d$	$36d$	$34d$	$33d$	$32d$
	四级 (l_{abE})、非抗震 (l_{ab})	—	$48d$	$43d$	$39d$	$36d$	$34d$	$32d$	$31d$	$30d$

非抗震
$$l_a = \zeta_a l_{ab}$$

备注

1. 锚固长度不小于 200mm。
2. 锚固长度修正系数 ζ_a，当多于一项时，可按连乘计算，但不应小于 0.6。
3. ζ_{aE} 为抗震锚固长度修正系数，对一、二级抗震等级取 1.15，对三级抗震等级取 1.05，对四级抗震等级取 1.00

表 4-4　钢筋的搭接长度

纵向受拉钢筋绑扎搭接长度 l_l、l_{lE}

抗震	非抗震
$l_{lE} = \zeta_l l_{aE}$	$l_l = \zeta_l l_a$

纵向受拉钢筋搭接长度修正系数 ζ_l

纵向钢筋搭接接头面积百分率（%）	≤25	50	100
ζ_l	1.2	1.4	1.6

备注

1. 当直径不同的钢筋搭接时，l_l、l_{lE} 按直径较小的钢筋计算。
2. 任何情况下，l_l、l_{lE} 均不应小于 300mm。
3. 当纵向钢筋搭接接头面积百分率为中间值时，可按内插法取值。

二、钢筋工程量主要计算规则

（1）钢筋工程量。钢筋定额工作内容包括钢筋除锈、制作、绑扎、接头、看护钢筋、材料的超运距用工。其工程量按以下规定计算：

① 钢筋工程，应区别现浇、预制构件、不同钢种和规格；计算时分别按设计长度乘单位理论质量，以吨计算。钢筋电渣压力焊接、套筒挤压等接头，以个计算。

② 计算钢筋工程量时，设计规定钢筋搭接的，按规定搭接长度计算；设计未规定的，已包括在钢筋的损耗率之内，不另计算搭接长度。其计算公式为

现浇混凝土构件钢筋图示用量＝（构件长度－两端保护层＋弯钩长度＋弯起增加长度＋钢筋搭接长度）×线密度（每米钢筋理论重量）

（2）钢筋图示用量计算公式。

钢筋图示用量＝单根钢筋长度×根数（或箍数）×每米理论质量

单根直钢筋长度如图 4-2 所示，其计算公式为

单根钢筋长度＝构件长度－2×端部保护层厚度＋2×端部弯钩增加长度

图 4-2　单根直钢筋长度

（3）箍筋用量计算。

箍筋如图 4-3 所示。

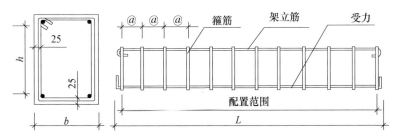

图 4-3　箍筋

箍筋长度＝构件截面周长－8×保护层厚＋4×箍筋直径＋2×钩长

$$= (h-2c+2d)\times2+(b-2c+2d)\times2+14d\ (24d)$$

注：无抗震要求时取 $14d$，有抗震要求时取 $24d$。

箍筋根数＝配置范围÷箍筋间距＋1

（4）其他钢筋用量计算。

① 马凳筋如图 4-4 所示。

设计有规定的按设计规定，设计无规定时，马凳的材料应比底板钢筋降低一个规格，长度按底板厚度的 2 倍加 200mm 计算，每平方米 1 个，计入钢筋总量。设计有规定时的计算公式为

马凳钢筋质量＝(板厚×2＋0.2)×板面积×受撑钢筋次规格的线密度

② 墙体拉结 S 钩如图 4-5 所示。

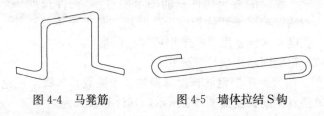

图 4-4　马凳筋　　　　图 4-5　墙体拉结 S 钩

设计有规定的墙体拉结 S 钩按设计规定，设计无规定时按 $\phi8$ 钢筋，长度按墙厚加 150mm 计算，每平方米 3 个，计入钢筋总量。设计有规定时的墙体拉结 S 钩计算公式为

墙体拉结 S 钩质量＝(墙厚＋0.15)×(墙面积×3)×0.395

③ S 形单肢箍筋，如图 4-6 所示。

图 4-6　S 形单肢箍筋

每箍长度＝构件厚度－2×混凝土保护层厚度＋

　　2×弯钩增加长度＋d

构件厚度为S形单肢箍布箍方向的厚度，d 为箍筋直径。

S形单肢箍筋多用于混凝土墙和大断面梁、柱双向尺寸的较小方向。

（5）砌体加固钢筋按设计用量以吨计算。

（6）锚喷护壁钢筋、钢筋网按设计用量以吨计算。

（7）混凝土构件预埋铁件工程量，按设计图纸尺寸，以吨计算。

三、钢筋弯钩长度计算

1. 含义

钢筋弯钩增加长度是指为增加钢筋和混凝土的握裹力，在钢筋端部做弯钩时，弯钩相对于钢筋平直部分外包尺寸增加的长度。

2. 弯钩弯曲的角度

弯钩弯曲的角度常有 $90°$、$135°$ 和 $180°$ 三种，见图 4-7。一般来说，Ⅰ级钢筋端部按带 $180°$ 弯钩考虑，若无特别的图示说明，Ⅱ级钢筋端部按不带弯钩考虑。钢筋钩头弯后平直部分的长度一般为钢筋直径的 3 倍。

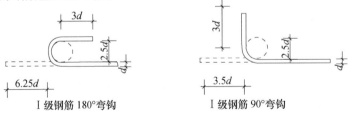

Ⅰ级钢筋 $180°$ 弯钩　　　　　Ⅰ级钢筋 $90°$ 弯钩

Ⅰ级钢筋 $135°$ 弯钩

图 4-7 弯钩弯曲的角度

3. 弯钩形式及增加长度

钢筋的弯钩形式有三种：半圆弯钩、直弯钩及斜弯钩。半圆弯钩是最常用的一种弯钩。直弯钩只用在柱钢筋的下部、箍筋和附加钢筋中。斜弯钩只用在直径较小的钢筋中。根据规范要求，绑扎骨架中的受力钢筋，应在末端做弯钩。钢筋弯钩增加长度（其中平直部分为 x）的计算值见表 4-5。

表 4-5　钢筋弯钩增加长度

	弯钩角度	180°	90°	135°
增加长度	Ⅰ级钢筋	6.25d	3.5d	4.9d
	Ⅱ级钢筋	—	$x+0.9d$	$x+2.9d$
	Ⅲ级钢筋	—	$x+1.2d$	$x+3.6d$

4. 箍筋弯钩增加长度计算

箍筋弯钩形式，如图 4-8 所示。结构抗震时，一般为 135°/135°或 90°/135°；

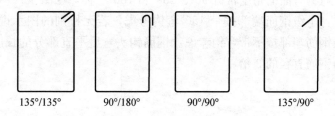

135°/135°　　90°/180°　　90°/90°　　135°/90°

图 4-8　箍筋弯钩形式

箍筋弯钩平直部分的长度：非抗震结构为箍筋直径的 5 倍；有抗震要求的结构为箍筋直径的 10 倍，且不小于 75mm。

箍筋弯钩增加长度见表 4-6。

表 4-6　箍筋弯钩增加长度表（Ⅰ级钢筋，直径为 d）

结构有抗震要求			结构无抗震要求		
180°弯钩	135°弯钩	90°弯钩	180°弯钩	135°弯钩	90°弯钩
13.25d	11.90d	10.50d	8.25d	6.90d	5.50d

注：由于一般结构均抗震，箍筋弯钩形式多为 135°/135°，即 135°/135°为箍筋弯钩的一般默认形式。

四、弯起钢筋的长度计算

弯起钢筋弯曲部分的增加长度是指钢筋弯曲部分斜边长度与水平长度的差值，如图 4-9 所示。

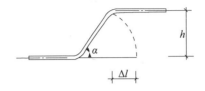

图 4-9 弯起钢筋弯曲部分的增加长度

对弯起钢筋，常用构件图示尺寸减去两端保护层后，加上弯曲部分的增加长度，就可快速简便地算出弯起钢筋的下料长度。

弯起钢筋增加长度：弯起钢筋主要在梁和板中，其弯起角度（α）由设计确定。常用的弯起角度有 30°、45°、60° 三种。弯起钢筋图示长度计算时，只需计算出弯起段长度与其水平投影长度的差额（弯起增加量）ΔL 即可，见表 4-7。每个弯起增量：当 $\alpha=30$° 时，$\Delta L=0.268h$；当 $\alpha=45$° 时，$\Delta L=0.414h$；当 $\alpha=60$° 时，$\Delta L=0.577h$。

$$弯起钢筋的长度 = L + 2\Delta L + 2x$$
$$\Delta L = S - L_1 = h/\sin\alpha - h \cdot \cos\alpha/\sin\alpha$$
$$= h \cdot (1 - \cos\alpha/\sin\alpha) = h \cdot \tan\alpha/2$$

当 $\alpha=30$° 时，$\Delta L=0.268h$；

当 $\alpha=45$° 时，$\Delta L=0.414h$；

当 $\alpha=60$° 时，$\Delta L=0.577h$。

五、钢筋工程量计算公式

1. 基础钢筋量计算（独立、条形、满堂等）

（1）基础梁主筋（梁不外伸）如图 4-11 所示。

上下贯通筋长度 = 总外边长 - 保护层×2 + (h - 保护层×2)/2

多余钢筋按图 4-12 处理。

表 4-7 弯起钢筋增加长度

形状		$30°$	$45°$	$60°$
计算方法	斜边长 S	$2h$	$1.414h$	$1.155h$
	增加长度 $S-L=\Delta L$	$0.268h$	$0.414h$	$0.577h$

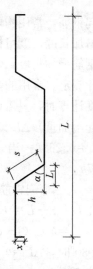

图 4-10 弯起钢筋的长度计算

注：在有些配筋图中，若没有注示弯起角度，可根据梁板高度来确定，当梁断面高≥0.8m 时，按 $60°$ 角；当梁断面高<0.8m 时，按 $45°$ 角；板均按 $30°$ 角。弯起钢筋的长度计算如图 4-10 所示。

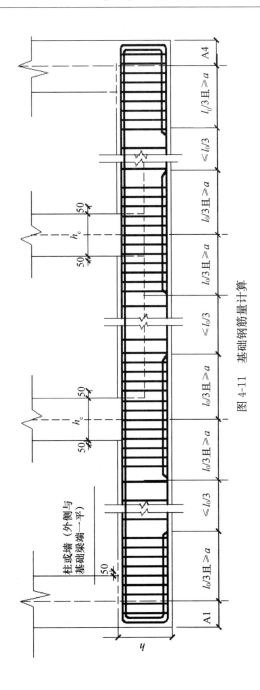

图 4-11　基础钢筋量计算

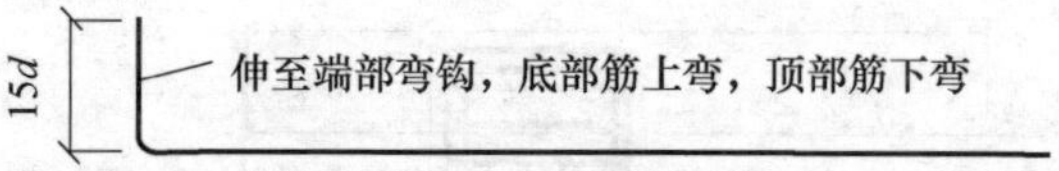

伸至端部弯钩，底部筋上弯，顶部筋下弯

图 4-12 多余钢筋处理

下部非贯通筋长度（边跨）＝max（1/3l_0，a）＋（左支座
－保护层）＋（h－保护层×2）/2 或 15d（上部无连接时候）

l_0 取柱相邻两跨较大值；$a=1.2l_a+h_b+0.5h_c$

下部非贯通筋（中间跨）＝max（1/3$l_{0左}$，1/3$l_{0右}$）×2

（2）基础梁箍筋长度（梁不外伸），如图 4-13 所示。

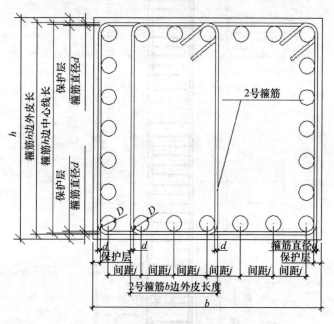

图 4-13 基础梁箍筋长度

大箍筋长度＝[（h－保护层×2）＋（b－保护层×2）]×2＋
　　　　1.9d×2＋max(10d,75mm)×2＋8d

小箍筋长度＝[（间距 j×2＋D）＋（h－保护层×2）]×2＋
　　　　1.9d×2＋max(10d,75mm)×2＋8d

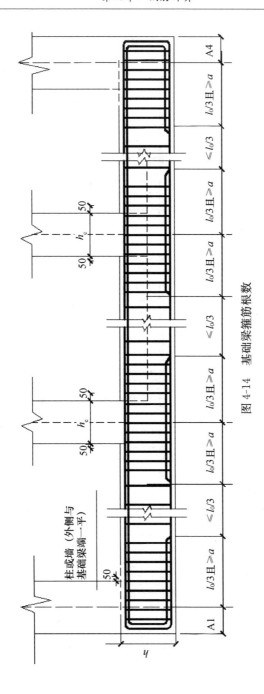

图 4-14 基础梁箍筋根数

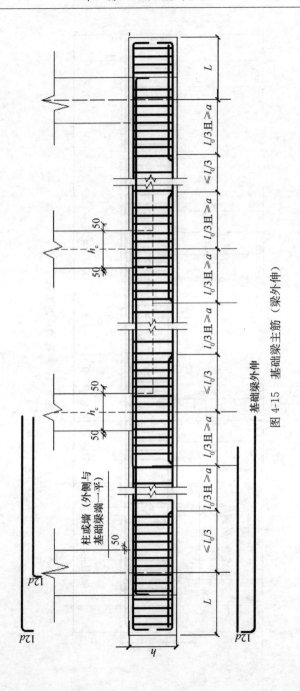

图 4-15 基础梁主筋（梁外伸）

间距 $j=(b-保护层×2-D)/6$

（3）基础梁箍筋根数（梁不外伸），如图 4-14 所示。

左边支座处加密箍筋根数＝(左支座宽－保护层)/加密间距＋1

右边支座处加密箍筋根数＝(右支座宽－保护层)/加密间距＋1

中间支座处加密箍筋根数＝支座宽/加密间距＋1

柱边加密箍筋根数＝(1.5 梁高－50)/加密间距＋1

非加密箍筋根数＝(净跨－左右加密区)/非加密间距－1

（4）基础梁主筋（梁外伸），如图 4-15 所示。

上部第一排贯通筋长度＝总外边长－保护层×2＋12d×2

上部第二排贯通筋长度＝边柱外边长－保护层×2＋12d×2

下部贯通筋长度＝总外边长－保护层×2＋12d×2

下部非贯通筋长度(边跨)＝$\max(1/3l_0,a)+(l-保护层)$

L_0 取柱相邻两跨较大值：$a=1.2l_a+h_b+0.5h_c$

下部非贯通筋(中间跨)＝$\max(1/3l_{0左},1/3l_{0右})×2$

左边支座处加密箍筋根数＝$(l+1/2h_c-保护层)/加密间距＋1$

右边支座处加密箍筋根数＝$(l+1/2h_c-保护层)/加密间距＋1$

中间支座处加密箍筋根数＝支座宽/加密间距＋1

柱边加密箍筋根数＝(1.5 梁高－50)/加密间距＋1

非加密箍筋根数＝(净跨－左右加密区)/非加密间距－1

（5）基础水平筋，见图 4-16。

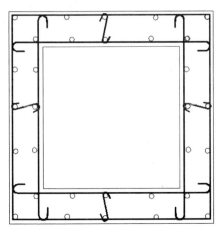

图 4-16　水平筋

基础水平筋内侧长度＝墙外侧长度－保护层×2＋弯折长度×2

基础水平筋外侧长度＝墙外侧长度－保护层×2

基础水平筋根数＝(基础高度－基础保护层)/间距－1

2. 框架柱钢筋量计算

(1) 基础插筋如图 4-17 所示，长度＝弯折长度 a＋竖直长度 h_1＋非连接区 $H_n/3$＋搭接长度 l_{lE}。

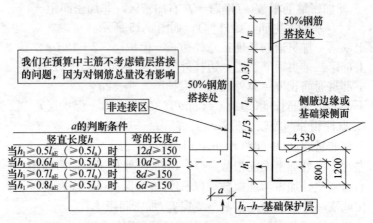

a的判断条件	
竖直长度h	弯的长度a
当$h_1 \geqslant 0.5l_{aE}$ ($\geqslant 0.5l_a$) 时	$12d \geqslant 150$
当$h_1 \geqslant 0.6l_{aE}$ ($\geqslant 0.5l_a$) 时	$10d \geqslant 150$
当$h_1 \geqslant 0.7l_{aE}$ ($\geqslant 0.7l_a$) 时	$8d \geqslant 150$
当$h_1 \geqslant 0.8l_{aE}$ ($\geqslant 0.5l_a$) 时	$6d \geqslant 150$

图 4-17　基础插筋

－1 层柱子主筋长度：

纵筋长度＝－1 层层高－1 层非连接区 $H_n/3$＋

1 层非连接区 $H_n/3$＋搭接长度 l_{lE}

如果出现多层地下室，只有基础层顶面和首层顶面是 1/3 净高，其余均为 max (1/6 净高，500，柱截面长边)。

1 层柱子主筋长度：

纵筋长度＝首层层高－首层非连接区 $H_n/3$＋max($H_n/6$, h_c,500)＋搭接长度 l_{lE}

中间层柱子主筋长度：

纵筋长度＝中间层层高－当前层非连接区＋(当前层＋1)非连接区＋搭接长度 l_{lE}非连接区

＝max(1/6H_n,500、h_c)

顶层中柱主筋长度：

中柱纵筋长度＝顶层层高－顶层非连接区－梁高＋
(梁高－保护层)＋12d 非连接区
＝max(1/6H_n,500,h_c)

(2) 顶层边、角柱主筋长度如图 4-18、图 4-19 所示。
1 号纵筋长度＝顶层层高－顶层非连接区－梁高＋
1.5 锚固长度(65%)

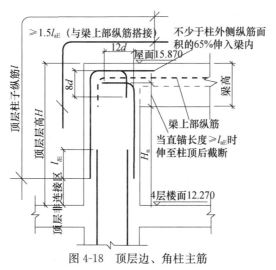

图 4-18 顶层边、角柱主筋

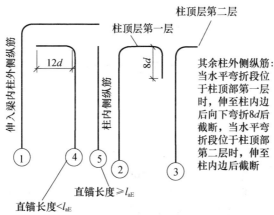

图 4-19 顶层边、角柱主筋大样

2 号纵筋长度＝顶层层高－顶层非连接区－梁高＋锚固长度

（梁高－保护层＋柱宽－2×保护层＋8d）

4 号纵筋长度＝顶层层高－顶层非连接区－梁高＋

锚固长度（梁高－保护层＋12d）

（3）单箍筋长度计算，如图 4-20 所示。

同时勾住主筋和箍筋：

4 号箍筋长度＝(h－保护层×2＋d×2＋d×2)＋1.9d×2＋

max(10d,75mm)×2

只勾住主筋

4 号箍筋长度＝(h－保护层×2＋d×2)＋1.9d

×2＋max(10d,75mm)×2

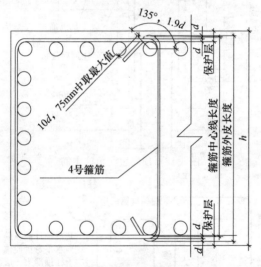

图 4-20 单箍筋长度

基础箍筋根数计算：

根数＝(基础高度－基础保护层)/间距－1

－1 层箍筋根数计算：按绑扎计算

箍筋根数＝(基础高度－基础保护层)/间距－1

1 层箍筋根数计算：按焊接计算

根部根数＝(加密区长度－50)/加密间距＋1

梁下根数＝加密区长度/加密间距＋1

梁高范围根数＝梁高/加密间距

　　　非加密区根数＝非加密区长度/非加密间距－1

中间层箍筋根数计算：按焊接计算

　　　根部根数＝(加密区长度－50)/加密间距＋1

　　　梁下根数＝加密区长度/加密间距＋1

　　　梁高范围根数＝梁高/加密间距

　　　非加密区根数＝非加密区长度/非加密间距－1

顶层箍筋根数计算：按焊接计算

　　　根部根数＝(加密区长度－50)/加密间距＋1

　　　梁下根数＝加密区长度/加密间距＋1

　　　梁高范围根数＝梁高/加密间距

　　　非加密区根数＝非加密区长度/非加密间距－1

变截面：

$c/h_b \leqslant 1/6$ 情况：主筋计算同前。

$c/h_b > 1/6$ 情况：上筋下插，$1.5l_{aE}$；下筋上弯折按规定计算。

每层拉筋长度计算：

　长度＝墙厚－保护层×2＋2d＋1.9d×2＋max(75,10d)×2

　根数＝(墙总面积－门洞面积－窗洞面积－暗柱占墙面积－

　　连梁面积)/(间距×间距)

3. 框架梁钢筋量计算（图 4-21）

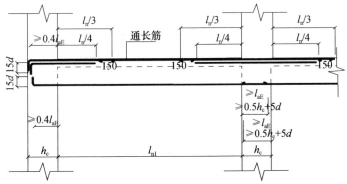

图 4-21　一、二级抗震等级楼层框架梁 KL

注：当梁的上部既有通长筋又有架立筋时，其中架立筋的搭接长度为150mm。

左右支座锚固长度判断见表 4-8。

表 4-8　左右支座锚固长度判断

取大值	l_{aE}
	$0.4l_{aE}+15d$
	支座宽－保护层＋弯折 $15d$

屋面梁：

上部通筋长度＝总净跨长＋左支座锚固＋右支座锚固＋
　　　　　　搭接长度×搭接个数

上部边支座负筋(第一排)＝1/3 净跨长＋左支座锚固

上部边支座负筋(第二排)＝1/4 净跨长＋左支座锚固

上部中间支座负筋(第一排)＝1/3 净跨长(取大值)×2＋支座宽

上部中间支座负筋(第二排)＝1/4 净跨长(取大值)×2＋支座宽

架立筋长度＝净跨－两边负筋净长＋150×2

构造腰筋＝净跨＋15d×2＋弯勾×2

抗扭腰筋＝净跨＋锚固长度×2＋弯勾×2

　　拉结筋长度同前。

　　拉结筋根数一般按箍筋间距的 2 倍计算。

　　　下部通筋长度＝总净跨长＋左支座锚固＋右支座锚固＋
　　　　　　　　搭接长度×搭接个数

　　　边跨下部筋长度＝本身净跨＋左锚固＋右锚固

　　　中间跨下部筋长度＝本身净跨＋左锚固＋右锚固

　　箍筋长度计算同前。

　　箍筋根数计算：

　　　一级抗震：加密区根数＝(2×梁高－50)/加密间距＋1

非加密区根数＝(净跨长－左加密区－右加密区)/非加密间距－1

总根数＝加密×2＋非加密

　　　四级抗震：加密区根数＝(1.5×梁高－50)/加密间距＋1

非加密区根数＝(净跨长－左加密区－右加密区)/非加密间距－1

总根数＝加密×2＋非加密

　　屋面梁：如图 4-22 所示。

　　4. 板钢筋计算

　　板底钢筋长度计算图见图 4-23。

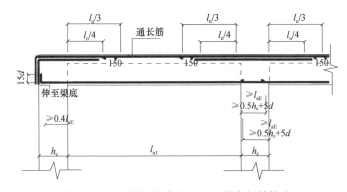

图 4-22　抗震屋面框架梁 WKL 纵向钢筋构造

注：当梁的上部既有通长筋又有架立筋时，其中架立筋的搭接长度为 150mm。

图 4-23　板底钢筋长度计算图

板底钢筋长度＝净跨＋伸进长度×2＋6.25d×2

梁支座、剪力墙支座、圈梁支座、砌体墙支座板钢筋长度见图 4-24～图 4-29。

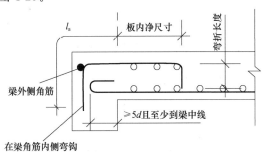

图 4-24　梁支座板钢筋长度计算图
（端部支座为梁）

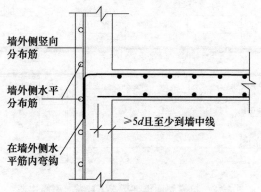

图 4-25 剪力墙支座板钢筋长度计算图

（端部支座为剪力墙）

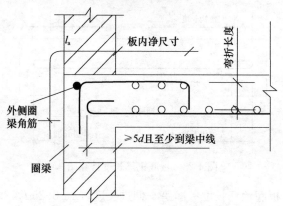

图 4-26 圈梁支座板钢筋长度计算图

（端部支座为圈梁）

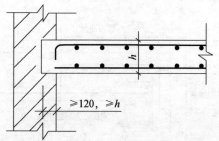

图 4-27 砌体墙支座板钢筋长度计算图

（端部支座为砌体墙）

152

$$钢筋长度=净跨+伸进长度\times2$$

板底（面）钢筋根数计算图，如图 4-28 所示。

$$板底（面）钢筋根数=布筋范围\div板筋间距+1$$

$$布筋范围=净跨-50\times2$$

当计算保护层不是 50mm 时，布筋范围按下式计算：

$$布筋范围=净跨+保护层\times2+左梁角筋1/2直径+$$

$$右梁角筋1/2直径-板筋间距$$

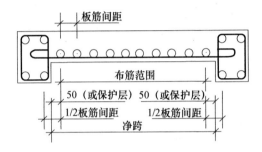

图 4-28　板底钢筋根数计算图

板负筋长度计算图如图 4-29 所示。

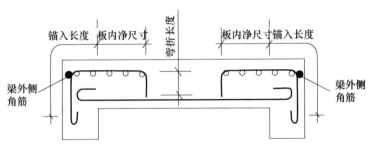

图 4-29　板负筋长度计算图

$$负筋长度=锚入长度+板内净尺寸+弯折长度$$

锚固长度 l_a + 弯钩　按标注计算

板厚 — 保护层 $\times2$（板厚 — 保护层）

板分布筋长度计算图如图 4-30 所示。

153

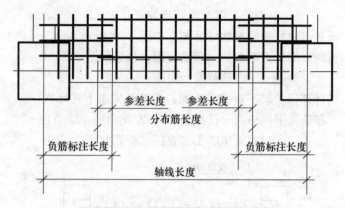

图 4-30 板分布筋长度计算图

分布筋长度＝轴线(净跨)长度－负筋标注长度×2＋
参差长度×2＋弯钩×2

分布筋长度＝轴线长度(中部)

负筋分布筋长度＝布筋范围长度＋弯钩×2

板端负筋示意如图 4-31 所示。

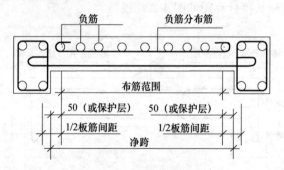

图 4-31 板端负筋示意

负筋分布根数计算图如图 4-32 所示。

负筋分布筋根数＝负筋板内净长÷分布筋间距＋1（向上取整）

温度筋长度计算图如图 4-33 所示。

温度筋长度＝轴线长度－负筋标注长度×2＋参差长度×2＋弯钩×2

温度筋根数＝(轴线长－负筋标注长)÷温度筋间距－1

双跨板平法标注如图 4-34 所示。

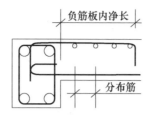

图 4-32　负筋分布筋根数计算图

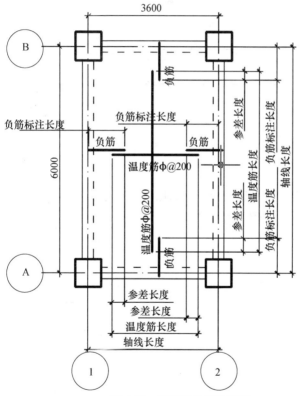

图 4-33　温度筋长度计算图

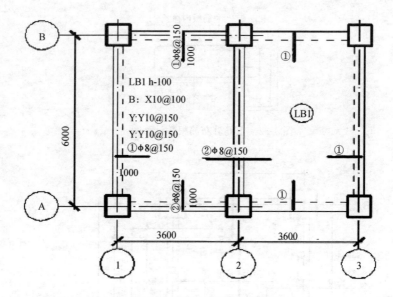

图 4-34 双跨板平法标注

注：未注明分布筋间距为250mm。

温度筋根数＝(轴线长－负筋标注长)÷温度筋间距－1

板中负筋，如图 4-35、图 4-36 所示。

负筋长度＝水平长度＋弯折长度×2

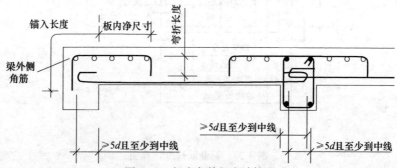

图 4-35 板中负筋长度计算图

分布筋长度计算同前。

板中负筋分布筋根数＝布筋范围1÷间距(向上取整)＋

布筋范围2÷间距(向上取整)

156

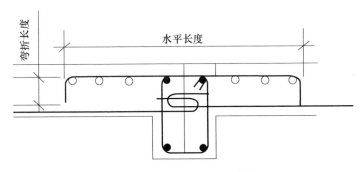

图 4-36　中间支座负筋长度计算图

三跨板平法标注，如图 4-37 所示。

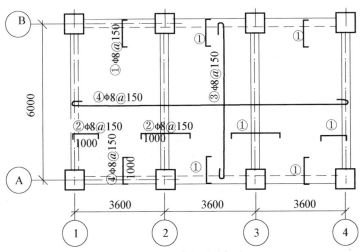

图 4-37　三跨板平法标注

注：未注明分布筋间距为 250mm。

底筋长度＝总净跨＋伸进长度×2＋弯钩×2＋

搭接长度×搭接个数

平板式阀基平面图如图 4-38 所示。

温度筋根数＝(轴线长－负筋标注长)÷温度筋间距－1

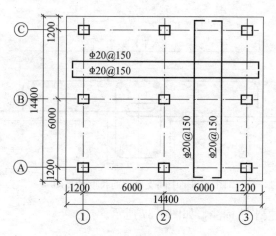

图 4-38 平板式阀基平面图

第二节 钢筋截面面积与质量计算

一、钢筋单位理论质量

在钢筋工程量的计算中,当算出钢筋的长度后,再乘以每米钢筋质量即可以得出钢筋质量。钢筋单位理论质量(也叫线密度,单位为 kg/m)。

$$钢筋单位理论质量 = 7.85 \times 10^3 \times \pi/4 \times d^2 \times 10^{-6} \times 1$$
$$= 0.00617 d^2 (kg/m)$$

钢筋的计算截面面积及理论质量见表 4-9。

二、钢筋截面面积

每米板宽内的钢筋截面面积见表 4-10;单肢箍 A_{sv1}/s 见表 4-11;梁内单层钢筋最多根数见表 4-12;一种直径及两种直径组合时的钢筋面积见表 4-13。

三、梁钢筋计算要求

梁钢筋计算要求见表 4-14~表 4-22。

表 4-9　钢筋的计算截面面积及理论质量

公称直径 (mm)	不同根数钢筋的计算截面面积 (mm²)									单根钢筋理论质量 (kg/m)
	1	2	3	4	5	6	7	8	9	
6	28.3	57	85	113	142	170	198	226	255	0.222
6.5	33.2	66	100	133	166	199	232	265	299	0.260
8	50.3	101	151	201	252	302	352	402	453	0.395
8.2	52.8	106	158	211	264	317	370	423	475	0.432
10	78.5	157	236	314	393	471	550	628	707	0.617
12	113.1	226	339	452	565	678	791	904	1017	0.888
14	153.9	308	461	615	769	923	1077	1231	1385	1.21
16	201.1	402	603	804	1005	1206	1407	1608	1809	1.58
18	254.5	509	763	1017	1272	1526	1780	2036	2290	2.00
20	314.2	628	941	1256	1570	1884	2200	2513	2827	2.47
22	380.1	760	1140	1520	1900	2281	2661	3041	3421	2.98
25	490.9	982	1473	1964	2454	2945	3436	3927	4418	3.85
28	615.8	1232	1847	2463	3079	3695	4310	4926	5542	4.83
32	804.2	1609	2413	3217	4021	4826	5630	6434	7238	6.31
36	1017.9	2036	3054	4072	5089	6107	7125	8143	9161	7.99
40	1256.6	2513	3770	5027	6283	7540	8796	10053	11310	9.87

注：表中直径 $d=8.2mm$ 的计算截面面积及理论质量仅适用于有纵肋的热处理钢筋。

表4-10　每米板宽内的钢筋截面面积表

钢筋间距 (mm²)	当钢筋直径（mm）为下列数值时的钢筋截面面积（mm²）												
	4	4.5	5	6	8	10	12	14	16	18	20	22	25
70	180	227	280	404	718	1122	1616	2199	2872	3635	4488	5430	7012
75	168	212	262	377	670	1047	1508	2053	2681	3393	4189	5068	6545
80	157	199	245	353	628	982	1414	1924	2513	3181	3927	4752	6136
90	140	177	218	314	559	873	1257	1710	2234	2827	3491	4224	5454
100	126	159	196	283	503	785	1131	1539	2011	2545	3142	3801	4909
110	114	145	178	257	457	714	1028	1399	1828	2313	2856	3456	4462
120	105	133	164	236	419	654	942	1283	1676	2121	2618	3168	4091
125	101	127	157	226	402	628	905	1232	1608	2036	2513	3041	3927
130	97	122	151	217	387	604	870	1184	1547	1957	2417	2924	3776
140	90	114	140	202	359	561	808	1100	1436	1818	2244	2715	3506
150	84	106	131	188	335	524	754	1026	1340	1696	2094	2534	3272
160	79	99	123	177	314	491	707	962	1257	1590	1963	2376	3068
170	74	94	115	166	296	462	665	906	1183	1497	1848	2236	2887
175	72	91	112	162	287	449	646	880	1149	1454	1795	2172	2805
180	70	88	109	157	279	436	628	855	1117	1414	1745	2112	2727
190	66	84	103	149	265	413	595	810	1058	1339	1653	2001	2584
200	63	80	98	141	251	392	565	770	1005	1272	1571	1901	2454
250	50	64	79	113	201	314	452	616	804	1018	1257	1521	1963
300	42	53	65	94	168	262	377	513	670	848	1047	1267	1636

表4-11　单肢箍 A_{sv1}/s　(mm²/mm)

箍筋间距 s (mm)	钢筋直径 (mm)			
	6	8	10	12
100	0.283	0.503	0.785	1.131
150	0.188	0.335	0.523	0.754
200	0.142	0.251	0.392	0.566

表4-12　梁内单层钢筋最多根数

梁宽 (mm)	钢筋直径 (mm)						
	14	16	18	20	22	25	28
200	4	3/4	3/4	3	3	3	2/3
250	5	5	4/5	4	4	3/4	3
300	6/7	6	5/6	5/6	5	4/5	4
350	7/8	7	6/7	6/7	6	5/6	4/5
400	8/9	8/9	7/8	7/8	7	6/7	5/6

表4-13　一种直径及两种直径组合时的钢筋面积　(mm²)

直径 (mm)	0	直径(mm) 12					直径(mm) 14					直径(mm) 16				
		1	2	3	4	5	1	2	3	4	5	1	2	3	4	5
16	201	314	427	540	653	767	355	509	663	817	971	402	603	804	1005	1206
	402	515	628	741	855	968	556	710	864	1018	1172	603	804	1005	1206	1407
	603	716	829	942	1056	1169	757	911	1065	1219	1373	804	1005	1206	1407	1608
	804	917	1030	1144	1257	1370	958	1112	1266	1420	1574	1005	1206	1407	1608	1810
	1005	1118	1232	1345	1458	1571	1159	1313	1467	1621	1775	1206	1407	1608	1810	2011

续表

直径(mm)	0	5	直径(mm)	1	2	3	4	5	直径(mm)	1	2	3	4	5
18	254	1527	16	456	657	858	1059	1260	14	408	562	716	870	1024
	509	1781		710	911	1112	1313	1514		663	817	971	1125	1279
	763	2036		964	1166	1367	1566	1769		917	1071	1225	1379	1533
	101	2290		1219	1420	1621	1822	2023		1172	1326	1480	1634	1788
	127	2545		1473	1674	1876	2077	2278		1426	1580	1734	1888	2042
20	314	1885	18	569	823	1018	1332	1587	16	515	716	917	1118	1319
	628	2200		883	1137	1392	1646	1900		829	1030	1232	1433	1634
	942	2513		1197	1451	1706	1960	2215		1144	1345	1546	1747	1948
	125	2827		1511	1766	2020	2275	2529		1458	1659	1860	2061	2262
	157	3142		1825	2080	2334	2589	2843		1771	1973	2174	2375	2576
22	380	2280	20	649	1008	1332	1636	1951	18	630	889	1144	1398	1652
	760	2662		1074	1389	1703	2017	2331		1015	1269	1534	1778	2033
	114	3040		1455	1769	2083	2397	2711		1395	1649	1904	2158	2413
	152	3420		1835	2149	2463	2777	3091		1775	2029	2284	2538	2793
	190	3800		2215	2529	2843	3157	3471		2155	2410	2664	2919	3173
25	491	2845	22	871	1251	1631	2011	2392	20	805	1119	1433	1748	2162
	982	3436		1361	1742	2122	2502	2882		1296	1610	1924	2236	2553
	147	3927		1853	2233	2613	2993	3373		1787	2101	2415	2729	3043
	196	4418		2344	2724	3104	3484	3864		2278	2592	2906	3220	3534
	245	4909		2835	3215	3595	3975	4355		2769	3083	3397	3711	4025

表 4-14 框架梁纵向受拉钢筋的最小配筋百分率 （%）

抗震等级	梁中位置	
	支座	跨中
一级	0.4 和 80f_t/f_y 中的较大值	0.3 和 65f_t/f_y 中的较大值
二级	0.3 和 65f_t/f_y 中的较大值	0.25 和 55f_t/f_y 中的较大值
三、四级	0.25 和 55f_t/f_y 中的较大值	0.2 和 45f_t/f_y 中的较大值

注：框架梁端截面的底部和顶部纵向受力钢筋截面面积的比值，除按计算确定外，一级抗震等级不应小于 0.5；二、三级抗震等级不应小于 0.3。

表 4-15 框架梁支座纵向受拉钢筋的最小配筋量（抗震等级三级） （mm²）

混凝土弹度等级	钢筋种类	0.55f_t/f_y 和 0.25 的较大值	梁截面高度为下列数值时的最小配筋 mm²（梁宽 250mm）								
			400	450	500	550	600	650	700	750	800
C20f_t=1.10	HRB335	0.250	222	259	291	322	353	384	416	447	478
C25f_t=1.27	HRB335	0.250	222	259	291	322	353	384	416	447	478
C30f_t=1.43	HRB335	0.262	239	272	305	337	370	403	436	468	501
C35f_t=1.57	HRB335	0.288	263	299	335	371	407	443	479	515	551

表 4-16 框架梁跨中纵向受拉钢筋的最小配筋量（抗震等级三级） （mm²）

混凝土强度等级	钢筋种类	0.45f_t/f_y 和 0.2 的较大值	梁截面高度为下列数值时的最小配筋 mm²（梁宽 250）								
			400	450	500	550	600	650	700	750	800
C20f_t=1.10	HRB335	0.200	183	208	233	258	283	308	333	358	383
C25f_t=1.27	HRB335	0.200	183	208	233	258	283	308	333	358	383
C30f_t=1.43	HRB335	0.214	195	222	249	276	302	329	358	383	409
C35f_t=1.57	HRB335	0.236	215	245	274	304	333	363	392	422	451

表 4-17　框架梁纵向受拉钢筋的最大配筋量（梁宽 250mm）

（mm²）

梁高	400	450	500	550	600	650	700	750	800
配筋量	2125	2437	2750	3062	3375	3687	4000	4312	4625

注：当梁端纵向钢筋配筋率大于 2%时，表中箍筋最小直径应增大 2mm。

表 4-18　框架梁梁端箍筋加密区的构造要求

抗震等级	加密区长度（mm）	箍筋最大间距（mm）	箍筋最小直径（mm）
一级	2h 和 500 中的较大值	纵向钢筋直径的 6 倍、梁高的 1/4 和 100 中的最小值	10
二级	1.5h 和 500 中的较大值	纵向钢筋直径的 8 倍、梁高的 1/4 和 100 中的最小值	8
三级		纵向钢筋直径的 8 倍、梁高的 1/4 和 150 中的最小值	8
四级		纵向钢筋直径的 8 倍、梁高的 1/4 和 150 中的最小值	6

注：表中 h 为截面高度。

表 4-19　框架梁纵向钢筋配筋率为 2%时的配筋量（梁宽 250mm）

（mm²）

梁高	400	450	500	550	600	650	700	750	800
配筋量	1700	1950	2200	2450	2700	2950	3200	3450	3700

表 4-20　梁全长箍筋配筋率 ρ_{sv} 参考值（梁宽 250mm）

混凝土强度等级	钢筋种类	$0.26f_t/f_y$	双肢φ8@200	四肢φ8@200	双肢φ10@200	四肢φ10@200
C20 $f_t=1.10$	HPB300	0.001362	0.002012	0.004024	0.00314	0.00628

续表

混凝土强度等级	钢筋种类	$0.26f_t/f_y$	双肢Φ8@200	四肢Φ8@200	双肢Φ10@200	四肢Φ10@200
			双肢Φ6@200	四肢Φ6@200	双肢Φ12@200	四肢Φ12@200
			0.001132	0.002264	0.004524	0.009048
			Φ6AsV1=28.3	Φ8AsV1=50.3	Φ10AsV1=78.5	Φ12AsV1=113.1
C25 f_t=1.27	HPB300	0.001572				
C30 f_t=1.43	HPB300	0.001770				
C35 f_t=1.57	HPB300	0.001943				

表 4-21　梁箍筋的最小配筋率

（%）

种类	f_{yv} (N/mm²)	f_t (N/mm²)	C20	C25	C30	C35	C40	结构部位	
		混凝土强度等级	1.10	1.27	1.43	1.57	1.71	沉梁	
HPB300	210	$0.24f_t/f_{yv}$	0.126	0.145	0.163	0.179	0.195	框架梁非加密区	抗剪
		$0.26f_t/f_{yv}$	0.136	0.157	0.177	0.194	0.212	三、四级抗震等级	
		$0.28f_t/f_{yv}$	0.147	0.169	0.191	0.209	0.228	二级抗震等级	弯剪扭
		$0.30f_t/f_{yv}$	0.157	0.181	0.204	0.224	0.244	一级抗震等级	
HRB335	300	$0.24f_t/f_{yv}$	0.088	0.102	0.114	0.126	0.137		抗剪
		$0.26f_t/f_{yv}$	0.095	0.110	0.124	0.136	0.148	三、四级抗震等级	
		$0.28f_t/f_{yv}$	0.103	0.119	0.133	0.147	0.160	二级抗震等级	弯剪扭
		$0.30f_t/f_{yv}$	0.110	0.127	0.143	0.157	0.171	一级抗震等级	

续表

种类	f_{yv} (N/mm²)	f_t (N/mm²)	混凝土强度等级					结构部位	状态
			C20	C25	C30	C35	C40		
		f_t (N/mm²)	1.10	1.27	1.43	1.57	1.71	框架梁非加密区	抗剪
HRB400 RRB400	360	$0.24f_t/f_{yv}$	0.073	0.085	0.095	0.105	0.114	三、四级抗震	抗剪
		$0.26f_t/f_{yv}$	0.079	0.092	0.103	0.113	0.124	二级抗震等级	弯剪扭
		$0.28f_t/f_{yv}$	0.086	0.099	0.111	0.122	0.133	二级抗震等级	弯剪扭
		$0.30f_t/f_{yv}$	0.092	0.105	0.119	0.131	0.143	一级抗震等级	弯剪扭

表 4-22　梁实配箍筋的配筋率

双肢箍筋

直径	φ6			φ8			φ10		
面积 A_{sv} (mm²)	28.3×2			50.3×2			78.5×2		
间距 (mm)	200	150	100	200	150	100	200	150	100
梁宽 (mm) 200	0.142	0.189	0.283	0.252	0.335	0.503	0.393	0.523	0.785
250	0.113	0.151	0.226	0.201	0.268	0.402	0.314	0.419	0.628
300	0.094	0.126	0.189	0.168	0.224	0.335	0.262	0.349	0.523

四肢箍筋

直径	φ8			φ10			φ12		
面积 A_{sv} (mm²)	50.3×4			78.5×4			113.1×4		
间距 (mm)	200	150	100	200	150	100	200	150	100
梁宽 (mm) 350	0.287	0.383	0.575	0.449	0.598	0.897	0.646	0.862	1.293
400	0.252	0.335	0.503	0.393	0.523	0.785	0.566	0.754	1.131
450	0.224	0.298	0.447	0.349	0.465	0.698	0.503	0.670	1.005

注意事项：①注意核对梁箍配置是否符合规范要求。②当框架梁端纵向受拉钢筋配筋率大于 2%时，箍筋直径应≥10mm（框架抗震等级为二、三级）。③超筋梁问题：大跨度框架梁且带小截面悬挑端，悬挑梁顶筋由框架内跨顶筋伸来时，常出现超筋现象，应注意校核。④当框架梁计算结果裂缝超过限值时，应进行调整；提高混凝土强度等级、增加梁的高度、选用直径小的钢筋及增加钢筋用量均可减小裂缝宽度。当增加钢筋用量时，支座负筋与跨中配筋应逐个调整配筋量，不应乘放大系数造成浪费；调整后梁的裂缝宽度，对楼面应控制在 0.25～0.30mm 之间；对屋面应控制在 0.15～0.2mm 之间。⑤关于框架梁通长架立筋直径大小问题：PKPM程序设定最小为 $\phi16$，根据现行《混凝土结构设计规范》（GB 50010）第 11.3.7 条：……沿梁全长顶面和底面至少应各配置两根通长的纵向钢筋，对一、二级抗震等级，钢筋直径不应小于14mm，且分别不应少于梁两端顶面和底面纵向受力钢筋中较大截面面积的 1/4；对三、四级抗震等级，钢筋直径不应小于12mm。由此可见，架立筋根据抗震等级可用 $\phi14$ 或 $\phi12$；对三、四级抗震等级，通长架立筋并非一定要不少于梁两端顶面和底面纵向受力钢筋中较大截面面积的 1/4；对非抗震梁更不在此列。⑥对跨度小于 2.4m 分隔墙下设梁问题：建议此梁取消，将墙体荷载按结构技术措施的规定折成楼面等效均布荷载计算，以利于施工。

四、柱钢筋计算要求

柱钢筋计算要求见表 4-23、表 4-24。

表 4-23 柱全部纵向受力钢筋最小配筋百分率 （%）

柱类型	抗震等级			
	一级	二级	三级	四级
框架中柱、边柱	1.0	0.8	0.7	0.6
框架角柱、框支柱	1.2	1.0	0.9	0.8

注：柱全部纵向受力钢筋最小配筋百分率，当采用 HRB400 级钢筋时，应按表中数值减小 0.1；当混凝土强度等级为 C60 及以上时，应按表中数值增加 0.1。

表 4-24　柱全部纵向受力钢筋最小配筋量（抗震等级三级）

(mm)²

柱断面	框架中柱、边柱	框架角柱、框支柱	柱断面	框架中柱、边柱	框架角柱、框支柱
350×400	980	1260	500×550	1925	2475
400×400	1120	1440	550×550	2118	2723
400×450	1260	1620	550×600	2310	2970
450×450	1418	1823	600×650	2730	3510
450×500	1575	2025	650×700	3185	4095
500×500	1750	2250	700×700	3430	4410

注：1. 框支柱和剪跨比 λ≤2 的框架柱应在柱全高范围内加密箍筋，且箍筋间距不应大于 100mm；

2. 二级抗震等级的框架柱，当箍筋直径不小于 10mm、肢距不大于 200mm 时，除柱根外，箍筋间距应允许采用 150mm；三级抗震等级框架柱的截面尺寸不大于 400mm 时，箍筋最小直径应允许采用 6mm；四级抗震等级框架柱剪跨比不大于 2 时，箍筋直径不应小于 8mm。

第三节　钢筋代换计算

一、代换原则

（1）当构件受承载力控制时，钢筋可按强度相等原则代换，这种代换称为等强度代换；

（2）当构件按最小配筋率配筋时，钢筋可按截面积相等原则进行代换，这种代换称为等面积代换；

（3）当构件受裂缝宽度或挠度控制时，代换后应进行裂缝宽度或挠度验算。

二、代换方法

（1）等面积代换（略）。

（2）等强度代换，按下式计算代换钢筋根数：

$$n_2 \geqslant \frac{n_1 d_1^2 f_{y1}}{d_2^2 f_{y2}}$$

式中　n_2——代换钢筋根数；

　　　n_1——原设计钢筋根数；

　　　d_2——代换钢筋直径；

　　　d_1——原设计钢筋直径；

　　　f_{y2}——代换钢筋抗拉强度设计值；

　　　f_{y1}——原设计钢筋抗拉强度设计值。

上式有下列两种特例：

① 强度设计值相同、直径不同的钢筋代换：

$$n_2 \geqslant n_1 d_1^2 / d_2^2$$

② 直径相同、强度设计值不同的钢筋代换：

$$n_2 \geqslant n_1 f_{y1} / f_{y2}$$

三、钢筋代换后构件截面承载力复核

对矩形截面受弯构件，可按下式复核截面承载力：

$$M_{u2} = A_{s2} f_{y2} \left(h_{02} - \frac{A_{s2} f_{y2}}{2 f_c b} \right) \geqslant M_{u1} = A_{s1} f_{y1} \left(h_{01} - \frac{A_{s1} f_{y1}}{2 f_c b} \right)$$

式中　A_{s1}——原设计钢筋的截面面积；

　　　A_{s2}——代换钢筋的截面面积；

　　　h_{01}——原设计构件截面有效高度；

　　　h_{02}——钢筋代换后构件截面的有效高度；

　　　b——构件截面宽度。

四、代换注意事项

（1）钢筋代换时，必须充分了解设计意图和代换材料性能，并严格遵守现行《混凝土结构设计规范》（GB 50010）的各项规定；凡重要结构中的钢筋代换，应征得设计单位同意。

（2）对某些重要构件，如吊车梁、薄腹梁、桁架下弦等，不宜用 HPB235 级光圆钢筋代替 HRB335 和 HRB400 级带肋钢筋。

（3）钢筋代换后，应满足配筋构造规定，如钢筋的最小直

径、间距、根数、锚固长度等。

（4）同一截面内，可同时配有不同种类和直径的代换钢筋，但每根钢筋的拉力差不应过大（如同品种钢筋的直径差值一般不大于 5mm），以免构件受力不匀。

（5）梁的纵向受力钢筋与弯起钢筋应分别代换，以保证正截面与斜截面承载力。

（6）偏心受压构件（如框架柱、有吊车厂房柱、桁架上弦等）或偏心受拉构件进行钢筋代换时，不取整个截面配筋量计算，应按受力面（受压或受拉）分别代换。

（7）当构件受裂缝宽度控制时，如以小直径钢筋代换大直径钢筋，强度等级低的钢筋代替强度等级高的钢筋，则可不做裂缝宽度验算。

第四节　通过计算机软件进行钢筋算量

用计算机软件进行钢筋算量，通过画图的方式，可快速建立建筑物的计算模型，软件根据内置的平法图集和规范实现自动扣减，准确算量。内置的平法和规范还可以由用户根据不同的需求，自行设置和修改，满足多样的需求。在计算过程中，工程造价人员能够快速准确地计算和校对，达到钢筋算量方法实用化、算量过程可视化、算量结果准确化。目前市面上运用比较广泛的是广联达和鲁班钢筋算量软件，本节以广联达钢筋算量软件进行讲解。

一、软件算量介绍

1. 软件能算什么量

GGJ2017 软件综合考虑了平法系列图集、结构设计规范、施工验收规范以及常见的钢筋施工工艺，能够满足不同的钢筋计算要求，不仅能够完整地计算工程的钢筋总量，而且能够根据工程要求按照结构类型的不同、楼层的不同、构件的不同，计算出各自的钢筋明细量。

2. 软件算量思路

GGJ2017 通过画图的方式，快速建立建筑物的计算模型，软件根据内置的平法图集和规范实现自动扣减，准确算量。

3. 软件算量依据

软件内置了平法系列图集、结构设计规范，综合了施工验收规范以及常见的钢筋施工工艺。

用户可以根据不同的需求自行设置和修改内置的平法和规范，满足多样的需求。

做工程的构件绘制流程如图 4-39 所示。

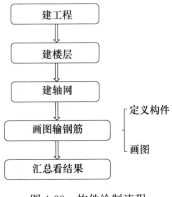

图 4-39　构件绘制流程

二、新建工程

新建工程包括工程名称设置、工程信息设置、编制信息、比重设置、弯钩设置几步。软件给出的就是开放设置，是可以由使用者选择的，如何计算取决于甲乙双方在合同中约定的计算规则。外皮度量是传统计算方法，全国大部分地区都在使用，中轴线度量比较接近现场实际，定额规则只有"按设计图示钢筋长度乘以单位理论质量计算"，选择哪项并无明确规定。

1. 设防烈度

在图 4-40 中确定设防烈度。

按国家规定的权限批准作为一个地区抗震设防依据的地震烈度。

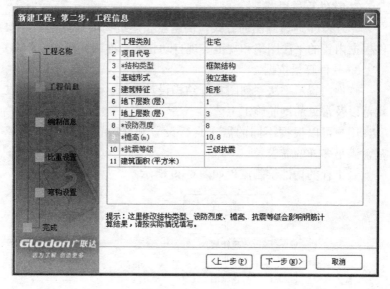

图 4-40 工程信息

确定了抗震设防烈度就确定了设计基本地震加速度和设计特征周期、设计地震动参数。

在确定地震作用标准值时，用到设计基本地震加速度值，现行《建筑抗震设计规范》（GB 50011）第 3.2.2 条指出了加速度和设防烈度的对应关系。

通俗地讲就是建筑物需要抵抗地震波对建筑物的破坏程度，要区别于地震震级。

设防烈度取值的标准：是基本烈度，就是一个地区在今后 50 年期限内，在一般场地条件下超越概率为 10％的地震烈度。其具体的取值根据抗震规范中的抗震设防区划来取值。

2. 抗震等级影响搭接和锚固的长度

抗震等级分为四级，一级抗震等级最高，接下来是二到四，最后是非抗震。

工程信息中的抗震等级是根据图纸中的抗震等级来输入的。当图中没有时，软件根据檐高、设防烈度、建筑结构三项来判定抗震等级，但最好问一下设计单位是多少。

图 4-41 为比重设置示例。钢筋比重＝$0.006165 \times d^2$。

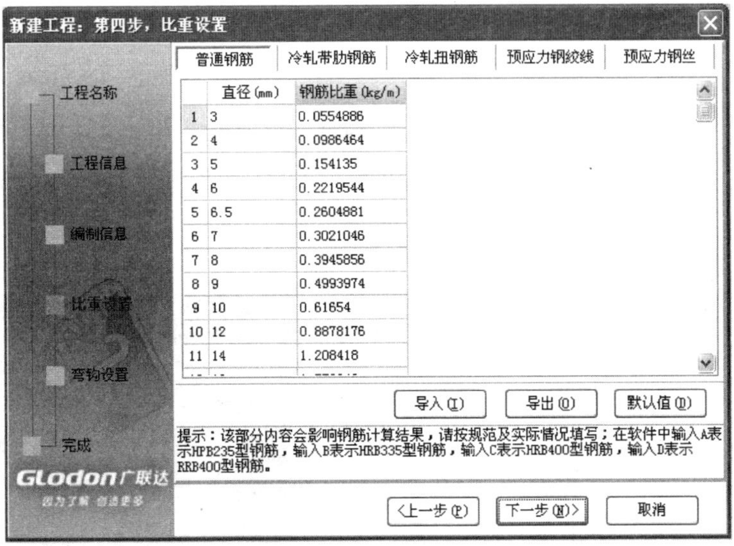

图 4-41　比重设置示例

图 4-42 为钢筋设置示例。

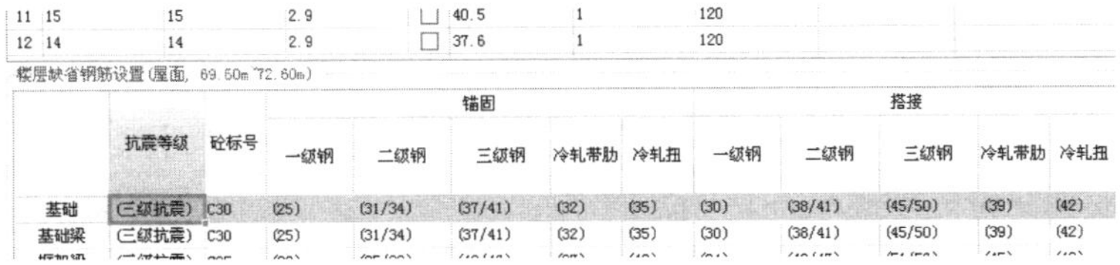

图 4-42　钢筋设置示例

l_a 与 l_{aE} 一个是受拉钢筋的最小锚固长度，另一个是抗震锚固长度，那在什么情况用哪个呢？

（1）l_a 是受拉钢筋的最小锚固长度，其中 l 表示长度，a 表示锚固，是非抗震（或不抗震）钢筋混凝土构件受拉钢筋的锚固长度。另外，抗震结构建筑中的非抗震构件受拉钢筋用的同样也是 l_a。

（2）l_{aE} 是抗震锚固长度，其中 l 表示长度，a 表示锚固，E

表示抗震。对抗震结构钢筋混凝土的构件，抗震锚固长度使用 l_{aE} 就好。

三、绘制轴网

绘制轴网前应设置插入点，轴号会自动排序。

轴网构件为全楼构件，软件会在所有层自动生成轴网。

轴网绘制示例见图 4-43。

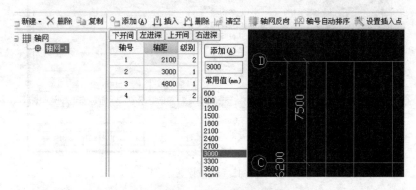

图 4-43 轴网绘制示例

（1）构件绘制一般顺序：先主体后零星的思路。

框架结构：柱→梁→板→二次结构（解释：先绘制柱，再绘制梁，梁以柱为支座，板以梁为支座，保证每种构件找到支座，使钢筋量更准确）。

剪力墙结构：剪力墙→门窗洞→暗柱/端柱→暗梁/连梁。

框架剪力墙结构：柱→剪力墙→梁→板→砌体墙部分。

砖混结构：砖墙→门窗洞→构造柱→圈梁。

注：可根据实际工程情况适当调整。

（2）楼层绘制顺序：首层→地上层→地下层→基础层。

针对一般工程，首层绘制完毕后，可以复制到其他层，包括地上层和地下层，然后进行修改，把上面楼层的构件复制到基础层，能够快速确定基础的位置。

四、柱构件钢筋分析

在箍筋信息中可以输入构件的箍筋，如果箍筋的信息不能满足构件的要求，可以在其他箍筋中输入相关的箍筋信息。

第一步：单击其他箍筋属性值的"…"，打开"其他箍筋类型设置"界面，如图 4-44 所示。

图 4-44 其他箍筋类型设置

第二步：单击"新建"按钮，新建一个箍筋；单击"…"打开"选择钢筋图形"界面，选择弯折形式和弯钩形式，如图 4-45 所示。

第三步：如图 4-46 所示，选择两个弯折，同时带有 90°。两个弯钩形式的箍筋，界面的下方可以显示钢筋编号为 79，单击"确定"按钮。

第四步：输入箍筋信息和箍筋长度信息，单击"确定"按钮完成箍筋信息的输入，见图 4-47。

说明：

(1) 可以直接在箍筋图号中输入钢筋的图号；

(2) 箍筋的长度支持计算式的输入。

(3) 系统可以自动判断边角柱：在菜单栏单击"绘图"→"自动判断边

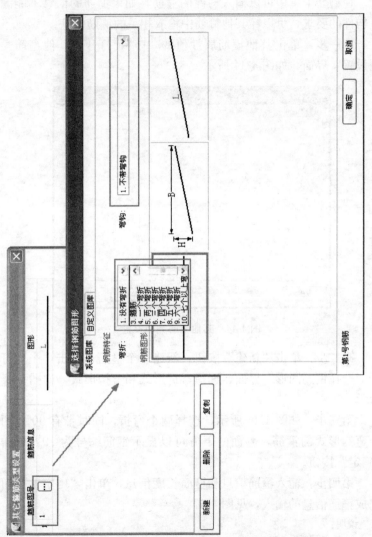

图 4-45 选择钢筋图形

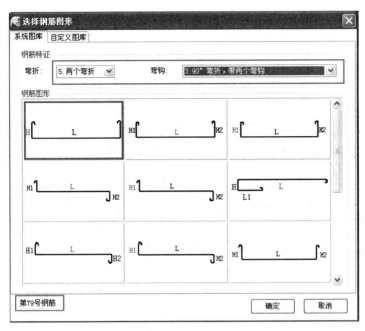

图 4-46 选择钢筋图形

图 4-47 箍筋信息和箍筋长度信息

177

角柱",软件会根据图元的位置,自动进行判断,如图 4-48 所示。判断后的图元会用不同的颜色显示。该功能只对矩形框架柱和框支柱起作用。

图 4-48 矩形框架柱和框支柱自动判断边角柱

五、梁构件钢筋分析

输入梁构件信息,示例如图 4-49 所示。

	属性名称	属性值
1	名称	KL-1 (1A)
2	类别	楼层框架梁
3	跨数量	2
4	截面宽 (mm)	350
5	截面高 (mm)	550

图 4-49 梁构件信息示例

在结构总说明中,一般会有关于主次梁相交的吊筋和附加箍筋的说明。在 GGJ2017 中,首先,需要在工程的计算设置中,在设置默认的主梁内设置附加箍筋,例如次梁两侧各 3 根,这样在绘制主次梁后,会自动在相应节点配置上 6 根加筋,如图 4-50 所示。

1. 自动生成吊筋

对有吊筋的地方,可以

19	— 箍筋/拉筋 (ID:576)	
20	次梁两侧共增加箍筋数量 (ID:45)	6
21	起始箍筋距支座边的距离 (ID:50)	50

图 4-50 快速布置梁附加箍筋

使用"自动生成吊筋"功能，选择局部或全部梁图元，自动找到主次梁交点布置上吊筋和附加箍筋。"自动生成吊筋"按钮的位置如图 4-51 所示。

图 4-51　"自动生成吊筋"按钮的位置

在图 4-52 中设置相关信息。

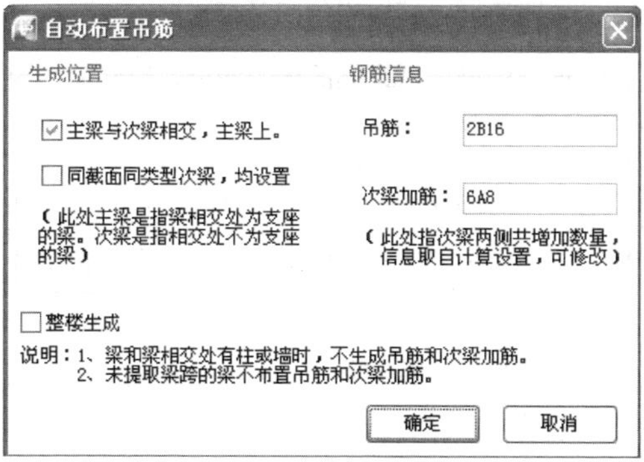

图 4-52　"自动布置吊筋"对话框

鼠标分别点选之后，单击鼠标右键确定，即可自动生成吊筋。

用鼠标拉框选择梁图元，单击鼠标右键确定，也可以自动生成吊筋。

2. 应用到同名称梁

若图纸中有多个同名称梁如有 4 道 KL3，可以通过"应用到同名称梁"的功能快速输入所有梁的钢筋信息。

第一步：在菜单栏中单击"绘图"→"应用到同名称梁"，在绘图区域选择梁图元，如图 4-53 所示。

第二步：根据需要进行选择，单击"确定"按钮完成操作。

说明：

（1）同名称未识别的梁：未识别的梁为浅红色，这些梁没有识别跨长和支座等信息。

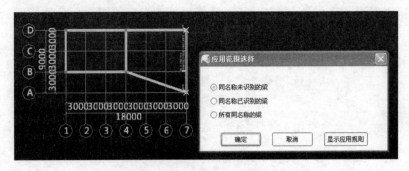

图 4-53 "应用到同名称梁"示意

（2）同名称已识别的梁：已识别的梁为绿色，这些梁已经识别了跨长和支座信息，但是原位标注没有输入。

（3）所有同名称的梁：不考虑梁是否已经识别。

在 GGJ2017 中，剪力墙上有连梁和暗梁，如果连梁和暗梁的钢筋信息和剪力墙的钢筋信息都不一样，汇总计算后怎样将剪力墙的水平钢筋，同步减掉连梁和暗梁的高度？

平法图集中规定，如果连梁和暗梁的侧面钢筋和剪力墙的水平钢筋信息是一样的，水平钢筋是通布的，侧面钢筋不一样，在连梁和暗梁的其他属性"侧面纵筋"里输入相应的钢筋信息，再汇总计算，软件就会把连梁和暗梁的高度减掉，水平筋只布到梁底。

有连梁部分的墙按整面布置，连梁下布置门、窗、洞，用门窗洞构件中的"连梁"来定义及"点画"布置连梁，不用输入连梁侧面腰筋；连梁中的腰筋是按剪力墙水平钢筋穿过约束边沿构件和连梁，汇总量在墙中计算，不体现在连梁钢筋中。

六、板构件钢筋分析（图 4-54）

（1）画板负筋的时候，不同布置的区别。

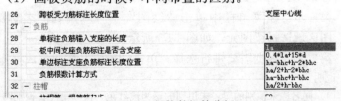

图 4-54 板构件钢筋分析

按梁布置：到梁的中心线。

按墙布置：到墙的中心线。

按板边布置：画板的位置。

画线布置：是最灵活的，任何情况都可以使用画线布置。

（2）单边标注的板负筋的长度。

如何计算净长＋弯折＋伸入支座长度。

其中，净长＝标注长度－支座内长度，伸入支座长度在计算设置中有选项。

（3）温度筋与分布筋的区别。

在温度收缩应力较大的现浇板区域内，钢筋间距宜取为150～200mm，并应在板的未配筋表面布置温度收缩钢筋。

温度收缩钢筋可利用原有钢筋贯通布置，也可另行设置构造钢筋网，并与原有钢筋按受拉钢筋的要求搭接或在周边构件中锚固。

温度筋的长度计算同板内负筋的分布筋计算一样，如图纸上设计有温度钢筋，可参照分布钢筋的长度进行计算：

温度筋的长度＝轴线长度－两边负筋标注长度＋搭接长度×2＋弯钩×2，加不加弯钩×2，看钢筋等级，一级钢可加也可不加，二、三级钢一律不加。

温度筋的根数＝（轴线长度－两边负筋标注长度）/温度筋的间距－1

不过有时候受力筋可以起到温度筋的作用，不单独配。

分布筋出现在板中，布置在受力钢筋的内侧，与受力钢筋垂直。其作用是固定受力钢筋的位置并将板上的荷载分散到受力钢筋上，同时也能防止因混凝土的收缩和温度变化等原因，在垂直于受力钢筋方向产生裂缝。

（4）螺旋板。

螺旋板属性中的"底标高"是指螺旋板最低位置一端的板顶标高，而不是板底标高。需要注意的是，结构设计和软件中所使用的板的标高，一般都用板顶标高。

螺旋板的横向放射配筋是指宽度方向的配筋，螺旋板的钢筋也是按照间距进行布置的，例如采用φ12@200的钢筋形式。以螺旋板上的不同位置为基准按间距布置横向筋，计算结果不同，所以需要确定以哪条线为基准，施工图中也会标出标准线的位置。

软件在"横向放射配筋间距度量"中提供了4种选择，即螺旋板内弧线、螺旋板外弧线、螺旋板中线以及自定义的方式。可在参数图中输入距离外弧线的间距来确定基准线的位置。

（5）未注明板自动配筋

对在图纸的备注说明中经常会写未注明板的配筋信息这种情况，可以使用自动配筋功能快速布置，可以针对所有板配同样钢筋，也可针对板厚相同的配筋相同两种业务情况进行设置，如图4-55、图4-56所示。

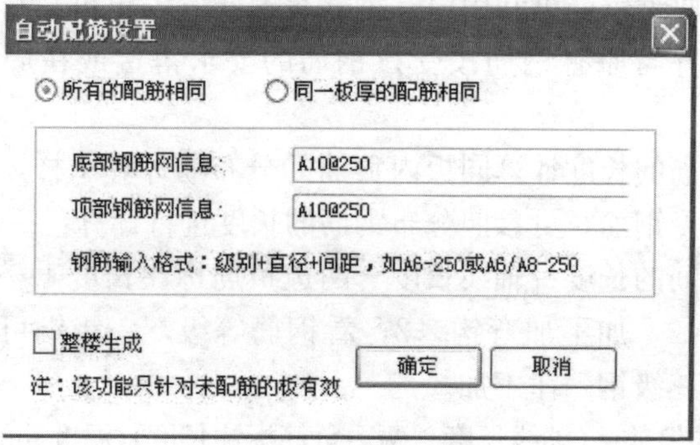

图 4-55 自动配筋

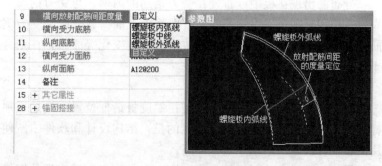

图 4-56 相关设置

在软件中提供了多种布置负筋的方法，如按梁布置、按墙布置、画线布置等，在这里给大家分享一种更快速的布置负筋方法，自动生成负筋：

选择布置范围，如按照板边布置，确定后选择所有的板；程序将在所有的板边上布置上同一种负筋。然后对照图纸，批量选择相同钢筋信息的负筋，直接修改其钢筋信息；同时，为了进行区分，可以将已经修改好的负筋更换不同的颜色。"自动生成负筋"对话框见图4-57。

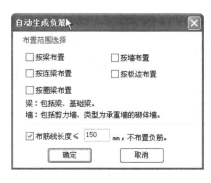

图4-57 "自动生成负筋"对话框

（6）检查板钢筋的布置情况。

在做工程时，板钢筋的布置工作量较大，往往需要检查钢筋布置是否有误，如是否所有板都布置了底筋，是否布置了面筋，负筋布置的范围是否正确。

这时，可以通过"查看受力筋布置情况"来检查，如图4-58所示。

（7）F6、F7快捷键在板带中的应用。

在绘制有跨中板带、柱上板带、柱下板带的工程中，往往板带纵横交错，不容易选择。这种情况下，可以使用快捷键：

F6：显示\隐藏跨中板带。

F7：显示\隐藏柱上楼层板带、柱下楼层板带。

（8）楼层板带、柱上板带。

楼层板带是在现浇板中布置的附加钢筋带，如后浇带的附加

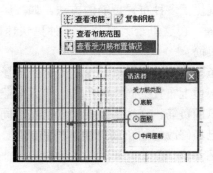

图 4-58　查看受力筋布置情况

钢筋，就可以用楼层板带处理。

钢筋混凝土水池、钢筋混凝土化粪池的结构配筋中，顶板就有柱顶板带及跨中板带的配筋。

板带可以形象地称为"板中的暗梁"，它就像梁高等于板厚的梁一样"隐藏"在板里。板带属于无梁楼盖板，其规则和构造参看图集。

柱上板带的边支座一般是柱帽，跨中板带的边支座一般是梁，两者底筋锚固形式不同。

板与板带并不是一回事，板的配筋是双层双向的，而板带的配筋类似于梁的配筋，是有通长筋的。因此设计未注明有板带时，可不必考虑板带。

板筋双层双向Φ12@150，则应设置纵横向面筋各一道，纵横向底筋各一道。

七、剪力墙构件钢筋分析

1. 剪力墙钢筋画法

（1）画剪力墙钢筋的时候，如果内侧和外侧的竖向钢筋不同，可输入"（1）Φ12@100＋（1）Φ20@200。"

（2）如果是水平筋上下直径不同，可输入"（1）Φ12@200〔1000〕＋（1）Φ10@200〔2000〕"，括号里面是直径不同钢筋的布置范围。

（3）竖向上下钢筋直径不同，不能在属性中输入直径，要在其他属性下的其他钢筋中输入，如图4-59所示。

图4-59　剪力墙钢筋

2. 结构洞填充墙快速处理方法

在施工剪力墙结构建筑时，为了施工便利，会在剪力墙上预留施工洞，施工基本完毕后，用砌块再填塞上这部分洞。在短肢剪力墙结构建筑中，两道剪力墙中间可能有道连梁，连梁下面有窗户，窗户下面一般是砌块墙。这类构造，在软件中如何处理？在软件中建立类别为"填充墙"的砌体墙，调整标高，直接绘制到剪力墙上，软件会自动在剪力墙上形成结构洞，然后可以绘制连梁和门窗，如图4-60所示。

填充墙是框架（或框剪）结构的围护墙，一般用轻质的混凝土砌块砌筑。

框架间墙是（框架结构）柱与柱之间的墙，它既包含用轻质的混凝土砌块砌筑填充墙，也包含和框架柱同时浇注的混凝土墙。软件属性中的框架间墙是指后者。

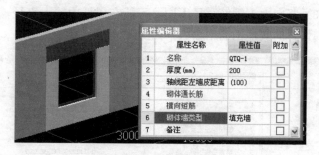

图 4-60　填充墙快速处理

3. 剪力墙左边线可以显示并可以调整颜色

工程中的剪力墙钢筋一般区分外侧和内侧，剪力墙左右钢筋信息不一致时，在绘制墙或者绘制完成后想要查看一下剪力墙的内外侧，这个时候可以通过【工具】→【显示墙左边线】来完成。

图中显示的边线颜色也可以根据自己的习惯调整，通过【工具】→【选项】→【构件显示】来调整即可，如图 4-61 所示。

图 4-61　图中显示的边线颜色调整

八、基础构件钢筋分析

（1）在 06G101-6 第 70 页中，基础连梁与承台或独基有三种位置关系（顶面高于基础顶面、顶面与基础顶面齐平、顶面低于基础顶面），且连梁纵筋与箍筋伸入基础的构造形式不同，在软件中如何处理？

① 框架梁的计算设置中，调整为如图 4-62 所示。

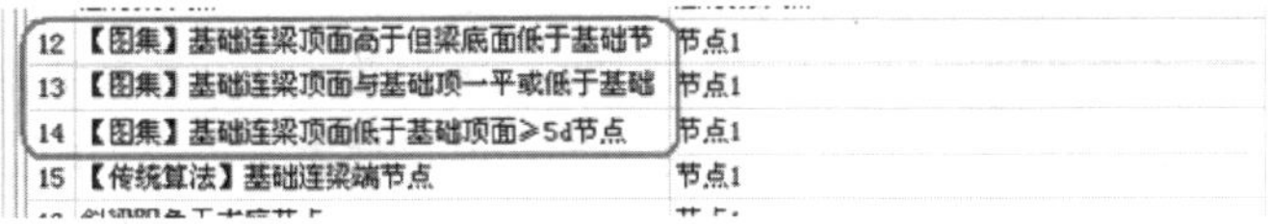

图 4-62　框架梁的计算设置

② 此时框架梁节点设置有关基础连梁的构造算法生效，可以根据图纸要求，在节点设置中进行调整，如图 4-63 所示。

图 4-63　框架梁节点设置

（2）图纸中规定，多跨基础连梁中间支座为独立基础时，上部钢筋要锚入支座中，在软件中应该如何设置？

① 如果基础连梁遇到所有的独立基础上部钢筋都需要锚入，则可以在框架梁的计算设置中进行调整，如图 4-64 所示。

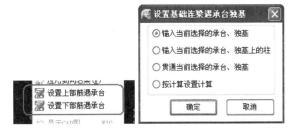

图 4-64　框架梁的计算设置

② 如果基础连梁只是遇到部分独立基础上部钢筋需要锚入，则可以在绘图界面→梁图层→【绘图】菜单下选择【设置上/下部纵筋遇承台】，如图 4-65 所示。

图 4-65　基础连梁设置

（3）条形基础钢筋计算需注意的问题。

① 条形基础宽度≥2500mm 时，受力筋＝0.9×基础底宽；条形基础宽度＜2500mm 时，受力筋＝基础底宽－2×保护层。

② 当条形基础的宽度大于 1/2 长度时，条形基础的分布筋软件按平法要求是不计算的，其受力筋会双向配筋。

（4）基础单元中的相对底标高。

GGJ2017 的独立基础、条形基础、桩承台的基础单元中都有一个属性——"相对底标高"，以下是关于"相对底标高"的说明：

GGJ2017 中独立基础、条形基础、桩承台都要分基础单元建立，"相对底标高"是指每个基础单元的底标高相对于基础整体的底标高的距离，如图 4-66 所示。

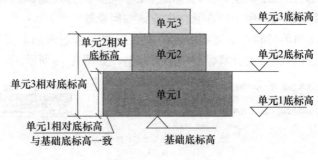

图 4-66　相对底标高

九、楼梯构件钢筋分析

参数化楼梯注意的问题：板梁的搁置长度如果在框架结构中，搁置到墙上的那部分计入投影面积。如果是剪力墙则不计入投影面积。这里的楼板的宽度输入 0，如图 4-67 所示。

十、其他特性统计

（1）软件可以统计植筋的个数。二次结构中，一些构件需要做法处理，例如过梁与框架柱相交时，有的时候会采用植筋的方式处理，那么这个时候只要给过梁选择相应的做法汇总计算，查看"植筋楼层构件类型级别直径汇总表"即可，如图 4-68，图 4-69 所示。

标准双跑楼梯 I

属性名称	属性值	属性名称	属性值
TL.1 宽度TL1KD	200	TL.1 高度TL1GD	300
TL.2 宽度TL2KD	200	TL.2 高度TL1GD	300
TL.3 宽度TL3KD	200	TL.3 高度TL1GD	300
梯井宽度TJKD	200	栏杆距边LGJB	200
踢脚线高度TJXGD	150	板搁置长度BGZCD	200
梁搁置长度LGZCD	200		

注：梁顶标高同板顶；楼梯水平投影面积不扣除小于500的楼梯井。

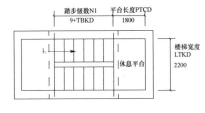

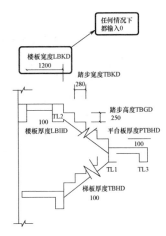

图 4-67 楼梯构件钢筋

46	填充墙过梁端部连接构造	采用植筋
47	使用预埋件时过梁端部纵筋弯折长度	10*d
48	植筋锚固深度	10*d

图 4-68 植筋处理

工程名称：工程1

楼层名称	构件类型	二级钢	
		12	14
首层	过梁	4	4
	合计	4	4
全部层汇总	过梁	4	4
	合计	4	4

图 4-69 植筋楼层构件类型级别直径汇总表

（2）快速修改图元（图 4-70）的方法

选中图元，软件自动显示图元边线的中点和端点。

选中端点，可进行图元的拉伸。

选中中点：对线状图元，可以进行移动；对面状图元，可以对边进行偏移。

（3）通过 F4 键调整插入点（图 4-71）。

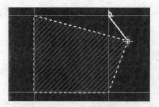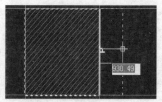

图 4-70　快速修改图元

功能描述：可调整点式构件（如异型柱、暗柱、端柱、独立基础、承台等）的插入点。

适用环境：常用于在对照导入的 CAD 图来描图，准确定位构件；如图 4-71 所示，每按一次 F4 快捷键，插入点即在 a～f 与原始插入点之间逆时针进行切换。若按 Shift＋F4 组合键，则按反方向进行切换。

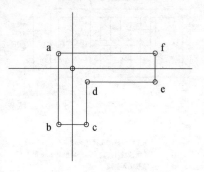

图 4-71　调整插入点

（4）自动捕捉设置，如图 4-72、图 4-73 所示。

图 4-72　捕捉工具栏　　　图 4-73　自动捕捉设置

在绘图过程中，通过"自动捕捉"功能，可方便地捕捉定位到构件图元的中点、端点、垂足、顶点等，提高绘图效率。

操作步骤：单击"工具"→"自动捕捉设置"，在弹出的窗口中，勾选即可。

（5）在提取梁跨时，同样的非框架梁遇非框架梁，默认设置为支座的方法。如图 4-74 所示，在计算设置中，非框架梁中第26 条"宽高均相等的非框架梁 L 型、十字相交互为支座"，选择为"是"即可。

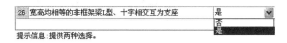

图 4-74　支座设置

（6）设置新建工程时的默认设置。如图 4-75 所示，在"工具"菜单中单击"选项"，切换到"其他"页签。把左侧的"初始缺省工程设置"中的选项设置为常用的方式即可。

图 4-75　设置新建工程时的默认设置

（7）设置箍筋的构造形式（图 4-76）。在实际工程中，柱或梁的箍筋根据纵筋的数量不同，形式也不同。例如梁的箍筋，当上部纵筋为 5 根时，中间的小箍筋一般会箍住 3 根纵筋，也会箍住 2 根纵筋，不同情况在软件中处理方式如下：若需要统一设置，可以在【计算设置】中【箍筋设置】中选择。

（8）定义承台、独立基础、条形基础整体时，编辑钢筋功能不能用，要在单元上才能用，切换方法见图 4-77。

（9）F12 键的功能是显示或隐藏构件图元。

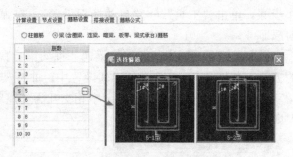

图 4-76　设置箍筋构造形式

① 功能描述：显示和隐藏所绘制的所有构件，如柱、梁、板、墙等。

② 适用环境：

a. 绘制完构件（如柱 KZ1、KZ2），想看一下绘制的图元的名称和位置是否正确。

图 4-77　整体与单元的切换方法

b. 绘制完当前构件（如梁 KL1），想看一下之前所画的其他构件（如柱、墙等）是否画对了，有没有遗漏。

③ 操作步骤：

a. 按 F12 键，打开"构件图元显示设置"窗口。

b. 单击构件前面的复选框，通过打上或去掉"√"，可以控制当前图层中是否显示该构件和构件名称，单击"确定"完成操作。

④ 说明：

a. 勾选左侧的"构件图元显示"列表，则可以隐藏或显示构件图元。

b. 勾选右侧的"构件图元名称显示"列表，则可以隐藏或显示构件图元的名称。

（10）缩尺配筋。

单构件中选择图号，然后给出长度、直径等则计算出钢筋长度，这是用来处理某些零星部分钢筋量的方法。一些图号上某个位置是红色字体，这与缩尺配筋有关：没有红色标注的图形是不能进行缩尺配筋的，带有红色标注的部位是可以进行缩尺配筋的。

使用此功能，可以对单根钢筋进行缩尺配筋，算出钢筋平均长度和根数，并为每根钢筋保存相应的缩尺信息。

注：这个功能只对部分钢筋有效，即在钢筋图形中带有红色参数的钢筋。

操作步骤：在用单构件计算钢筋的时候选择单根钢筋，单击"缩尺配筋"按钮，打开"缩尺配筋"对话框（图 4-78），在其中进行设计即可。

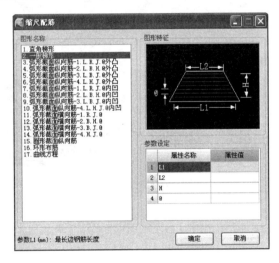

图 4-78　缩尺配筋

十一、CAD 导入

（1）CAD 导入的文件有两种：

① CAD 图纸文件（.dwg）；

② 广联达算量软件导出的图纸（.GVD）。

当没有电子图时做工程的顺序是先绘制构件，再计算构件。

（2）CAD 识别原理（图 4-79）：先通过识别图纸上的标注信息建立构件，然后通过 CAD 图上的构件边线识别构件，最后通过图上标注的钢筋信息来给次构件输入钢筋信息。

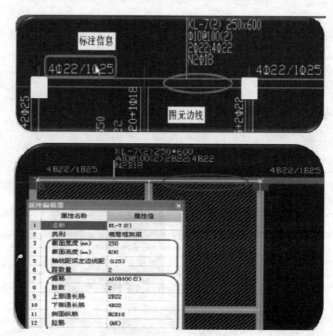

图 4-79 CAD 识别原理

（3）CAD 适用对象及适用范围：

① 适用对象

已掌握广联达算量软件的基本绘图操作；实际工作中能获得 CAD 电子图纸。

② 适用范围

GGJ2017 轴线、柱（柱表、柱大样）、梁、墙、门窗、板筋、基础（独基、承台、桩）、筏板钢筋。

（4）CAD 识别流程如图 4-80 所示。

在算量的过程中，对一些砖混结构或其他类型的工程，部分用户习惯先算混凝土装修量，再抽钢筋量。那从图形软件导过来的柱钢筋如何快速配筋呢？实际上，在软件中提供了"图元柱表"功能，如图 4-81 所示。

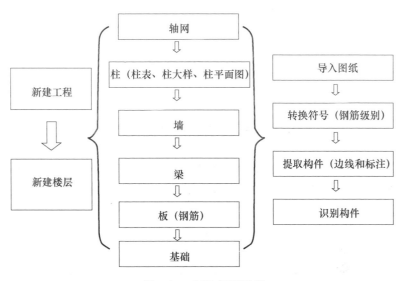

图 4-80 CAD 识别流程

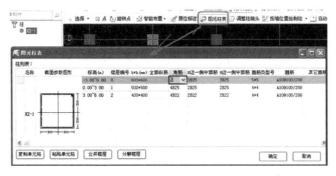

图 4-81 "图元柱表"功能

执行该功能后，选择某一名称的柱，在弹出的图元柱表对话框中，按照楼层输入钢筋信息，最后单击"确定"按钮即可快速配筋。

第五章　钢筋加工

第一节　钢筋加工概述

钢筋作为混凝土的骨架构成钢筋混凝土，成为建筑结构中使用面广、量大的主材。在浇注混凝土前，钢筋必须制成一定规格和形式的骨架放入模板中。制作钢筋骨架，需要对钢筋进行强化、拉伸、调直、切断、弯曲、连接等加工，最后才能绑扎成型。

钢筋制作工艺通常采用流水作业，其流程如图 5-1 所示。钢筋经过单根钢筋的制备、钢筋网和钢筋骨架的组合以及预应力钢筋的加工等工序制成成品后，运往施工现场安装，主要包括钢筋调直、钢筋除锈、钢筋切断、钢筋成型和成品保护。

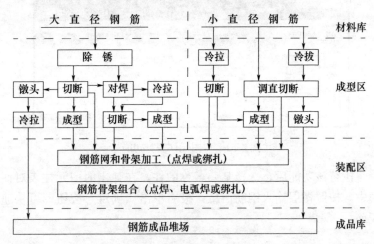

图 5-1　钢筋加工工艺流程

第二节　钢筋除锈

钢筋是由铁、碳和其他合金元素组合成的。其中铁是主要成分，铁分子与空气中的氧分子容易化合而形成氧化铁。在保管过程中，由于保管不善，会使氧化过程进一步加剧，使钢筋表面形成一层氧化铁层，这就是铁锈。铁锈形成初期，钢筋表面呈黄褐色斑点，称为色锈或水锈。这种水锈对钢筋与混凝土之间的粘结影响不大，一般可以不处理。但对冷拔钢丝端头和焊接点附近的铁锈必须清除干净，以保证焊点的导电性能和焊接质量。

钢筋除锈是指把油渍、漆污和用锤敲击时能剥落的浮皮（俗称老锈）、铁锈等在使用前清除干净。在焊接前，焊点处的水锈应清除干净。钢筋的除锈一般可通过以下两个途径完成：一是在钢筋冷拉或钢丝调直过程中除锈，这对大量钢筋的除锈较为经济、省力；二是用机械方法除锈，如采用电动除锈机除锈，这对钢筋的局部除锈较为方便。

此外，还可采用手工除锈（用钢丝刷、砂盘）、喷砂和酸洗除锈等。若在除锈过程中发现钢筋表面的氧化铁皮鳞落现象严重并已损伤钢筋截面，或发现除锈后钢筋表面有严重的麻坑、斑点伤蚀截面，应将其降级使用或剔除不用。

一、人工除锈

采用人工使用刮刀、钢丝球、砂布等工具对生锈钢筋进行处理，但劳动强度大，除锈质量差，且该法不适用于大面积进行除锈，只有在其他方法都不具备的条件下才能被局部采用。

二、化学除锈

化学除锈（亦称酸洗除锈）即利用酸洗液中的酸与金属氧化物进行化学反应，使金属氧化物溶解转变成氯化铁或者硫酸铁，以达到除去钢材表面的锈蚀和污物的目的，且在酸洗除锈后一定要用大量清水清洗并钝化处理。化学除锈所形成的大量废水、废酸、酸雾造成环境污染，如果处理不当，还会造成金属表面过蚀，形成麻点。

三、火焰除锈

火焰除锈是利用气焊枪对少量手工难以清除的较深的锈蚀斑进行烧红，让高温使铁锈的氧化物改变化学成分而达到除锈目的。使用此法，须注意不要让金属表面烧穿，以及防止大面积表面产生受热变形。

四、机械除锈

机械除锈一般是通过动力带动圆盘钢丝刷高速转动，轻刷钢筋表面锈斑，且对直径较小的盘条钢筋可以通过调直自动清理。除此之外，喷砂法除锈也是一个不错的除锈方法，利用空压机、储砂罐、喷砂管、喷头等设备，通过空压机产生的强大气流形成高压砂流除锈，适用于大量除锈工作，且能达到较好的除锈效果。电动除锈机除锈是目前常用的机械除锈方法，它不但除锈效果好，而且效率高。

第三节　钢筋调直

盘圆钢筋在使用前必须经过放圈和调直，而以直条供应的粗钢筋在使用前也要进行一次调直处理，才能满足规范要求的"钢筋应平直，无局部曲折"的规定。

建筑用热轧钢筋分盘圆和直条两类。直径在 12mm 以下的钢筋一般制成盘圆，以便于运输。盘圆钢筋在下料前，一般要经过放盘、冷拉工序，以达到调直的目的。直径在 12mm 以上的钢筋，一般轧制成 6～12m 长的直条。由于在运输过程中几经装卸，直条钢筋可能局部弯折，为此在使用前应进行调直。

钢筋在混凝土构件中，除了规定的弯曲外，其直线段不允许有弯曲现象。有弯折的钢筋不但影响构件的受力性能，而且在下料时长度不准确，直接影响到弯曲成型和绑扎安装等一连串工序的准确性。因此，钢筋在下料前必须经过调直工序，而钢筋调直可分为人工调直和机械调直两种。

一、人工调直

1. 粗钢筋人工调直

直径在 12mm 以上的粗钢筋，一般采用人工调直。其操作程序：先将钢筋弯折处放到扳柱铁板的扳柱间，用平头横口扳子将弯折处基本扳直，然后放到工作台上，用大锤将钢筋小弯处锤平。操作时需要两人配合好，一人掌握钢筋，站在工作台一端，将钢筋反复转动和来回移动，另一人掌握大锤，站在工作台的侧面，见弯就锤。掌锤者应根据钢筋粗细和弯度大小来掌握落锤轻重。握钢筋者应视钢筋在工作台上可以滚动时则认为调直合格。

2. 细钢筋人工调直

直径在 12mm 以下的盘圆钢筋为细钢筋。细钢筋主要采用机械调直。但在工程量小或无冷拉设备的情况下，也可采用人工调直。人工调直又分小锤敲直和绞磨拉直两种。不管哪一种都需要先放盘。前者是按需要长度截成小段在工作台上用小锤敲直。后者是按一定长度截断，分别将两端夹在地锚和绞磨的夹具上，然后人工推动绞磨将钢筋拉直。后者简单可行，但只宜拉直Ⅰ级钢筋中的 $\phi6$ 盘圆钢筋，且劳动强度较大，目前已不常使用。

3. 钢丝人工调直

冷拔低碳钢丝一般采用机械调直。但在设备困难的情况下，也可以采用蛇形管人工调直，蛇形管是用长 1m 左右的厚壁钢管弯成蛇形，钢管内径稍大于钢丝，管两端连接喇叭状进出口，固定在支架上。需要调直的钢丝穿过固定的蛇形管，用人力牵引，即可将钢丝基本拉直。钢丝若有局部小弯，再用小锤敲直。

二、机械调直

1. 粗钢筋机械调直

目前粗钢筋一般还是采用人工调直。在有条件的地方，可采用大吨位冷拉设备。如卷扬机拉直法，不但可以减轻劳动强度，而且钢筋经过冷拉后,强度提高,长度增加,节约钢材。但在冷拉前,需将钢筋对焊接头,且大弯需要人工扳直,故很少采用。

在没有冷拉设备的情况下,也可以采用平直锤敲直,如皮带锤、弹簧锤等,但在平直前,需将钢筋的大弯用人工方法在扳柱铁板上扳直。然后在平直锤上将小弯逐个锤直。这种平直锤是利用电动机通过皮带轮变速,带动偏心轮旋转,使平直锤做上下往复运动。钢筋放在锤镦上,在锤的冲击下达到调直的目的。

2. 细钢筋机械调直

Ⅰ级盘圆钢筋一般采用卷扬机拉直法。采用卷扬机拉直钢筋,可以建立一条机械化程度较高的生产自动线。如钢筋上盘、开盘、拉直、切断等工序连续作业,可减少操作人员,提高劳动生产效率,使调直、除锈、切断三道工序合并一道完成。所以,在钢筋加工中已被广泛采用。

采用钢筋调直机可同时完成除锈、调直和切断三道工序。调直机的调直筒内有五个调直块,它们不在同一中心线上旋转,需根据钢筋性质和调直块的磨损程度调整偏移值大小,以使钢筋能得到最佳调直效果。

3. 钢丝机械调直

直径在 5.5mm 以下的冷拔低碳钢丝,采用调直机进行加工。采用调直机加工冷拔钢丝,可使除锈、调直、切断三道工序一次完成。其工作原理:将放在盘架上的钢丝的一端穿过由电动机驱动的调直筒。筒内装五组调直块,其中三组调直块的中心孔偏离调直筒的旋转轴线。钢丝通过旋转的调直筒时,向不同方向弯曲而得以调直。牵引辊和齿轮刀具由另一电动机驱动,牵引辊拉动钢丝穿过齿轮刀具中的槽口。当其端头触及受料支架上的限位开关时,接通离合器电路,使齿轮刀具旋转 $120°$ 下定长钢筋,被切断的钢丝落入托架内。受料支架上的限位开关可根据下料长度调至相应位置。

采用钢筋调直机调直冷拔钢丝和细钢筋时,要根据钢筋的直径选用调直模和传送压轴,并正确掌握调直模的偏移量和压辊的松紧程度。调直模的偏移量根据其磨耗程度及钢筋品种通过试验确定；调直筒两端的调直模一定要在调直前后导孔的轴心线上，这是钢筋能否调直的一个关键。如果发现钢筋调得不直，就要从以上两个方面检查原因，并及时调整调直模的偏移量。压辊的槽宽，一般在钢筋传入压辊之后，在上下压辊间宜有 3mm 之内的间隙。压辊的压紧程度要做到既保证钢筋顺利地被牵引前进，看不出钢筋的明显转动，而在被切断的瞬时，钢筋和压辊间又能允许发生打滑。

第四节　钢筋冷加工

钢筋的冷加工包括冷拉和冷拔。在常温下，对钢筋进行冷拉或冷拔，可提高钢筋的屈服点，从而提高钢筋的强度，达到节省钢材的目的。钢筋经过冷加工后，强度提高，塑性降低，在工程上可节省钢材。

一、钢筋冷拉

钢筋冷拉就是在常温下拉伸钢筋，使钢筋的应力超过屈服点，钢筋产生塑性变形，强度提高。

1. 钢筋的冷拉原理（图 5-2）

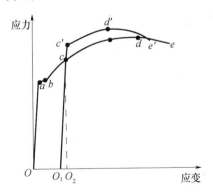

图 5-2　钢筋冷拉原理

2. 钢筋的冷拉计算

钢筋的冷拉计算包括计算冷拉力、计算拉长值、计算弹性回缩值和冷拉设备选择。

（1）计算冷拉力 N_{con}。冷拉力计算的作用有两方面：

① 确定按控制应力冷拉时的油压表读数；

② 作为选择卷扬机的依据。

冷拉力应等于钢筋冷拉前截面积 A_s 乘以冷拉时控制应力 σ_{con}，即 $N_{con} = A_s \sigma_{con}$。

（2）计算拉长值 ΔL。钢筋的拉长值应等于冷拉前钢筋的长度 L 与钢筋的冷拉率 δ 的乘积，即 $\Delta L = L\delta$。

（3）计算钢筋弹性回缩值 ΔL_1。根据钢筋弹性回缩率 δ_1（一般为 0.3% 左右）计算，即：$\Delta L_1 = (L + \Delta L) \delta_1$

则钢筋冷拉完毕后的实际长度为：$L' = L + \Delta L - \Delta L_1$

（4）冷拉设备选择。设备的冷拉能力要大于钢筋冷拉时所需的最大拉力，同时还要考虑滑轮与地面的摩擦力及回程装置的阻力，一般取最大拉力的 1.2～1.5 倍。

3. 冷拉钢筋注意事项

冷拉钢筋需注意的事项主要有以下几方面：

（1）预应力钢筋宜采用控制应力法。对不能分清炉批的钢筋，不应采用控制冷拉率的方法进行冷拉。

（2）钢筋的冷拉速度不宜过快，一般以 0.5～1.0m/min 为宜，待拉到规定的控制应力后，须稍停 1～2min 后放松。

（3）钢筋冷拉可在负温下进行，但不宜低于 −20℃。当采用控制冷拉率方法时则与常温的相同。

（4）当采用控制应力方法冷拉钢筋时，对使用的测力计应经常维护，定期校验。

（5）冷拉后钢筋表面不得有裂纹或局部紧缩现象，并应按规范要求做拉伸试验和冷弯试验。

（6）冷拉中应注意安全，正对钢筋的两端严禁站人或者走动，以防钢筋断裂回弹伤人。

二、钢筋冷拔

冷拔是将 $\phi6$～10mm 的 HPB235 级光圆钢筋在常温下强力拉

过拔丝模孔（图 5-3）。

1. 操作工序

除锈剥皮→钢筋轧头→拔丝→
外观检查→力学试验→成品验收。

2. 操作要点

（1）将盘圆钢筋通过拔丝机上
的槽轮组（剥皮机）除锈。

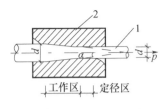

图 5-3 钢筋的冷拔示意
1—钢筋；2—拔丝模

（2）把除锈后的钢筋端头放入
轧头机的压辊中压细。随之转动钢筋，使轧头均匀，保持平正。

（3）将经过轧头的钢筋穿入拔丝模孔后，卡紧夹具，进行
拔丝。

影响钢筋冷拔质量的主要因素为原材料质量和冷拔总压缩率
（β）。为了稳定冷拔低碳钢丝的质量，要求原材料按钢厂、钢号、
直径分别堆放和使用。甲级冷拔低碳钢丝应采用符合 HPB235 热
轧钢筋标准的圆盘条拔制。

冷拔总压缩率是指由盘条拔至成品钢丝的横截面缩减率。总
压缩率越大，则抗拉强度提高越多，塑性降低越多。为了保证冷
拔低碳钢丝强度和塑性相对稳定，必须控制总压缩率。

冷拔次数一般不宜过多，一是影响生产效率；二是钢丝会发
脆，对伸长率有影响。但冷拔次数过少，每次压缩量过大，也易
发生断丝和设备安全事故。根据经验，一般前道钢丝直径和后道
钢丝的直径之比以 $1:1.15$ 为宜。如 $\phi 8$ 拔至 $\phi 5$，冷拔过程可为
$\phi 8 \rightarrow \phi 7 \rightarrow \phi 6.3 \rightarrow \phi 5.7 \rightarrow \phi 5$；再如由 $\phi 6.5$ 拔至 $\phi 4$，可为 $\phi 6.5 \rightarrow$
$\phi 5.7 \rightarrow \phi 5 \rightarrow \phi 4.5 \rightarrow \phi 4$。

3. 注意事项

（1）试运转开始前，先启动钢筋冷拔机润滑油泵，观察并调
节各润滑点，各润滑点不应有缺油现象，系统中不应有漏油现
象，回油管道必须畅通。

（2）启动通风机，观察风道是否畅通，风量是否合适。

（3）调节冷却水量，观察经过卷筒及拔丝模盒的冷却水是否
畅通。

（4）试运转中如有钢筋冷拔机运转不平稳和温度过高等现象，必须进行检查，排除故障后方可再次启动。

（5）操作前，要检查钢筋冷拔机各传动部位是否正常，电气系统有无故障，卡具及保护装置等是否良好。

（6）开机前，应检查拔丝模的规格是否符合规定，在拔丝模盒中放入适量的润滑剂，并在工作中根据情况随时添加。在钢筋头通过拔丝模以前也应抹少量润滑剂。

（7）钢筋冷拔机运转时，严禁任何人在沿线材拉拔方向站立或停留。拔丝卷筒用链条挂料时，操作人员必须离开链条甩动的区域，出现断丝应立即停车，待 C 型钢设备停稳后方可接料和采取其他措施。不允许在钢筋冷拔机运转中用手取冷拔机卷筒周围的物品。

（8）冷拔过程中，如发现盘圆钢筋打结、乱盘，应立即停车，以免损坏钢筋冷拔机。如果不是连续拔丝，要注意钢筋冷拔到最后端头时弹出伤人。

（9）钢筋冷拔机的齿轮副及滚动轴承处一般采用油泵喷射润滑。润滑油冬季用 HJ-20 号机械油，夏季用 HJ-30 号机械油。

（10）钢筋冷拔机应按润滑周期的规定注油，传动箱体内要保持一定的油位。

三、钢筋切断

钢筋切断工序一般在钢筋调直后进行，这样下料准确，节省钢筋。但是，在设备缺乏和钢筋加工量不大的情况下，粗钢筋也可以先人工断料，再人工平直；细钢筋先人工放盘，尽量做到顺直，以能够丈量为原则，断料后再人工敲直。

钢筋断料是钢筋加工中的关键工序。在较大的单位工程中，钢筋用量大，品种规格多。如果在断料时粗枝大叶，就会造成差错或切断长度发生误差。这不但浪费材料，而且浪费劳力，同时延误了工期。所以，在钢筋切断工序中，不仅下料长度要准确，而且要核对配料牌上的钢筋品种、规格是否相符，以免造成浪费。

1. 钢筋断料前的准备工作

（1）复核配料单和配料牌上所写的钢筋品种、规格、长度、根数是否相符。

（2）根据钢筋原材料长度，将同规格的钢筋按不同长度进行长短搭配，先断长料，后断短料，做到长材长用，短材短用，长短搭配，以减少材料的浪费。

（3）在号料时，应避免用短尺量长料，防止在丈量中产生的累计误差。在切断机和工作台固定的情况下，可在工作台上增加固定刻度尺，设置临时活动挡板，以使同一长度的钢筋断料长度保持一致。这样，不但操作方便，而且断料尺寸准确。

2. 手工断料

在设备缺乏和钢筋加工量不大的情况下，手工切断钢筋还是经常采用的。手工断料按使用工具不同可以分为：

（1）克子（踏口）断料法。克子由上下克子组成。下克插在铁砧卡口内。断料时，将钢筋放在下克的圆槽内，上克紧靠下克，并压住钢筋，用大锤（12～16 磅）猛击上克，即可将钢筋切断。

（2）手动切断器断料法。手动切断器是由底座、固定刀口、活动刀口和手柄四部分组成的。固定刀口固定在切断器的底座上，活动刀口通过轴、连杆和手柄相连，以杠杆原理来切断钢筋。手动切断器只能切断直径 16mm 以下的钢筋。

另外，还有手动液压切断器。如 SYJ-16 型切断器，重量较轻，可携带到工地操作；钢筋剪可断 4～8mm 直径的钢筋；断丝钳是切断钢丝的常用工具。

3. 机械断料

在钢筋集中加工场内，一般都配备有钢筋断料设备。细钢筋和冷拔钢丝是在调直机上调直后切断；而粗钢筋是在切断机上切断。

4. 注意事项

汇集当班所要切断的钢筋料牌，将同规格的钢筋分别统计，按不同长度长短搭配，统筹排料；一般先断长料，后断短料，尽量减少短头，减少损耗。长度大于 500mm 钢筋料不应弃入废料堆内。检查测量工具或标志的准确性，断料时避免用短尺量长料，防止在量料中出现累计误差。在工作台上标有量尺刻度线的，事先检查定尺挡板的牢固和可靠性。使用前先检查刀片安装是否正确、牢固、润滑及空车试运转是否正常。

对大批量切断，正式操作前必须试切两三根，以检验长度准确度。断料时，必须握竖钢筋，在活动刀片后退时将钢筋送入刀口，防止钢筋末端摆动或弹出伤人。切短筋时，须用钳子夹住送料；不得用手抹或嘴吹遗留于切断机上的铁屑、铁末。禁止切断机械性能超出规定范围外的钢材以及超过刀片硬度或烧红的钢筋。切断过程中，如发现钢筋有劈裂、缩头或严重的弯头等必须切除，如发现钢筋的硬度与该钢种有较大的出入，必须及时向有关人员反映，查明情况。进行对焊或电渣压力焊的钢筋切断，必须使用砂轮锯，钢筋的断口应平整，不得有马蹄形或起弯现象。将同规格钢筋根据不同长度长短搭配，统筹排料；一般应先断长料，后断短料，减少短头，减少损耗。断料时应避免用短尺量长料，防止在量料中产生累计误差。为此，宜在工作台上标出尺寸刻度线并设置控制断料尺寸用的挡板。钢筋切断机的刀片，应由工具热处理制成。安装刀片时，螺钉要紧固，刀口要密合（间隙不大于 0.5mm）；固定刀片与冲切刀片的距离；对直径≤20mm 的钢筋宜重叠 1~2mm，对直径>20mm 的钢筋宜留 5mm 左右。检查钢筋断料尺寸，其偏差应在规定范围内；钢筋的断口不得有马蹄形或起弯、裂纹等缺陷现象。

四、钢筋弯曲成型

钢筋弯曲分机械弯曲和手工弯曲两种。随着钢筋加工专业化程度的不断提高，钢筋弯曲成型已基本上实现了机械化。但目前施工现场仍然以手工弯曲为主。钢筋弯曲成型是钢筋加工中的一道主要工序，这是件技术性很强的工作。不管是手工弯曲还是机械弯曲，如果操作技术熟练，不但效率高，而且加工的钢筋形状正确，平面上没有翘曲不平的现象，便于绑扎安装。因此，必须在实际操作中不断实践，摸索规律，提高操作技能。下面着重介绍钢筋手工弯曲的操作方法和机械弯曲的工作原理、操作要领。

1. 手工弯曲成型

手工弯曲钢筋的方法，是目前建筑工地经常采用的方法。这种方法设备简单，弯曲成型正确。但劳动强度较大，效率较低。手工弯曲技术是机械弯曲的基础，必须熟练地掌握它。

（1）钢筋弯曲操作方法

在进行弯曲操作前，首先应熟悉弯曲钢筋的规格、形状和各部分的尺寸，以便确定弯曲步骤、准备弯曲工具。弯曲粗钢筋及形状比较复杂的细钢筋时，必须先画线，按不同的弯曲角度扣除其弯曲伸长值。弯曲细钢筋，一般可以不画线，而在工作台上按各段尺寸要求，钉上若干标志，按标志进行弯曲。在进行成批弯曲成型之前，应先试弯一根，检查是否符合设计要求，并核对钢筋画线、扳距是否合适。经调整合适后，方可成批加工，以免造成返工浪费。

为了保证钢筋弯曲形状正确，扳子端部不得碰着扳柱，扳子与扳柱之间应有适当距离。扳子与扳柱之间的距离叫扳距。扳距应按钢筋粗细和弯曲角度确定。

钢筋弯曲点线在扳柱铁板上的位置，随着弯曲角度的不同而不同。一般弯 90°以内角度，弯曲点线与扳柱外边缘平，弯 130°～180°时，则弯曲点线距扳柱外边缘约一个钢筋直径的距离。扳距、弯曲点线和扳柱之间的关系如图 5-4 所示。

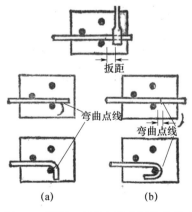

图 5-4 扳距、弯曲点线和扳柱的关系
(a) 弯 90°；(b) 弯 180°

手工弯曲直径在 12mm 以下的钢筋时，通常采用手摇扳子在工作台上进行操作。这种扳子构造简单，使用方便，因而被广泛采用。弯粗钢筋可在工作台上用横口扳子进行操作。几种常见形状的钢筋弯曲步骤如下：

① 两头带钩的直钢筋。先弯一头的钩，倒头弯另一个钩。

② 弯一头拐尺的钢筋。先弯一头的钩，再把钢筋伸出，按画线位置弯拐尺，最后调头弯另一个钩。

③ 弯方形箍筋。箍筋成型一般要经过五个操作步骤。可以从一端开始，也可以从中间开始。

④ 弯起钢筋。先弯一头的弯钩，把钢筋伸出，弯曲直段，再把钢筋伸出至斜段画线位置将钩反向，弯出斜段。然后将钢筋调头，按上面同样步骤进行弯曲，共需六个操作程序完成弯起钢筋的弯曲任务。

对大的梁类构件，弯起钢筋比较长，比较粗，一根钢筋两人抬都比较费力，调头是比较麻烦的。因此，可在工作台的两端反向设置扳柱铁板，分别在两端完成弯曲任务。

⑤ 螺旋形箍筋。圆形管式构件，如钢筋混凝土上下水管、电杆等，一般都配有螺旋形箍筋。这种构件一般是在预制品厂生产。加工螺旋箍筋有绕环箍机等专用设备。在建筑工地，螺旋形箍筋用得少。如果圆柱、桩等需要配置螺旋箍筋，可在工地上用土法制作，即利用与绞车相类似的工具，绞动圆辊筒使钢筋缠在辊筒上，形成螺旋状。螺旋形的间距可在钢筋骨架绑扎时按规定拉开。由于钢筋有弹性，因此，圆辊筒的外径应稍小于螺旋箍筋的内空直径。

（2）手工弯曲要领

① 手工弯曲钢筋时，操作人员两腿需站成弓步，左手扶钢筋，右手握扳子。

② 搭扳子时，要注意扳距，扳口卡住钢筋。起弯时，用力要慢，不要过猛，以防止扳子口脱开而被摔倒。弯曲中要借一股劲、一口气完成。结束时要稳，要掌握好弯曲位置以免把钢筋弯过头或没弯到要求的角度。

③ 不论是用手摇扳子，还是用平口钢筋扳子，在弯曲钢筋时，扳子一定要托平，不要上下摆动，以免弯曲的钢筋不在同一平面上而发生翘曲，影响弯曲质量。

④ 在弯曲前应确定弯曲顺序，避免在弯曲过程中将钢筋反复调转，影响弯曲工效。

2. 机械弯曲成型

机械弯曲钢筋，既有利于保证钢筋弯曲质量，又能提高工效，减轻劳动强度。在钢筋集中加工的工地和预制场，一般配有弯曲机，以机械弯曲为主，以手工弯曲为辅。

（1）弯曲成型工艺

为了操作方便，提高弯曲工作效率，通常将弯曲机安装在能沿轨道移动的工作台上，并在工作台的马架上装上度量钢筋的刻度尺。钢筋由平板车运至弯曲机旁，弯曲成型的钢筋按编号就近堆放，以便于运走。待就近场地堆满后，将工作台连同弯曲机推至另一地段继续作业。

（2）钢筋弯曲机操作方法

机械弯曲与手工弯曲的顺序基本是相似的，只不过机械代替手工劳动罢了。

首先将钢筋需弯曲的部位放到心轴与成型轴之间，开动弯曲机。当工作盘旋转 90°时，成型轴也转动 90°。由于钢筋被挡铁轴阻止不能运动，成型轴就将钢筋绕着心轴弯成 90°的弯钩。如果工作盘继续旋转到180°，成型轴也就把钢筋弯成180°的弯钩。用倒顺开关使工作盘反转，成型轴就回到原来位置，即弯曲结束。

弯曲机工作盘上的心轴和成型轴是可以更换的。当弯曲细钢筋时，心轴换成细直径的，成型轴就换成粗直径的，当弯曲粗钢筋时，心轴换成粗直径的，而成型轴则换成细直径的。更换的原则：一方面要考虑弯曲钢筋的内圆弧，即心轴直径应是钢筋直径的 2.5～3 倍。另一方面，钢筋在心轴和成型轴之间的空隙不要超过 2mm。钢筋弯曲机工作示意见图 5-5。

弯曲机工作盘上的挡铁插座，一般用于插挡铁轴，也可以在其上固定挡铁铁条。在弯曲操作时，加一块厚度可以变化的挡铁块靠在挡铁条上，使弯曲圆弧一侧的钢筋保持平直。在选择挡铁块厚度和挡铁轴直径时，主要是使挡铁轴和成型轴的边缘在一条水平线上，以保证钢筋的平直。

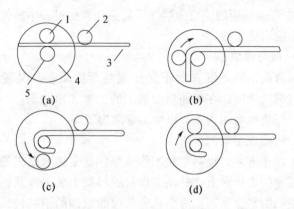

图 5-5　钢筋弯曲机工作示意

1—成型轴；2—挡铁轴；3—钢筋；4—工作盘；5—心轴

钢筋弯曲机的传动变速齿轮是可以更换的。当齿轮更换后，工作盘的转速也就变了，随着转速的变换，允许弯曲的钢筋直径也跟着变化。工作盘转速快，可以弯曲的直径就细，转速慢，可弯曲的直径就粗。由于钢筋直径变化比较大，所以一般将弯曲机工作盘的转速放在慢速上，这样，就可以弯曲允许范围内所有直径钢筋。操作时要避免用快速弯曲粗钢筋，否则会损坏设备。

（3）钢筋弯曲机操作注意事项

① 弯曲机使用前，应检查起动和制动装置是否正常，变速箱的润滑油是否充足。

② 操作前应先试运转，待运转正常后，方可正常操作。

③ 弯曲钢筋放置方向要和挡轴、工作盘旋转方向一致，不得放反。在变换工作盘旋转方向时，应按正（倒）转→停→倒（正）转的步骤进行操作，不得直接从正转→倒转或倒转→正转。

④ 成型轴和心轴是同时转动的，会带动钢筋向前滑动。因此，弯曲点线在工作盘的位置与手工弯曲时在扳柱铁板的位置正好相反。一般弯曲点线与心轴距离如图 5-6 所示。

对 HRB335 与 HRB400 钢筋，不能弯过头再弯过来，以免钢筋弯曲点处发生裂纹。

（4）钢筋加工时，受力钢筋的弯钩和弯折应符合表 5-1 的规定。

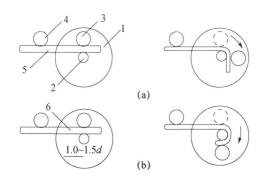

图 5-6　弯曲点线与心轴的距离

（a）弯 90°；（b）弯 180°

1—工作盘；2—心轴；3—成型轴；4—固定挡铁；5—钢筋；6—弯曲点线

表 5-1　受力钢筋的弯钩和弯折规定

项目	允许误差（mm）
受力筋顺长度方向全长净尺寸	±10
弯起钢筋的折弯位置	±20
箍筋内的净尺寸	±5

第五节　钢筋加工质量验收

一、主控项目

（1）钢筋进场时，应按现行《钢筋混凝土用钢　第 2 部分：热轧带肋钢筋》（GB 1499.2）等的规定抽取试件做力学性能检验，其质量必须符合有关标准的规定。

检查数量：按进场的批次和产品的抽样检验方案确定。

检验方法：检查产品合格证、出厂检验报告和进场复验报告。

（2）对有抗震设防要求的框架结构，其纵向受力钢筋的强度应满足设计要求；当设计无具体要求时，对一、二级抗震等级，检验所得的强度实测值应符合下列规定：

① 钢筋的抗拉强度实测值与屈服强度实测值的比值不应小与 1.25。

② 钢筋的屈服强度实测值与强度标准值的比值不应大于 1.3。

检查数量：按进场的批次和产品的抽样检验方案确定。

检验方法：检查进场复验报告。

（3）当发现钢筋脆断、焊接性能不良或力学性能显著不正常等现象时，应对该批钢筋进行化学成分检验或其他专项检验。

检验方法：检查化学成分等专项检验报告。

（4）受力钢筋的弯钩和弯折应符合下列规定：

① HPB300 级钢筋末端应做 180°弯钩，其弯弧内直径不应小于钢筋直径的 2.5 倍，弯钩的弯后平直部分长度不应小于钢筋直径的 3 倍。

② 当设计要求钢筋末端需做 135°弯钩时，HRB335 级、HRB400 级钢筋的弯弧内直径不应小于钢筋直径的 4 倍，弯钩的弯后平直部分长度应符合设计要求。

③ 钢筋做不大于 90°的弯折时，弯折处的弯弧内直径不应小于钢筋直径的 5 倍。

检查数量：按每工作班同一类型钢筋、同一加工设备抽查不应少于 3 件。

（5）除焊接封闭环式箍筋外，箍筋的末端应做弯钩，弯钩形式应符合设计要求。当设计无具体要求时，应符合下列规定：

① 箍筋弯钩的弯弧内直径除应满足现行 GB 1499.2 的规定外，尚应不小于受力钢筋直径；

② 箍筋弯钩的弯折角度：对一般结构，不应小于 90°；对有抗震等要求的结构，应为 135°；

③ 箍筋弯后平直部分长度：对一般结构，不宜小于箍筋直径的 5 倍；对有抗震等要求的结构，不应小于箍筋直径的 10 倍。

检查数量：按每工作班同一类型箍筋、同一加工设备抽查不应少于 3 件。

检查方法：钢尺检查。

二、一般项目

(1) 钢筋应平直、无损伤,表面不得有裂纹、油污、颗粒状或片状老锈。

检查数量:进场时和使用前全数检查。

检验方法:观察。

(2) 钢筋调直宜采用机械方法,也可采用冷拉法。当采用冷拉法调直钢筋时,HPB300 级钢筋的冷拉率不宜大于 4%。HRB335 级、HRB400 级和 RRB400 级钢筋的冷拉率不宜大于 1%。

检查数量:按每工作班同一类型钢筋、同一加工设备抽查不应少于 3 件。

检查方法:观察,钢尺检查。

三、注意事项

(1) 钢筋加工前,应先去除钢筋上的铁锈、油渍等杂物。

(2) 钢筋加工要严格按料表进行,料表上应按设计和规范要求,注明需加工钢筋的型号、形状、尺寸及使用部位和数量。

(3) 根据钢筋使用部位、接头形式、接头比例合理配料,加工时,要本着"长料长用、短料短用、长短搭配"的原则,不得随意切断整根钢筋。

(4) 弯曲钢筋时,要用机械冷弯,不得用气焊烤弯。

(5) Ⅰ级圆盘钢筋加工前,应先调直、去锈,调直时,要严格控制其冷拉率。

(6) Ⅰ级钢筋的末端需做 180°的弯钩。

(7) 箍筋加工时,弯曲部分需确保 135°,平直部分长度为 $10d$,且箍筋双肢相互平行。

(8) 钢筋的定位梯、定位卡具、马凳等需提前加工并检查,确保尺寸准确。

(9) 加工好的钢筋半成品要在现场指定范围内堆放,且挂牌标识,注明钢筋的型号、尺寸、使用部位及数量,防止使用时发生误用。

四、钢筋加工安全操作措施

（1）钢筋加工机械的操作人员，应经过一定的机械操作技术培训，掌握机械性能和操作规程后才能上岗。

（2）钢筋加工机械的电气设备，应有良好的绝缘并接地，每台机械必须一机一闸，并设漏电保护开关。机械转动的外露部分必须设有安全防护罩，在停止工作时应断开电源。

（3）使用钢筋弯曲机时，操作人员应站在钢筋活动端的反方向，弯曲400mm短钢筋时，应有防止钢筋弹出的措施。

（4）粗钢筋切断时，冲切力大，应在切断机口两侧机座上安装两个角钢挡竿，防止钢筋摆动。

（5）在焊机操作棚周围，不得放易燃物品，在室内进行焊接时，应保持良好环境。

（6）搬运钢筋时，要注意前后方向有无碰撞危险或被钩挂料物，特别是避免碰挂周围和上下方向的电线。人工抬运钢筋，上肩卸料要注意安全。

（7）起吊或安装钢筋时，要和附近高压线路或电源保持一定距离，在钢筋林立的场所，雷雨时不准操作和站人。

（8）安装悬空结构钢筋时，必须站在脚手架上操作，不得站在模板上或支撑上安装，并系好安全带。

（9）现场施工的照明电线及混凝土振捣器线路不准直接挂在钢筋上，如确实需要，应在钢筋上架设横担木，把电线挂在横担木上，如采用行灯，电压不得超过36V。

（10）在高空安装钢筋必须扳弯粗钢筋时，应选好位置站稳，系好安全带，防止摔下，现场操作人员均应戴安全帽。

钢筋加工机械是将盘条钢筋和直条钢筋加工成为钢筋工程安装施工所需要的长度尺寸、弯曲形状或者安装组件，主要包括强化、调直、弯箍、切断、弯曲、组件成型和钢筋续接等设备，钢筋组件有钢筋笼、钢筋桁架（如三角梁、墙板、柱体、大梁等）、钢筋网等。

第六节　半成品管理

一、半成品保护的目的

半成品保护是施工管理中重要的组成部分，是保证工期、避免工料浪费和施工安全，保证生产顺利进行和工程质量的主要环节。因此，切实加强半成品保护管理，特别是加强施工阶段的半成品保护管理，落实岗位责任制，杜绝或减少人为的丢失、损坏现象是半成品保护管理工作一项艰巨的任务。

半成品保护的目的是最大限度地消除和避免成品在竣工验收移交前受到的污染和损坏，以达到降低成本，提高成品一次合格率、一次成优率。

二、半成品保护措施

（1）钢筋半成品要标明分部、分层、分段和构件名称，按号码顺序堆放，同一部位或同一构件的钢筋要放在一起，并有明显标识，标识上应注明构件名称、钢筋型号、尺寸、直径、根数。要用 100mm×100mm 的木方垫起，做好防潮工作。雨期施工时钢筋堆放地要做好排水措施和必要的苫盖。

（2）水泥砂浆垫块钢筋保护层必须提前制作，待达到强度后方可使用，一边绑扎一边垫，以防垫块受集中荷载而破碎。考虑混凝土浇注时侧压力较大，模板外侧面必须采用木方及钢管进行支撑加固，支撑间距不大于 1.5m。

（3）注意防止钢筋的污染，并做好钢筋的除锈、防锈工作。

（4）浇混凝土时派钢筋工专门看守修理，混凝土连续浇注完时，要保持钢筋的正确位置。

第六章　钢筋连接及安装

第一节　钢筋的连接

为保证钢筋混凝土结构中钢筋的受力承载性能，钢筋的连接区段与整体钢筋相比，应有相似的传递应力的性能，应能够保持钢筋连接后的强度、刚度、延性、恢复性能、耐久性和抗疲劳性能等。通过接头间接传力的钢筋连接，无论是何种形式，与整体钢筋的直接传力相比始终是一个薄弱点。因此，无论采用何种形式的钢筋接头，都应尽量设置在受力较小处，同一根钢筋应少设接头，接头位置应相互错开，钢筋连接接头区域应采取必要的构造措施。

一、接头使用规定

（1）直径大于 12mm 的钢筋，应优先采用焊接接头或机械连接接头。

（2）当受拉钢筋的直径大于 28mm 及受压钢筋的直径大于 32mm 时，不宜采用绑扎搭接接头。

（3）轴心受拉及小偏心受拉杆件（如桁架和拱的拉杆）的纵向受力钢筋不得采用绑扎搭接接头。

（4）直接承受动力荷载的结构构件中，其纵向受拉钢筋不得采用绑扎搭接接头。

二、接头面积允许百分率

同一连接区段内，纵向钢筋搭接接头面积百分率为该区段内有搭接接头的纵向受力钢筋截面面积与全部纵向受力钢筋截面面积的比值。

（1）钢筋绑扎搭接接头连接区段的长度为 $1.3l_l$（l_l 为搭接长度），凡搭接接头中点位于该连接区段长度内的搭接接头均属于同一连接区段（图 6-1）。同一连接区段内，纵向受拉钢筋搭接接头面积百分率应符合设计要求。当设计无具体要求时，应符合下列规定：

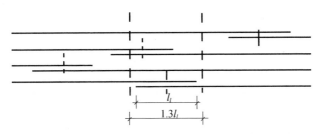

图 6-1　同一连接区段内的纵向受拉钢筋绑扎搭接接头

① 对梁、板类及墙类构件，不宜大于 25%；

② 对柱类构件，不宜大于 50%；

③ 当工程中确有必要增大接头面积百分率时，对梁类构件，不应大于 50%；对其他构件，可根据实际情况放宽。纵向受压钢筋搭接接头面积百分率，不宜大于 50%。

（2）钢筋机械连接与焊接接头连接区段的长度为 35d（d 为纵向受力钢筋的较大直径），且不小于 500mm。同一连接区段内，纵向受力钢筋的接头面积百分率应符合设计要求。当设计无具体要求时，应符合下列规定：

① 受拉区不宜大于 50%；受压区不受限制。

② 接头不宜设置在有抗震设防要求的框架梁端、柱端的箍筋加密区；当无法避开时，对等强度高质量机械连接接头，不应大于 50%。

③ 直接承受动力荷载的结构构件中，不宜采用焊接接头；当采用机械连接接头时，不应大于 50%。

三、绑扎接头搭接长度

（1）纵向受拉钢筋绑扎搭接接头的搭接长度应根据位于同一

连接区段内的钢筋搭接接头面积百分率按下列公式计算：

$$l_l = \xi l_a \qquad (6\text{-}1)$$

式中　l_a——纵向受拉钢筋的锚固长度；

　　　ξ——纵向受拉钢筋搭接长度修正系数，按表 6-1 取用。

表 6-1　纵向受拉钢筋搭接长度修正系数

纵向钢筋搭接接头面积百分率（%）	≤25	50	100
ξ	1.2	1.4	1.6

（2）构件中的纵向受压钢筋，当采用搭接连接时，其受压搭接长度不应小于纵向受拉钢筋搭接长度的 0.7 倍，且在任何情况下不应小于 200mm。

（3）在梁、柱类构件的纵向受力钢筋搭接长度范围内，应按设计要求配置箍筋。当设计无具体要求时，应符合下列规定：

① 箍筋直径不应小于搭接钢筋较大直径的 0.25 倍；

② 受拉搭接区段的箍筋间距不应大于搭接钢筋较小直径的 5 倍，且不应大于 100mm；

③ 受压搭接区段的箍筋间距不应大于搭接钢筋较小直径的 10 倍，且不应大于 200mm；

④ 当柱中纵向受力钢筋直径大于 25mm 时，应在搭接接头两个端面外 100mm 范围内各设置两个箍筋，其间距宜为 50mm。

四、钢筋连接方法选择的依据

（1）工程结构特点。对重要的且有工期要求的高层、超高层建筑因各种机械连接速度快、连接质量好、生产效率高，应优先选用。

（2）钢筋种类。对可焊接性较差的钢筋，应尽量避免使用各种焊接方法，如气压焊、电渣压力焊等。应首先选择套筒挤压和螺纹连接。

（3）气候及施工环境条件。晴天宜采用气压焊、电渣压力焊；在我国南方多雨气候，宜选用各种机械连接方法；施工现场附近有易燃易爆的气体存在时，应禁止使用气压焊和电渣压力焊。

（4）施工企业的管理水平。气压焊受人为影响较大，对纪律较松散、管理水平较低的施工企业，严禁使用气压焊连接方法。

第二节　钢筋的绑扎

绑扎搭接连接是通过钢筋与混凝土之间的粘结力来传递钢筋应力的方式。两根相向受力的钢筋分别锚固在搭接连接区段的混凝土中而将力传递给混凝土，从而实现钢筋之间应力的传递。搭接钢筋由于横肋斜向挤压椎楔作用造成的径向推力引起了两根钢筋的分离趋势，两根搭接钢筋之间容易出现纵向劈裂裂缝，甚至因两筋分离而破坏，因此必须保证强有力的配箍约束。由于绑扎搭接连接是一种比较可靠的连接方式，质量容易保证，仅靠现场检测即可确保质量，且施工非常简便，不需特殊的技术，因而应用也最广泛，至今仍是水平钢筋连接的主要形式，而且在目前情况下价格也较低。但当钢筋较粗时，绑扎搭接施工困难且容易产生较宽的裂缝，因此对其直径有明确限制。

钢筋绑扎连接是利用混凝土的粘结锚固作用，实现两根锚固钢筋的应力传递。应将接头位置设在受力较小处。为保证钢筋的应力能充分传递，必须满足施工规范规定的最小搭接长度的要求。

钢筋的绑扎与安装是钢筋施工的最后工序，钢筋的绑扎安装工作一般采用预先将钢筋在加工车间弯曲成型，再到模内组合绑扎的方法。如果现场的起重安装能力较强，也可以采用预先焊接或绑扎的方法将单根钢筋组合成钢筋网片或钢筋骨架，然后到现场吊装。在一些复杂结构的钢筋施工中，还需要采用先弯曲成型后模内组合绑扎的方法。

一、钢筋绑扎常见形式

钢筋绑扣方法按稳固、顺垫等操作要求共分若干种，最常用的是一面顺扣绑扎方法。

1. 一面顺扣绑扎法（图 6-2）

绑扎时先将钢丝扣穿套钢筋交叉点，接着用钢筋钩钩住钢丝弯成圆圈的一端，旋转钢筋钩，一般旋 1.5～2.5 转即可。操作时，扎扣要短，这样才能少转快扎。这种方法操作简便，绑点牢靠，适用于钢筋网、骨架各个部位的绑扎。

第一步　　　　　第二步　　　　　第三步

图 6-2　钢筋一面顺扣绑扎法

2. 其他扎扣方法（图 6-3）

钢筋绑扎除一面顺扣绑扎法之外，还有兜扣、十字花扣、缠

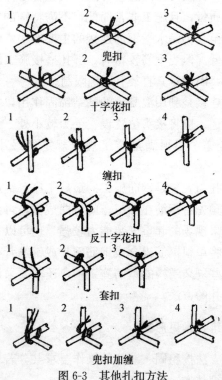

兜扣

十字花扣

缠扣

反十字花扣

套扣

兜扣加缠

图 6-3　其他扎扣方法

扣、反十字花扣、套扣、兜扣加缠等绑扎方法，这些方法主要根据绑扎部位的实际需要进行选择，如图 6-3 所示。其中，十字花扣、兜扣绑扎适用于平板钢筋网和箍筋处绑扎；缠扣绑扎主要用于混凝土墙体和柱子箍筋的绑扎；反十字花扣、兜扣加缠绑扎适用于梁的架立钢筋和箍筋的绑扎；套扣绑扎适用于箍筋与主筋的绑扎点处。

3. 钢筋绑扎用铁丝

绑扎钢筋用的铁丝主要规格为 20～22 号的镀锌铁丝或绑扎钢筋专用的火烧丝。22 号铁丝宜用于绑扎直径 12mm 以下的钢筋，绑扎直径为 12～25mm 钢筋时，宜用 20 号铁丝。

二、钢筋绑扎工艺

1. 绑扎前的准备工作

（1）熟悉图纸。结构施工图中的平面布置图和构件配筋图是钢筋绑扎安装的依据，在绑扎安装前必须看懂，要明确各种构件的安装位置、相互关系和施工顺序。如发现图中有误或不合理的地方，应及时通知技术部门负责人会同设计人员研究解决，以免施工中造成返工。

（2）核对钢筋配料单和配料牌。对已加工好的钢筋，应按照配料单和配料牌核对构件编号、钢筋规格、形状、数量等是否相符。如有差错，应及时纠正或增补，以免绑扎安装时，影响施工进度。

（3）做好机具、材料准备。根据劳动人数，准备必要数量的扳手、扎丝钩、撬杠、画线尺、扎丝、绑扎架等操作工具，以及钢筋运输车、固定支架、水泥砂浆垫块等。

（4）确定施工方法和程序。根据工程结构特征、规模、现场条件确定施工方法和程序。确定是全部采用现场绑扎，还是一部分在地面绑扎成网架，再利用起重工具吊起安装；是全面铺开，还是分段绑扎；哪些部位先绑扎，哪些部位后绑扎。这些均应事前确定，以免施工时造成混乱。

（5）劳动组织与工种配合。根据进度计划要求，合理安排劳力。还应与有关工种如木工、混凝土工、电工、管工等密切配合，以避免出现绑扎完后穿管、断筋、改筋等不必要的返工现象。

2. 钢筋绑扎工艺要求

（1）钢筋搭接处，应在中心和两端用镀锌钢丝扎牢。钢筋绑扎接头如图 6-4 所示。

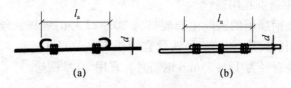

图 6-4 钢筋绑扎接头

(a) 光圆钢筋；(b) 带肋钢筋

（2）钢筋的交叉点都应采用镀锌钢丝扎牢。

（3）焊接骨架和焊接网采用绑扎连接时，应符合下列规定：

① 焊接骨架的焊接网的搭接接头，不宜位于构件的最大弯矩处。

② 焊接网在非受力方向的搭接长度，不宜小于 100mm。

③ 在绑扎骨架中非焊接的搭接接头长度范围内，当搭接钢筋为受拉时，其箍筋的间距不应大于 $5d$，且不应大于 100mm。当搭接钢筋为受压时，其箍筋间距不应大于 $10d$，且不应大于 200mm（d 为受力钢筋中的最小直径）。

（4）受拉焊接骨架和焊接网在受力钢筋方向的搭接长度，应符合设计规定；受压焊接骨架和焊接网在受力钢筋方向的搭接长度，可取受拉焊接骨架和焊接网在受力钢筋方向的搭接长度的 7 倍。

（5）钢筋绑扎用的镀锌钢丝，可采用 20～22 号镀锌钢丝，其中 22 号镀锌钢丝只用于绑扎直径在 12mm 以下的钢筋。

（6）控制混凝土保护层应采用水泥砂浆垫块或塑料卡。

（7）在绑扎钢筋接头时，一定保证接头扎牢，然后再与其他钢筋绑扎，在绑扎时应注意保证主筋的混凝土保护层厚度，并保证绑扎的钢筋网片或钢筋骨架不发生变形或松脱现象。

（8）绑扎钢筋的铁丝头应朝内，不能侵入混凝土保护层厚度内。

（9）下列情况不得采用绑扎连接：

① 轴心受拉和小偏心受拉构件中的钢筋接头应采用焊接，不得采用绑扎连接。

② 普通混凝土中直径大于 25mm 的钢筋和轻骨料混凝土中直径大于 20mm 的 I 级钢筋以及直径大于 25mm 的 II、III 级钢筋，均应采用焊接接头，不得采用绑扎接头。

3. 钢筋绑扎安全要求

（1）绑扎深基础的钢筋时，应设马道以联系上下基槽。马道上不堆料，往基坑搬运或传送钢筋时，应有明确的联系信号，禁止向基坑内抛掷钢筋。

（2）绑扎、安装钢筋骨架前，应检查模板、支柱及脚手架是否牢固，绑扎高度超过 4m 的圈梁、挑檐、外墙的钢筋时，必须搭设正式的操作架子，并按规定挂放安全网。不得站在墙上、钢架骨架上或模板上进行操作。

（3）高处绑扎钢筋时，钢筋不要集中堆放在脚手板或模板上，避免超载，不要在高处随手放置工具、箍筋或钢筋短料，避免下滑坠落伤人。

（4）禁止以柱或墙的钢筋骨架作为上下梯子攀登操作，柱子钢筋骨架高度超过 5m 时，在骨架中间应加设支撑拉杆加以稳固。

（5）绑扎高度 1m 以上的大梁时，应首先支立起一面侧模，并加固好，再绑扎梁的钢筋。

（6）绑扎完毕的平台钢筋，不准踩踏或放置重物，保护好钢筋成品。

（7）利用机械吊装钢筋时，应设专人指挥，吊点合理，上下呼应，就位人员必须待钢筋降落到 1m 以内，方可靠近扶正就位。

4. 钢筋绑扎质量验收

（1）应注意的质量问题

① 水平筋位置、间距不符合要求：墙体绑扎钢筋时应搭投高凳或简易脚手架，以免水平筋发生位移。

223

②下层伸出的墙体钢筋和竖直钢筋绑扎不符合要求：绑扎时应先将下层墙体伸出的钢筋调直理顺，然后绑扎或焊接。如下层伸出的钢筋位移大，应征得设计单位同意后进行处理。

③门窗洞口加强筋位置尺寸不符合要求：应在绑扎前根据洞口边线调整加强筋位置，绑扎加强筋时应吊线找正。

④剪力墙水平筋锚固长度不符合要求：认真学习图纸。在拐角、十字结点、墙端、连梁等部位，钢筋的锚固应符合设计要求。

（2）钢筋绑扎质量要求及验收标准。

①钢筋的品种和质量必须符合设计要求和有关标准规定，如表 6-2 所示。

表 6-2　钢筋的品种和质量要求　　　　　　mm

项次	项目		允许偏差	检验方法
1	网眼尺寸	绑扎	±20	尺量连续三档取其最大值
2	骨架的宽度、高度		±5	尺量检查
3	骨架的长度		±10	
4	箍筋、构造筋间距	绑扎	±20	尺量连续三档取其最大值
5	受力钢筋	间距	±10	尺量两端中间各一点取其最大值
		排距	±5	
6	钢筋起弯点位移		20	
7	受力钢筋保护层	基础	±10	尺量检查
		墙板	±3	

②钢筋绑扎允许偏差值符合表 6-2 的要求，合格率控制在 90％以上。预埋管、预埋线应先埋置正确、固定牢靠。

③钢筋工程施工前须按设计图纸提出配料清单，同时满足设计要求。搭设长度、弯钩等符合设计及施工规范的规定，品种、规格需要代换时，应征得设计单位同意，并办妥手续。

④所用钢筋具有出厂质量证明，对各钢厂的材料均进行抽样检查，并附有复试报告，未经验收不得使用，并且做好钢筋的待检、已检待处理、合格和不合格的标识。

⑤ 注意满足混凝土浇注时的保护层要求（可采用塑料垫块）。按设计的保护层厚度事先做好带铁丝预制混凝土垫块。混凝土垫块用普通 42.5 级水泥按 1：1～1：2 的比例砂浆制作，垫块设置的间距宜控制在 1m 左右。在圆混凝土柱中，采用圆形砂浆块中间设洞套在钢筋上。

⑥ 钢筋成品与半成品进场必须附有出厂合格证及物理试验报告，进场后必须挂牌，按规格分别堆放，并做标牌标识。

⑦ 施工时要对钢筋进行复试，合格后方可投入使用。

⑧ 对钢筋要重点验收，柱的插筋要采用加强箍电焊固定，防止浇混凝土时移位。

⑨ 验收重点为钢筋的品种、规格、数量、绑扎牢固情况、搭接长度等，并认真填写隐蔽工程验收单交监理验收。

（3）安全技术

① 高空绑扎、安装钢筋时，不要把工具放在脚手板或不牢靠的地方，以防工具下落伤人。

② 钢筋网片、骨架在运输和吊运过程中，要防止碰人。高空吊装时，对附近动力线及照明线路应事先采取隔离保护措施，以防钢筋碰撞电线。

③ 钢筋或钢筋网、架不得集中堆放在脚手架或模板上的某一部位，以防荷载集中，造成架子、模板局部变形，甚至破坏。

④ 在高空安装预制骨架时，不允许站在模板或墙上操作，操作地点应搭设脚手架。

⑤ 应避免在高空修整、扳弯粗钢筋。必须操作时，要戴好安全带，选好位置，脚要站稳，防止扳手脱空而摔倒。

⑥ 绑扎墙板、筒壁结构时，不准踩在钢筋网片横筋上操作或在网片筋上攀登，以防网片变形。

⑦ 进入工地，必须戴好安全帽，严禁穿高跟鞋、拖鞋上班。

⑧ 绑扎大型基础双层钢筋时，必须在搭好的脚手架上行走，不得在上层钢筋和基础边模上面行走。

⑨ 支模、绑扎、浇捣三个工种交叉作业时，应互相配合，采取必要的安全措施。

第三节 钢筋的焊接

焊接连接是受力钢筋之间通过熔融金属直接传力。若焊接质量可靠，则不存在强度、刚度、恢复性能、破坏性能等方面的缺陷，是十分理想的连接方式。焊接的方式主要有闪光对焊、电弧焊、电渣压力焊、气压焊、电焊等多种形式，可实现不同情况下的钢筋连接。但影响钢筋焊接质量的因素也很多，如电压、气候、环境、施工条件和操作水平等，难以保证稳定的焊接质量。施工队伍的素质和管理水平还很难确保施工质量。另外焊接热量会影响钢筋材质，改变其力学性能，而且目前尚无简便有效的检测手段，如虚焊、气泡、夹渣、内裂缝等缺陷以及内应力还很难通过现场检测加以消除。因此，为了避免手工操作的不稳定性，焊接连接应采用机械操作代替手工操作，以确保施工质量，充分发挥焊接连接能保证钢筋整体性能的优点。从长远利益和综合效益上，这样节省了大量钢材，其价格也低于机械连接。在保证质量的情况下可优先选用焊接连接。

钢材的可焊性是指被焊钢材在采用一定焊接材料、焊接工艺条件下，获得优质焊接接头的难易程度，也就是钢材对焊接加工的适应性，它包括以下两个方面：

第一，工艺焊接性，也就是接合性能，指在一定焊接工艺条件下焊接接头中出现各种裂纹及其他缺陷的敏感性和可能性。这种敏感性和可能性越大，其工艺焊接性能越差。

第二，使用焊接性，是指在一定焊接条件下焊接接头对使用要求的适应性，以及影响使用可靠性的程度。这种适应性和使用可靠性越大，其使用焊接性越好。HPB300 级钢筋的焊接性能良好。HRB335 级和 HRB400 级钢筋的焊接性能较差（尤其是碳、锰含量处于上限的情况），焊接时需采用预热、控制焊接规范等工艺措施。HRB500 级钢筋的碳当量很高，需采用闪光对焊，则必须采取较高的预热温度、焊后热处理和严格的工艺措施。

钢筋焊接方法分类及适用范围见表 6-3。钢筋焊接质量检验，应符合现行《钢筋焊接及验收规程》（JGJ 18）和《钢筋焊接接头试验方法标准》（JGJ/T 27）的规定。

表 6-3 钢筋焊接方法分类及适用范围

焊接方法	接头形式	适用范围	
		钢筋级别	钢筋直径 (mm)
电阻点焊		HPB300 级、HRB335 级 冷轧带肋钢筋 冷轧光圆钢筋	6～14 5～12 4～5
闪光对焊		HPB300 级、HRB335 级 及 HRB400 级 RRB400 级	10～40 10～25
气压焊		HPB300 级、HRB335 级 HRB400 级	14～40

续表

焊接方法	接头形式	适用范围	
		钢筋级别	钢筋直径（mm）
预埋件 埋弧压力焊		HPB300 级、HRB335 级	6～25
电弧焊 帮条 双面焊		HPB300 级、HRB335 级 及 HRB400 级 RRB400 级	10～40 10～25

续表

焊接方法		接头形式	适用范围		钢筋直径 (mm)
			钢筋级别		
电弧焊	帮条单面焊		HPB300 级、HRB335 级及 HRB400 级	RRB400 级	10~40 / 10~25
	搭接双面焊		HPB300 级、HRB335 级及 HRB400 级	RRB400 级	10~40 / 10~25
	搭接单面焊		HPB300 级、HRB335 级及 HRB400 级	RRB400 级	10~40 / 10~25

续表

焊接方法		接头形式	适用范围	
			钢筋级别	钢筋直径（mm）
电弧焊	熔槽帮条焊		HPB300 级、HRB335 级及 HRB400 级 RRB400 级	20～40 20～25
	剖口平焊		HPB300 级、HRB335 级及 HRB400 级 RRB400 级	18～40 18～25
	剖口立焊		HPB300 级、HRB335 级及 HRB400 级 RRB400 级	18～40 18～25

续表

焊接方法		接头形式	适用范围	
			钢筋级别	钢筋直径（mm）
电弧焊	钢筋与钢板搭接焊		HPB300 级、HRB335 级	8～40
	预埋件角焊		HPB300 级、HRB335 级	6～25

续表

焊接方法		接头形式	适用范围	
			钢筋级别	钢筋直径（mm）
电弧焊	预埋件穿孔塞焊		HPB300 级、HRB335 级	20～25
电渣压力焊			HPB300 级、HRB335 级	14～40

注：1. 表中的帮条或搭接长度值，不带括弧的数值用于 HPB300 级钢筋，括号中的数值用于 HRB335 级、HRB400 级及 RRB400 级钢筋；

2. 电阻点焊时，适用范围内的钢筋直径系指较小钢筋的直径。

一、电阻点焊

将两钢筋安放成交叉叠接形式，压紧于两电极之间，利用电阻热熔化母材金属，加压形成焊点的一种压焊方法就是电阻点焊。

特点：钢筋混凝土结构中的钢筋焊接骨架和焊接网，宜采用电阻点焊制作。以电阻点焊代替绑扎，可以提高劳动生产率、骨架和网的刚度以及钢筋（钢丝）的设计计算强度，宜积极推广应用。

适用范围：适用于 $\phi6\sim\phi16$mm 的热轧 I、II 级钢筋，$\phi3\sim\phi5$mm 的冷拔低碳钢丝和 $\phi4\sim\phi12$mm 冷轧带肋钢筋。

点焊过程可分为预压、通电、锻压三个阶段，见图 6-5。在通电开始一段时间内，接触点扩大，固态金属因加热膨胀，在焊接压力作用下，焊接处金属产生塑性变形，并挤向工件间的隙缝中；继续加热后，开始出现熔化点，并逐渐扩大成所要求的核心尺寸时切断电流。

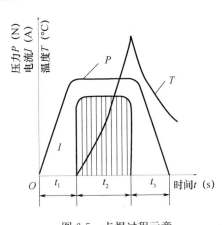

图 6-5 点焊过程示意

t_1—预压时间；t_2—通电时间；t_3—锻压时间

1. 焊点的压入深度应符合的要求

（1）热轧钢筋点焊时，压入深度为较小钢筋直径的 25%～45%；

（2）冷拔光圆钢丝、冷轧带肋钢筋点焊时，压入深度应为较小钢筋直径的 25%～40%。

2. 点焊参数

当焊接不同直径的钢筋时，焊接网的纵向与横向钢筋的直径应符合下式要求：

$$d_{min} \geqslant 0.6d_{max}$$

电阻点焊应根据钢筋级别、直径及焊机性能等，合理选择变压器级数、焊接通电时间和电极压力。在焊接过程中应保持一定的预压时间和锻压时间。

采用 DN3-75 型点焊机焊接 HPB300 级钢筋和冷拔光圆钢丝时，焊接通电时间和电极压力分别见表 6-4 和表 6-5。

表 6-4　采用 DN3-75 型点焊机焊接通电时间　　　　　　　s

变压器级数	较小钢筋直径（mm）							
	3	4	5	6	8	10	12	14
1	0.08	0.10	0.12					
2	0.05	0.06	0.07					
3				0.22	0.70	1.50		
4				0.20	0.60	1.25	2.50	4.00
5					0.50	1.00	2.00	3.50
6					0.40	0.75	1.50	3.00
7						0.50	1.20	2.50

注：点焊 HRB335 级钢筋或冷轧带肋钢筋时，焊接通电时间可延长 20%～25%。

表 6-5　采用 DN3-75 型点焊机电极压力　　　　　　　N

较小钢筋直径（mm）	HPB300 级钢筋冷拔光圆钢丝	HRB335 级钢筋冷轧带肋钢筋
3	980～1470	—
4	980～1470	1470～1960
5	1470～1960	1960～2450
6	1960～2450	2450～2940
8	2450～2940	2940～3430

续表

较小钢筋直径 （mm）	HPB300 级钢筋 冷拔光圆钢丝	HRB335 级钢筋 冷轧带肋钢筋
10	2940～3920	3430～3920
12	3430～4410	4410～4900
14	3920～4900	4900～5880

钢筋点焊工艺，根据焊接电流大小和通电时间长短，可分为强参数工艺和弱参数工艺。强参数工艺的电流强度较大（120～360A/mm²），而通电时间很短（0.1～0.5s）；这种工艺的经济效果好，但要求点焊机的功率较大。弱参数工艺的电流强度较小（80～160A/mm²），而通电时间较长（＞0.5s）。点焊热轧钢筋时，除因钢筋直径较大而焊机功率不足需采用弱参数外，一般都可采用强参数，以提高点焊效率。点焊冷处理钢筋时，为了保证点焊质量，必须采用强参数。

3. 点焊缺陷及消除措施

钢筋点焊生产过程中，应随时检查制品的外观质量，当发现焊接缺陷时，应参照表 6-6 查找原因，采取措施及时消除。

表 6-6 点焊制品焊接缺陷及消除措施

项次	缺陷种类	产生原因	消除措施
1	焊点过烧	（1）变压器级数过高 （2）通电时间太长 （3）上下电极不对中心 （4）继电器接触失灵	（1）降低变压器级数 （2）缩短通电时间 （3）切断电源，校正电极 （4）调节间隙，清理触点
2	焊点脱落	（1）电流过小 （2）压力不够 （3）压入深度不足 （4）通电时间太短	（1）提高变压器级数 （2）加大弹簧压力或调大气压 （3）调整两电极间距离，使其符合压入深度要求 （4）延长通电时间

续表

项次	缺陷种类	产生原因	消除措施
3	表面烧伤	（1）钢筋和电极接触表面太脏 （2）焊接时没有预压过程或预压力过小 （3）电流过大 （4）电极变形	（1）清刷电极与钢筋表面的铁锈和油污 （2）保证预压过程和适当的预压压力 （3）降低变压器级数 （4）修理或更换电极

二、闪光对焊

闪光对焊是将两钢筋安放成对接形式，利用焊接电流通过两钢筋接触点产生塑性区及均匀的液体金属层，迅速施加顶锻力完成的一种压焊方法。

特点：具有生产效率高、操作方便、节约能源、节约钢材、接头受力性能好、焊接质量高等很多优点，故钢筋的对接连接宜优先采用闪光对焊。

适用范围：适用于 $\phi10 \sim \phi40mm$ 的热轧Ⅰ、Ⅱ、Ⅲ级钢筋，$\phi10 \sim \phi25mm$ 的Ⅳ级钢筋。

1. 对焊工艺

钢筋闪光对焊的焊接工艺可分为连续闪光焊、预热闪光焊和闪光-预热闪光焊等，根据钢筋品种、直径、焊机功率、施焊部位等因素选用。

（1）连续闪光焊

连续闪光焊的工艺过程包括连续闪光和顶锻过程。施焊时，先闭合一次电路，使两根钢筋端面轻微接触，此时端面的间隙中即喷射出火花般熔化的金属微粒——闪光，接着徐徐移动钢筋使两端面仍保持轻微接触，形成连续闪光。当闪光到预定的长度，使钢筋端头加热到将近熔点时，就以一定的压力迅速进行顶锻。先带电顶锻，再无电顶锻到一定长度，焊接接头即告完成。

（2）预热闪光焊

预热闪光焊是在连续闪光焊前增加一次预热过程，以扩大焊接热影响区。其工艺过程包括预热、闪光和顶锻过程。施焊时先闭合电源，然后使两根钢筋端面交替地接触和分开，这时钢筋端面的间隙中即发出断续的闪光，而形成预热过程。当钢筋达到预热温度后进入闪光阶段，随后顶锻而成。

（3）闪光-预热-闪光焊

闪光-预热-闪光焊是在预热闪光焊前加一次闪光过程，目的是使不平整的钢筋端面烧化平整，使预热均匀。其工艺过程包括一次闪光、预热、二次闪光及顶锻过程（图 6-6）。施焊时首先连续闪光，使钢筋端部闪平，然后同预热闪光焊。

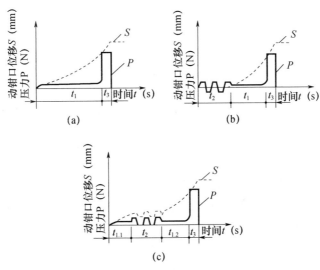

图 6-6　钢筋闪光对焊工艺过程图解

（a）连续闪光焊；（b）预热闪光焊；（c）闪光-预热-闪光焊

t_1—闪光时间；$t_{1.1}$——次闪光时间；$t_{1.2}$—二次闪光时间；

t_2—预热时间；t_3—顶锻时间

2. 对焊参数

对焊参数包括调伸长度、闪光留量、闪光速度、顶锻留量、顶锻速度、顶锻压力及变压器级次。采用预热闪光焊时，还要有预热留量与预热频率等参数。

连续闪光焊和闪光-预热-闪光焊的各项留量图解见图 6-7。

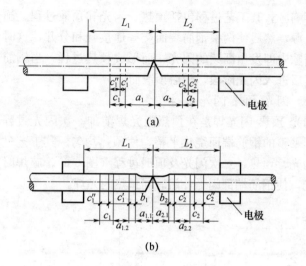

图 6-7　闪光对焊各项留量图解

(a) 连续闪光焊；(b) 闪光-预热-闪光焊

L_1、L_2—调伸长度；a_1+a_2—闪光留量；$a_{1.1}+a_{2.1}$—一次闪光留量；

$a_{1.2}+a_{2.2}$—二次闪光留量；b_1+b_2—预热留量；c_1+c_2—顶锻留量；

$c_1'+c_2'$—有电顶锻留量；$c_1''+c_2''$—无电顶锻留量

(1) 调伸长度。调伸长度是指焊接前，两钢筋端部从电极钳口伸出的长度。调伸长度的选择与钢筋品种和直径有关，应使接头能均匀加热，并使钢筋顶锻时不致发生旁弯。调伸长度取值：HPB300 级钢筋为 $0.75\sim1.25d$，HRB335 与 HRB400 级钢筋为 $1.0\sim1.5d$（d 为钢筋直径）；直径小的钢筋取大值。

(2) 闪光留量与闪光速度。闪光（烧化）留量是指在闪光过程中，闪出金属所消耗的钢筋长度。闪光留量的选择，应使闪光过程结束时钢筋端部的热量均匀，并达到足够高的温度。闪光留量取值：连续闪光焊为两钢筋切断时严重压伤部分之和，另加 8mm；预热闪光焊为 $8\sim10$mm；闪光-预热-闪光焊的一次闪光为两钢筋切断时刀口严重压伤部分之和，二次闪光为 $8\sim10$mm（直径大的钢筋取大值）。

闪光速度由慢到快，开始时近于零，而后约 1mm/s，终止时达 1.5～2mm/s。

（3）预热留量与预热频率。预热程度由预热留量与预热频率来控制。预热留量的选择，应使接头充分加热。预热留量取值：对预热闪光焊，为 4～7mm；对闪光-预热-闪光焊，为 2～7mm（直径大的钢筋取大值）。

预热频率取值：对 HPB300 级钢筋，宜高些，对 HRB335、HRB400 级钢筋，宜适中（1～2 次/s），以扩大接头处加热范围，减少温度梯度。

（4）顶锻留量、顶锻速度与顶锻压力。顶锻留量是指在闪光结束，将钢筋顶锻压紧时因接头处挤出金属而缩短的钢筋长度。顶锻留量的选择，应使钢筋焊口完全密合并产生一定的塑性变形。顶锻留量宜取 4～10mm，级别高或直径大的钢筋取大值。其中，有电顶锻留量约占 1/3，无电顶锻留量约占 2/3，焊接时必须控制得当。

顶锻速度应越快越好，特别是顶锻开始的 0.1s 应将钢筋压缩 2～3mm，使焊口迅速闭合不致氧化，而后断电并以 6mm/s 的速度继续顶锻至结束。

顶锻压力应足以将全部的熔化金属从接头内挤出，而且还要使邻近接头处（约 10mm）的金属产生适当的塑性变形。

（5）变压器级次。变压器级次用以调节焊接电流大小。钢筋级别高或直径大，其级次要高。焊接时如火花过大并有强烈声响，应降低变压器级次。当电压降低 5％左右时，应提高变压器级次 1 级。

（6）RRB400 级钢筋闪光对焊时，与热轧钢筋比较，应减小调伸长度，提高焊接变压器级数，缩短加热时间，快速顶锻，形成快热快冷条件，使热影响区长度控制在钢筋直径的 0.6 倍范围之内。

对焊参数，根据焊接电流和时间不同，分为强参数（大电流和短时间）和弱参数（电流较小和时间较长）两种。采用强参数，可减少接头过热并提高焊接效率，但易产生淬硬倾向。采用弱参数，可减小温度梯度和冷却速度。

3. 对焊缺陷及消除措施

在闪光对焊生产中，当出现异常现象或焊接缺陷时，宜按表6-7查找原因，采取措施，及时消除。

表 6-7 钢筋对焊异常现象、焊接缺陷及消除措施

项次	异常现象和缺陷种类	消除措施
1	烧化过分剧烈并产生强烈的爆炸声	(1) 降低变压器级数 (2) 减慢烧化速度
2	闪光不稳定	(1) 清除电极底部和表面的氧化物 (2) 提高变压器级数 (3) 加快烧化速度
3	接头中有氧化膜、未焊透或夹渣	(1) 增加预热程度 (2) 加快临近顶锻时的烧化速度 (3) 确保带电顶锻过程 (4) 加快顶锻速度 (5) 增大顶锻压力
4	接头中有缩孔	(1) 降低变压器级数 (2) 避免烧化过程过分强烈 (3) 适当增大顶锻留量及顶锻压力
5	焊缝金属过烧	(1) 降低预热程度 (2) 加快烧化速度，缩短焊接时间 (3) 避免过多带电顶锻
6	接头区域裂纹	(1) 检验钢筋的碳、硫、磷含量；如不符合规定，应更换钢筋 (2) 采取低频预热方法，提高预热程度
7	钢筋表面微熔及烧伤	(1) 清除钢筋被夹紧部位的铁锈和油污 (2) 清除电极内表面的氧化物 (3) 改进电极槽口形状，增大接触面积 (4) 夹紧钢筋
8	接头弯折或轴线偏移	(1) 正确调整电极位置 (2) 修整电极钳口或更换已变形的电极 (3) 切除或矫直钢筋的弯头

4. 对焊接头质量检验

（1）取样数量

在同一台班内，由同一焊工，按同一焊接参数完成的 300 个同类型接头作为一批。一周内连续焊接时，可以累计计算。一周内累计不足 300 个接头时，也按一批计算。

钢筋闪光对焊接头的外观检查，每批抽查 10% 的接头，且不得少于 10 个。

钢筋闪光对焊接头的力学性能试验包括拉伸试验和弯曲试验，应从每批成品中切取 6 个试件，3 个进行拉伸试验，3 个进行弯曲试验。

（2）外观检查

钢筋闪光对焊接头的外观检查，应符合下列要求：

① 接头处不得有横向裂纹；

② 与电极接触处的钢筋表面，不得有明显的烧伤；

③ 接头处的弯折，不得大于 4°；

④ 接头处的钢筋轴线偏移 α，不得大于钢筋直径的 0.1 倍，且不得大于 2mm；其测量方法见图 6-8。

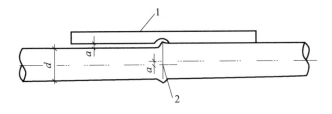

图 6-8 对焊接头轴线偏移测量方法

1—测量尺；2—对焊接头

当有一个接头不符合要求时，应对全部接头进行检查，剔出不合格接头，切除热影响区后重新焊接。

（3）拉伸试验

钢筋对焊接头拉伸试验时，应符合下列要求：

① 三个试件的抗拉强度均不得低于该级别钢筋的抗拉强度标准值；

② 至少有两个试样断于焊缝之外，并呈塑性断裂。

当检验结果有一个试件的抗拉强度低于规定指标，或有两个试件在焊缝或热影响区发生脆性断裂时，应取双倍数量的试件进行复验。复验结果，若仍有一个试件的抗拉强度低于规定指标，或有三个试件呈脆性断裂，则该批接头即为不合格品。

模拟试件的检验结果不符合要求时，复验应从成品中切取试件，其数量和要求与初试时相同。

（4）弯曲试验

钢筋闪光对焊接头弯曲试验时，应将受压面的金属毛刺和镦粗变形部分去掉，与母材的外表齐平。

弯曲试验可在万能试验机、手动或电动液压弯曲机上进行，焊缝应处于弯曲的中心点，弯心直径见表6-8。弯曲至90°时，至少有2个试件不得发生破断。

表6-8　钢筋对接接头弯曲试验指标

钢筋级别	弯心直径（mm）	弯曲角（°）
HPB300 级	2d	90
HRB333 级	4d	90
HRB400 级	5d	90

注：1. d 为钢筋直径。
　　2. 直径大于 25mm 的钢筋对焊接头，做弯曲试验时弯心直径应增加一个钢筋直径。

当试验结果有 2 个试件发生破断时，应再取 6 个试件进行复验。复验结果中仍有 3 个试件发生破断，应确认该批接头为不合格品。

三、电弧焊

电弧焊是以焊条作为一极，钢筋为另一极，利用焊接电流通过产生的电弧热进行焊接的一种熔焊方法。

特点：轻便、灵活，可用于平、立、横、仰全位置焊接，适应性强,应用范围广。

适用范围:适用于构件厂内,也适用于施工现场。可用于钢筋与钢筋,以及钢筋与钢板、型钢的焊接。

钢筋电弧焊包括帮条焊、搭接焊、坡口焊和熔槽帮条焊等接头型式。焊接时应符合下列要求:

(1)应根据钢筋级别、直径、接头形式和焊接位置,选择焊条、焊接工艺和焊接参数;

(2)焊接时,引弧应在垫板、帮条或形成焊缝的部位进行,不得烧伤主筋;

(3)焊接地线与钢筋应接触紧密;

(4)焊接过程中应及时清渣,焊缝表面应光滑,焊缝余高应平缓过渡,弧坑应填满。

1. 操作工艺

(1)引弧:带有垫板或帮条的接头,引弧应在钢板或帮条上进行。无钢筋垫板或无帮条的接头,引弧应在形成焊缝的部位,防止烧伤主筋。

(2)定位:焊接时应先焊定位点再施焊。

(3)运条:运条时的直线前进、横向摆动和送进焊条三个动作要协调平稳。

(4)收弧:收弧时,应将熔池填满,拉灭电弧时,应将熔池填满,注意不要在工作表面造成电弧擦伤。

(5)多层焊:如钢筋直径较大,需要进行多层施焊,应分层间断施焊,每焊一层后,应清渣再焊接下一层。应保证焊缝的高度和长度。

(6)熔合:焊接过程中应有足够的熔深。主焊缝与定位焊缝应接合良好,避免气孔、夹渣和烧伤缺陷,并防止产生裂缝。

(7)平焊:平焊时要注意避免出现熔渣和铁水混合不清的现象,防止熔渣流到铁水前面。熔池也应控制成椭圆形,一般采用右焊法,焊条与工作表面呈70°角。

(8)立焊:立焊时,铁水与熔渣易分离。要防止熔池温度过高,铁水下坠成焊瘤,操作时焊条与垂直面成60°~80°角。使电弧略向上，吹向熔池中心。焊第一道时，应压住电弧向上运条，同时做较小的横向摆动，其余各层用半圆形横向摆动加挑弧法向上焊接。

（9）横焊：焊条倾斜 70°～80°，防止铁水受自重作用坠到坡口上。运条到上坡口处不做运弧停顿，迅速带到下坡口根部做微小横拉稳弧动作，依次匀速进行焊接。

（10）仰焊：仰焊时宜用小电流短弧焊接，熔池宜薄，应确保与母材熔合良好。第一层焊缝用短电弧做前后推拉动作，焊条与焊接方向呈 8°～90°角。其余各层焊条横摆，并在坡口侧略停顿稳弧，保证两侧熔合。

（11）钢筋帮条焊：钢筋帮条焊适用于Ⅰ、Ⅱ、Ⅲ级钢筋。钢筋帮条焊宜采用双面焊，见图 6-9（a）；不能进行双面焊时，也可采用单面焊，见图 6-9（b）。

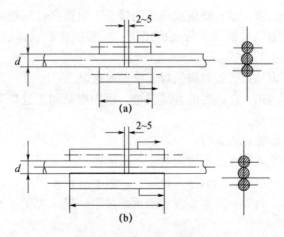

图 6-9 钢筋帮条焊接头

帮条宜采用与主筋同级别、同直径的钢筋制作，其帮条长度见表 6-9。如帮条级别与主筋相同，帮条的直径可以比主筋直径小一个规格。帮条直径与主筋相同时，帮条牌号可与主筋相同或低一个牌号。

表 6-9 钢筋帮条长度（d 为主筋直径）

钢筋牌号	焊缝形式	帮条长度 l
HPB300	单面焊	≥8d
	双面焊	≥4d
HRB335 HRB400 RRB400	单面焊	≥10d
	双面焊	≥5d

帮条焊接头或搭接焊接头的焊缝厚度 s 不应小于主筋直径的 0.3 倍；焊缝宽度 b 不应小于主筋直径的 0.8 倍（图 6-10）。

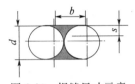

图 6-10 焊缝尺寸示意

b—焊缝宽度；s—焊缝厚度；d—钢筋直径

进行钢筋帮条焊时，钢筋的装配和焊接应符合下列要求：

① 两主筋端头之间，应留 2~5mm 的间隙；

② 帮条与主筋之间用四点定位固定，定位焊缝应离帮条端部 20mm 以上。

③ 焊接时，引弧应在帮条的一端开始，收弧应在帮条钢筋端头上，弧坑应填满。第一层焊缝应有足够的熔深，主焊缝与定位焊缝，特别是在定位焊缝的始端与终端，应熔合良好。

（12）钢筋搭接焊：钢筋搭接焊适用于Ⅰ、Ⅱ、Ⅲ级钢筋。焊接时，宜采用双面焊，见图 6-11（a）；不能进行双面焊时，也可采用单面焊，见图 6-11（b）。钢筋搭接长度要求与钢筋帮条长度相同，见表 6-9。

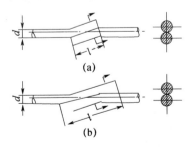

图 6-11 钢筋搭接焊接头

搭接接头的焊缝厚度 h 应不小于 0.3d，焊缝宽度 b 不小于 0.7d。

搭接焊时，钢筋的装配和焊接应符合下列要求：

① 搭接焊时，钢筋应预弯，以保证两钢筋的轴线在一条线上。

在现场预制构件安装条件下，节点处钢筋进行搭接焊时，如钢筋预弯确有困难，可适当预弯。

② 搭接焊时，用两点固定，定位焊缝应离搭接端部 20mm 以上。

③ 焊接时，引弧应在搭接钢筋的一端开始，收弧应在搭接钢筋端头上，弧坑应填满。第一层焊缝应有足够的熔深，主焊缝与定位焊缝，特别是在定位焊缝的始端与终端，应熔合良好。

2. 质量标准

（1）主控项目

① 钢筋的品种和质量，焊条的牌号、性能及接头中使用的钢板和型钢，均必须符合设计要求和有关标准的规定。

进口钢筋需先经过化学成分检验和焊接试验，符合有关规定后方可焊接。

检验方法：检查出厂证明书和试验报告单。

② 钢筋的规格、焊接接头的位置，同一截面内接头的百分比必须符合设计要求和施工规范的规定。

检验方法：观察或尺量检查。

③ 弧焊接头的强度检验必须合格。

从成品中每批切取 3 个接头进行抗拉试验。对装配式结构节点的钢筋焊接接头，可按生产条件制作模拟试件。

在工厂焊接条件下，以 300 个同类型接头（同钢筋级别、同接头型式）为一批。

在现场安装条件下，每一至二楼层中以 300 个同类型接头（同钢筋级别、同接头型式、同焊接位置）作为一批，不足 300 个时，仍作为一批。

检验方法：检查焊接试件试验报告单。

（2）一般项目

操作者应在接头清渣后逐个检查焊件的外观质量，其检查结果应符合下列要求：

① 焊接表面平整，不得有凹陷、焊瘤。

② 接头处不得有裂纹。

③ 咬边深度、气孔、夹渣的数量和大小，以及接头尺寸偏差，不得超过表 6-10 所规定的数值。

表 6-10　钢筋电弧接头尺寸偏差及缺陷允许值　　（mm）

项次	项目	允许偏差	检验方法
1	帮条沿接头中心线的纵向偏移	$0.5d$	尺量
2	接头弯折 预埋件 T 形接头钢筋间距	$4°$ 不大于 10	用刻槽直尺量
3	接头处钢筋轴线的偏移	$0.1d$ 且不大于 3	尺量
4	焊缝厚度	$+0.05d$ 0	用卡尺或尺量
5	焊缝宽度	$0.1d$ 0	尺量
6	焊缝长度	$-0.5d$	
7	横向咬边深度	0.5	目测
8	焊缝气孔及夹渣的数量和大小在长 $2d$ 的焊缝表面上预埋件 T 形接头气孔	2 个，$6mm^2$，直径不大于 1.5	尺量、目测

注：d 为钢筋直径；负温下，咬边深度不大于 0.2mm。

3. 应注意的质量问题

（1）检查帮条尺寸、坡口角度、钢筋端头间隙、钢筋轴线偏移，以及钢材表面质量情况，不符合要求时不得焊接。

（2）搭接线应与钢筋接触良好，不得随意乱搭，防止打弧。

（3）带有钢板或帮条的接头，引弧应在钢板或帮条上进行。无钢板或无帮条的接头，引弧应在形成焊缝部位，不得随意引弧，防止烧伤主筋。

（4）根据钢筋级别、直径、接头型式和焊接位置，选择适宜的焊条直径和焊接电流，保证焊缝与钢筋熔合良好。

（5）焊接过程中及时清渣，焊缝表面光滑平整，焊缝美观，加强焊缝应平缓过渡，弧坑应填满。

四、电渣压力焊

电渣压力焊是将两钢筋安放成竖向对接形式，利用焊接电流通过两钢筋端面间隙，在焊剂层下形成电弧过程和电渣过程，产生电弧热和电阻热，熔化钢筋、加压完成的一种焊接方法。

特点：操作方便、效率高。

适用范围：适用于 $\phi 14 \sim \phi 40$mm 的热轧Ⅰ、Ⅱ级钢筋连接。主要用于柱、墙、烟囱、水坝等现浇钢筋混凝土结构（建筑物、构筑物）中竖向或斜向（倾斜度在 4：1 范围内）受力钢筋的连接。

1. 操作工艺

（1）工艺流程：检查设备、电源→制备钢筋端头→选择焊接参数→安装焊接夹具和钢筋→安放焊剂灌、填装焊剂→试焊→确定焊接参数→施焊→回收焊剂，卸下夹具→检验成品外观质量。

（2）电渣压力焊的工艺过程：闭合电路→引弧→电弧过程→电渣过程→挤压断电。

（3）检查设备、电源，确保随时处于正常状态，严禁超负荷工作。

（4）钢筋端头制备：钢筋安装之前，焊接部位和电极钳口接触的（150mm 区段内）钢筋表面上的锈斑、油污、杂物等，应清除干净，钢筋端都若有弯折、扭曲，应予以矫直或切除，但不得用锤击矫直。

（5）选择焊接参数：钢筋电渣压力焊的焊接参数主要包括焊接电流、焊接电压和焊接通电时间，参见表 6-11。不同直径钢筋焊接时，按较小直径钢筋选择参数，焊接通电时间延长约 10%。

（6）安装焊接夹具和钢筋：夹具的下钳口应夹紧于下钢筋端部的适当位置，一般为 1/2 焊剂罐高度偏下 5~10mm，以确保焊接处的焊剂有足够的淹埋深度。上钢筋放入夹具钳口后，调准动夹头的起始点，使上下钢筋的焊接部位位于同轴状态。

表 6-11 钢筋电渣压力焊焊接参数

钢筋直径 (mm)	焊接电流 (A)	焊接电压（V）		焊接通电时间（s）	
		电弧过程 U_2-1	电渣过程 U_2-2	电弧过程 t_1	电渣过程 t_2
16	200～250	40～45	22～27	14	4
18	250～300	40～45	22～27	15	5
20	300～350	40～45	22～27	17	5
22	350～400	40～45	22～27	18	6
25	400～450	40～45	22～27	21	6
28	500～550	40～45	22～27	24	6
32	600～650	40～45	22～27	27	7
36	700～750	40～45	22～27	30	8
40	850～900	40～45	22～27	33	9

（7）安放引弧用的铁丝球（也可省去），安放焊剂罐、填装焊剂。

（8）试焊、做试件、确定焊接参数：在正式进行钢筋电渣压力焊之前，必须按照选择的焊接参数进行试焊并做试件送试，以便确定合理的焊接参数。合格后，方可正式生产。当采用半自动、自动控制焊接设备时，应按照确定的参数设定好设备的各项控制数据，以确保焊接接头质量可靠。

2. 施焊操作要点

（1）闭合回路、引弧：通过操纵杆或操纵盒上的开关，先后接通焊机的焊接电流回路和电源的输入回路，在钢筋端面之间引燃电弧，开始焊接。

（2）电弧过程：引燃电弧后，应控制电压值。借助操纵杆使上下钢筋端面之间保持一定的间距，进行电弧过程的延时，使焊剂不断熔化而形成必要深度的渣池。

（3）电渣过程：逐渐下送钢筋，使上钢筋端都插入渣池，电弧熄灭，进入电渣过程的延时，使钢筋全断面加速熔化。

（4）挤压断电：电渣过程结束，迅速下送上钢筋，使其端面与下钢筋端面相互接触，趁热排除熔渣和熔化金属。同时切断焊接电源。

（5）接头焊毕，应停歇 20～30s 后（在寒冷地区施焊时，停歇时间应适当延长），才可回收焊剂和卸下焊接夹具。

3. 质量检查

在钢筋电渣压力焊的焊接生产中，焊工应认真进行自检，若发现偏心、弯折、烧伤、焊包不饱满等焊接缺陷，应切除接头重焊，并查找原因，及时消除。切除接头时，应切除热影响区的钢筋，即离焊缝中心约为 1.1 倍钢筋直径的长度范围内的部分应切除。

（1）主控项目

① 钢筋的品种和质量，必须符合设计要求和有关标准的规定。

进口钢筋需先经过化学成分检验和焊接试验，符合有关规定后方可焊接。

检验方法：检查出厂质量证明书和试验报告单。

② 钢筋的规格，焊接接头的位置，同一区段内有接头钢筋面积的百分比，必须符合设计要求和施工规范的规定。

检验方法：观察或尺量检查。

③ 电渣压力焊接头的力学性能检验必须合格。

力学性能检验时，从每批接头中随机切取 3 个接头做拉伸试验。

a. 在一般构筑物中，以 300 个同钢筋级别接头作为一批。

b. 在现浇钢筋混凝土多层结构中，以每一楼层或施工区段的同级别钢筋接头作为一批，不足 300 个接头仍作为一批。

检验方法：检查焊接试件试验报告。

（2）一般项目

① 焊包较均匀，凸出部分最少高出钢筋表面 4mm。

② 电极与钢筋接触处，无明显的烧伤缺陷。

③ 接头处的弯折角不大于 4°。

④ 接头处的轴线偏移应不超过钢筋直径的 0.1 倍，同时不大于 2mm。外观检查不合格的接头应切除重焊或采取补救措施。

检验方法：目测或量测。

五、气压焊

钢筋气压焊是采用氧-乙炔火焰或氧-液化石油气火焰（或其他火焰），对两钢筋对接处加热，使其达到热塑性状态（固态）或熔化状态（熔态）后，加压完成的一种压焊方法。

加热达到固态的，温度为 1150～1250℃，称钢筋固态气压焊；加热达到熔态的，温度在 1540℃以上，称钢筋熔态气压焊。

特点：设备轻便，可进行钢筋在水平位置、垂直位置、倾斜位置等全位置焊接。

适用范围：适用于 $\phi14$～$\phi40$mm 的热轧Ⅰ、Ⅱ、Ⅲ级钢筋相同直径或径差不大于 7mm 的不同直径钢筋间的焊接。

1. 操作工艺

（1）检查设备、气源，确保处于正常状态。

（2）钢筋端头制备：钢筋端面应切平，并宜与钢筋轴线相垂直；若钢筋端部两倍直径长度范围内有附着物，应予以清除。钢筋边角毛刺及端面上的铁锈、油污和氧化膜应清除干净，并经打磨，使其露出金属光泽，不得有氧化现象。

（3）安装焊接夹具和钢筋：安装焊接夹具和钢筋时，应将两钢筋分别夹紧，并使两钢筋的轴线在同一条直线上。钢筋安装后应加压顶紧，两钢筋之间的局部缝隙不得大于 3mm。

（4）试焊、做试件：正式焊接之前，要进行钢筋气压焊工艺性能的试验。试验的钢筋从进场钢筋中截取。每批钢筋焊接 6 根接头，经外观检验合格后，其中 3 根做拉伸试验，3 根做弯曲试验。试验合格后，方可进行气压焊。

（5）钢筋气压焊时，应根据钢筋直径和焊接设备等具体条件选用等压法、二次加压法或三次加压法焊接工艺。在两钢筋缝隙密合和镦粗的过程中，对钢筋施加的轴向压力，按钢筋横截面计，应为 30～40MPa。

（6）开始进行钢筋气压焊时宜采用碳化焰，对准两钢筋接缝处集中加热，并使其内焰包住缝隙，防止端面产生氧化。

① 在确认两钢筋缝隙完全密合后，应改用中性焰，以压焊面为中心，在两侧各一倍钢筋直径长度范围内往复宽幅加热。

② 钢筋端面合适的加热温度为 1150～1200℃；钢筋镦粗区表面的加热温度应稍高于该温度，并随钢筋直径大小而产生的温度梯度差而定。

(7) 钢筋气压焊中，通过最终的加热加压，使接头的镦粗区域形成规定的形状；然后停止加热，略为延时，卸除压力，拆下焊接夹具。

(8) 在加热过程中，如果在钢筋端面缝隙完全密合之前发生灭火中断现象，应将钢筋取下重新打磨、安装，然后点燃火焰进行焊接。如果发生在钢筋端面缝隙完全密合之后，可继续加热加压，完成焊接作业。

2. 质量标准

(1) 主控项目

① 钢筋必须有出厂证，质量必须符合设计和规程中有关标准的规定。

② 钢筋必须经过复试，机械性能、化学成分符合有关标准的规定。

③ 钢筋规格和接头位置应符合设计图纸及施工规范的规定。

④ 焊工必须持有考核合格的上岗证。

⑤ 焊件机械性能检验必须合格。在进行机械性能试验时，试件的批量应满足如下规定：每一楼层中，以 200 个接头为一批，其余不足 200 个的仍作为一批。抽样方法：从每批成品中切取 3 个试件做抗拉强度试验，其强度均不得低于该级别钢筋规定的抗拉强度值；3 个试件均应断于压焊面之外，并且是塑性断裂。当试验结果有一个试件不符合上述规定的，取 6 个试件做复试，若仍有一个试件不符合规定，则该批接头为不合格。

钢筋气压焊接头应做弯曲试验：从每批成品中切取 3 个试件进行冷弯试验。弯至 90°，试件外侧不得出现裂纹或发生破裂。如有一个试件未达到规定的要求，应取双倍数量的试件进行复试，若仍有一个试件不合格，则该批接头为不合格品。

（2）一般项目

① 接头膨鼓形状应平滑，不应有显著的凸出和塌陷。

② 不应有裂纹。

③ 不得过烧，表面不应粗糙和呈蜂窝状。

④ 允许偏差见表 6-12。

表 6-12　钢筋气压焊接允许偏差

项次	实测内容	允许偏差	检查方法
1	同直径钢筋两轴线偏移量	$<0.15d$	尺量
2	不同直径钢筋两轴线偏心量，较小钢筋外表面不得错出大钢筋同侧	$\leqslant 4mm$	目测
3	镦粗区最大直径	$\leqslant 1.4d$	尺量
4	镦粗区长度	$\leqslant 1.2d$	尺量
5	镦粗区顶部与压焊面最大距离	$\leqslant 0.25d$	尺量
6	两钢筋轴线弯折	$\leqslant 4°$	尺量

六、埋弧压力焊

埋弧压力焊是将钢筋与钢板安放成 T 形，利用焊接电流在焊剂层下产生电弧，形成熔池，加压完成的一种压焊方法，如图 6-12所示。

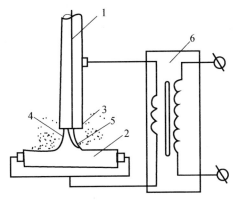

图 6-12　预埋压力焊示意

1—钢筋；2—钢板；3—焊剂；4—电弧；5—熔池；6—焊接变压器

特点：生产效率高，质量好，适用于各种预埋件 T 形接头钢筋与钢板的焊接，预制厂大批量生产时，经济效益尤为显著。

适用范围：适用于 $\phi 6 \sim \phi 25$mm 的热轧Ⅰ、Ⅱ级钢筋的焊接，钢板为厚度 $6 \sim 20$mm 的普通碳素钢 Q235A，与钢筋直径相匹配。

1. 焊接工艺

施焊前，钢筋钢板应清洁，必要时除锈，以保证台面与钢板、钳口与钢筋接触良好，不致起弧。

（1）采用手工埋弧压力焊时，接通焊接电源后，立即将钢筋上提 $2.5 \sim 4.0$mm，引燃电弧。随后，根据钢筋直径大小，适当延时，或者继续缓慢提升 $3 \sim 4$mm，再渐渐下送，使钢筋端部和钢板熔化，待达到一定时间后，迅速顶压。

（2）采用自动埋弧压力焊时，在引弧之后，根据钢筋直径大小，延续一定时间进行熔化，随后及时顶压。

2. 焊接参数

埋弧压力焊的焊接参数应包括引弧提升高度、电弧电压、焊接电流、焊接通电时间等。当采用 500 型焊接变压器时，焊接参数应符合表 6-13 的规定；当采用 1000 型焊接变压器时，也可选用大电流、短时间的强参数焊接法。

表 6-13 埋弧压力焊焊接参数

钢筋级别	钢筋直径 (mm)	引弧提升高度 (mm)	电弧电压 (V)	焊接电流 (A)	焊接通电时间 (s)
HPB300 级	6	2.5	30~35	400~450	2
	8	2.5	30~35	500~600	3
HRB335 级	10	2.5	30~35	500~650	5
	12	3.0	30~35	500~650	8
	14	3.5	30~35	500~650	15
	16	3.5	30~40	500~650	22
	18	3.5	30~40	500~650	30
	20	3.5	30~40	500~650	33
	22	4.0	30~40	500~650	36
	25	4.0	30~40	500~650	40

3. 焊接缺陷及消除措施

焊工应自检焊接缺陷。当发现焊接缺陷时，宜按表 6-14 查找原因，采取措施，及时消除。

表 6-14 埋弧压力焊焊接缺陷及消除措施

项次	焊接缺陷	消除措施
1	钢筋咬边	(1) 减小焊接电流或缩短焊接时间； (2) 增大压入量
2	气孔	(1) 烘焙焊剂； (2) 消除钢板和钢筋上的铁锈、油污
3	夹渣	(1) 消除焊剂中的熔渣等杂物； (2) 避免过早切断焊接电流； (3) 加快顶压速度
4	未焊合	(1) 增大焊接电流，延长焊接通电时间； (2) 适当加大顶压力
5	焊包不均匀	(1) 保证焊接地线的接触良好； (2) 使焊接处对称导电
6	钢板焊穿	(1) 减小焊接电流或缩短焊接通电时间； (2) 避免钢板局部悬空
7	钢筋脆断	(1) 减小焊接电流，延长焊接时间； (2) 检查钢筋化学成分
8	钢板凹陷	(1) 减小焊接电流，延长焊接时间； (2) 减小顶压力，减小压入量

4. 埋弧压力焊接头质量检验

（1）取样数量

预埋件钢筋 T 形接头的外观检查，应从同一台班内完成的同一类型预埋件中抽查 10%，且不得少于 10 件。

当进行力学性能试验时，应以 300 件同类型预埋件作为一批。一周内连续焊接时，可累计计算。当不足 300 件时，也应按一批计算。应从每批预埋件中随机抽取 3 个试件进行拉伸试验。

试件的尺寸见图 6-13。如果从成品中抽取的试件尺寸过小，不能满足试验要求，可按生产条件制作模拟试件。

（2）外观检查

埋弧压力焊接头外观检查结果，应符合下列要求：

① 四周焊包凸出钢筋表面的高度应不小于 4mm；

② 钢筋咬边深度不得超过 0.5mm；

③ 与钳口接触处钢筋表面应无明显烧伤；

④ 钢板应无焊穿，根部应无凹陷现象；

⑤ 钢筋相对钢板的直角偏差不得大于 4°；

⑥ 钢筋间距偏差不应大于 10mm。

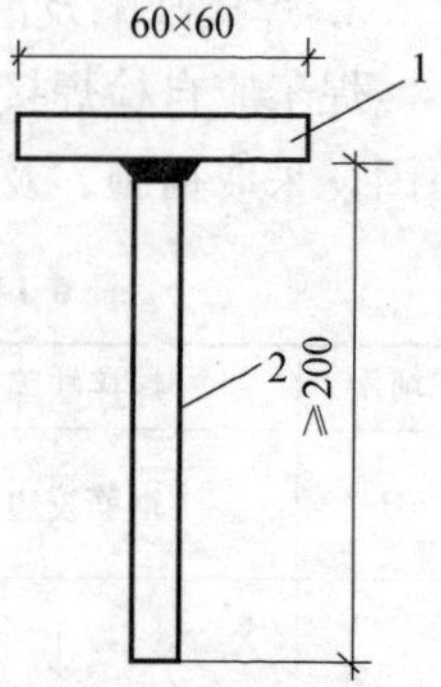

图 6-13　预埋件 T 形接头拉伸试件
1—钢板；2—钢筋

（3）拉伸试验

预埋件 T 形接头 3 个试件拉伸试验结果，其抗拉强度应符合下列要求：

① HPB300 级钢筋接头均不得小于 $350N/mm^2$；

② HRB335 级钢筋接头均不得小于 $490N/mm^2$。

当试验结果有 1 个试件的抗拉强度小于规定值时，应再取 6 个试件进行复验。复验结果：当仍有 1 个试件的抗拉强度小于规定值时，应确认该批接头为不合格品。对不合格品采取补强焊接后，可提交二次验收。

第四节　钢筋的机械连接

机械连接通过连贯于两根钢筋之间的套筒来实现钢筋的传力，是间接传力的一种形式。钢筋与套筒之间的传力可通过挤压变形的咬合、螺纹之间的楔合、灌注高强胶凝材料的胶合等形式实现。机械连接的主要方式有径向和轴向挤压连接、锥螺纹连接、镦粗直螺纹连接、滚压直螺纹连接等形式。根据目前的发展情况，机械连接中尤以镦粗直螺纹连接技术和滚压直螺纹连接技术的优点最为突出。

其主要优点：接头强度高，与母材等强；连接质量稳定、可靠；操作简单，施工速度快，工作效率高；适用范围广；钢筋的化学成分对连接质量无影响；接头质量受人为因素影响小；现场施工不受气候条件影响；节省能源、耗电低；无污染、无火灾及爆炸隐患，施工安全可靠；节省钢材等。

一、常用的钢筋机械连接接头类型

1. 套筒挤压连接接头

通过挤压力使连接件钢套筒塑性变形与带肋钢筋紧密咬合形成的接头。它有两种形式，即径向挤压连接和轴向挤压连接。由于轴向挤压连接现场施工不方便及接头质量不够稳定，没有得到推广；而径向挤压连接技术，连接接头得到了大面积推广使用。工程中使用的套筒挤压连接接头都是径向挤压连接。由于其优良的质量，套筒挤压连接接头在我国从 20 世纪 90 年代初至今被广泛应用于建筑工程中。

2. 锥螺纹连接接头

通过钢筋端头特制的锥形螺纹和连接件锥形螺纹咬合形成的接头。锥螺纹连接技术的诞生克服了套筒挤压连接技术存在的不足。锥螺纹丝头完全是提前预制，现场连接占用工期短，现场只需用力矩扳手操作，不需搬动设备和拉扯电线，深受各施工单位的好评，但是锥螺纹连接接头质量不够稳定。由于加工螺纹的小径削弱了母材的横截面面积，从而降低了接头强度，一般只能达到母材实际抗拉强度的 85%～95%。我国的锥螺纹连接技术和国外相比还存在一定差距，最突出的一个问题就是螺距单一，从直径 16～40mm 的钢筋采用的螺距都为 2.5mm，而 2.5mm 螺距最适合于直径为 22mm 钢筋的连接，太粗或太细钢筋连接的强度都不理想，尤其是直径为 36mm、40mm 钢筋的锥螺纹连接，很难达到母材实际抗拉强度的 0.9 倍。许多生产单位自称达到钢筋母材的标准强度，是利用了钢筋母材超强的性能，即钢筋实际抗拉强度大于钢筋抗拉强度的标准值。由于锥螺纹连接技术具有施工速度快、接头成本低的特点，自 20 世纪 90 年代初推广以来也得到了较大范围的推广使用，但由于存在的缺陷较大，逐渐被直螺纹连接接头所代替。锥螺纹套筒连接示意见图 6-14。

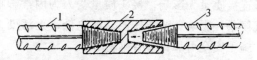

图 6-14 锥螺纹套筒挤压连接示意
1—已连接钢筋；2—锥螺纹套筒；3—未连接钢筋

3. 直螺纹连接接头

等强度直螺纹连接接头是 20 世纪 90 年代钢筋连接的国际最新潮流，接头质量稳定可靠，连接强度高，可与套筒挤压连接接头相媲美，而且又具有锥螺纹接头施工方便、速度快的特点，因此直螺纹连接技术的出现给钢筋连接技术带来了质的飞跃。目前我国直螺纹连接技术呈现出百花齐放的景象，出现了多种直螺纹连接形式。直螺纹连接接头主要有镦粗直螺纹连接接头和滚压直螺纹连接接头。这两种工艺采用不同的加工方式，增强钢筋端头螺纹的承载能力，达到接头与钢筋母材等强的目的。直螺纹套筒挤压连接示意见图 6-15。

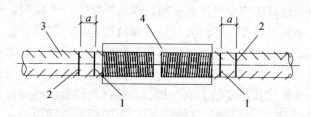

图 6-15 直螺纹套筒挤压连接示意
1—定位标志；2—检查标志；3—钢筋；4—钢套筒

（1）镦粗直螺纹连接接头：通过钢筋端头镦粗后制作的直螺纹和连接件螺纹咬合形成的接头。

其工艺是先将钢筋端头通过镦粗设备镦粗，再加工出螺纹，其螺纹小径不小于钢筋母材直径，使接头与母材达到等强。国外镦粗直螺纹连接接头，其钢筋端头有热镦粗又有冷镦粗。热镦粗主要是消除镦粗过程中产生的内应力，但加热设备投入费用高。我国的镦粗直螺纹连接接头，其钢筋端头主要是冷镦粗，对钢筋的延性要求高，对延性较低的钢筋，镦粗质量较难控制，易产生脆断现象。镦粗直螺纹连接接头的优点是强度高，现场施工速度快，工人劳动强度低，钢筋直螺纹丝头全部提前预制，现场连接为装配作业。其不足之处在于镦粗过程中易出现镦偏现象，一旦镦偏必须切掉重镦；镦粗过程中产生内应力，钢筋镦粗部分延性降低，易产生脆断现象，螺纹加工需要两道工序两套设备完成。

（2）滚压直螺纹连接接头：通过钢筋端头直接滚压或挤（碾）压肋滚压或剥肋后滚压制作的直螺纹和连接件螺纹咬合形成的接头。

其基本原理是利用了金属材料塑性变形后冷作硬化增强金属材料强度的特性，而仅在金属表层发生塑变、冷作硬化，金属内部仍保持原金属的性能，因而使钢筋接头与母材达到等强。

国内常见的滚压直螺纹连接接头有三种形式：直接滚压直螺纹、挤（碾）压肋滚压直螺纹、剥肋滚压直螺纹。这三种形式连接接头获得的螺纹精度及尺寸不同，接头质量也存在一定差异。

① 直接滚压直螺纹连接接头

其优点：螺纹加工简单，设备投入少，不足之处在于螺纹精度差，存在虚假螺纹现象。由于钢筋粗细不均，公差大，加工的螺纹直径大小不一致，给现场施工造成困难，使套筒与丝头配合松紧不一致，有个别接头出现拉脱现象。由于钢筋直径变化及横纵肋的影响，滚丝轮寿命降低，增加接头的附加成本，现场施工易损件更换频繁。

② 挤（碾）压肋滚压直螺纹连接接头

这种连接接头是用专用挤压设备先将钢筋的横肋和纵肋进行预压平处理，然后滚压螺纹，目的是减轻钢筋肋对成型螺纹精度的影响。

其特点：成型螺纹精度相对直接滚压有一定提高，但仍不能从根本上解决钢筋直径大小不一致对成型螺纹精度的影响，而且螺纹加工需要两道工序，用两套设备完成。

③ 剥肋滚压直螺纹连接接头

其工艺是先将钢筋端部的横肋和纵肋进行剥切处理，使钢筋滚丝前的柱体直径达到同一尺寸，然后进行螺纹滚压成型。

剥肋滚压直螺纹连接技术是由中国建筑科学研究院建筑机械化研究分院研制开发的钢筋等强度直螺纹连接接头的一种新型式，为国内外首创。通过对现有 HRB335、HRB400 钢筋进行的型式试验、疲劳试验、耐低温试验以及大量的工程应用，证明接头性能不仅达到了现行《钢筋机械连接通用技术规程》(JGJ 107) 中I级接头性能要求，实现了等强连接，而且接头具有优良的抗疲劳性能和抗低温性能。接头通过 200 万次疲劳强度试验，接头处无破坏，在－40℃低温下试验，接头仍能达到与母材等强连接。剥肋滚压直螺纹连接技术不仅适用于直径为 16～40mm（近期又扩展到直径 12～50mm）的 HRB335、HRB400 级钢筋在任意方向和位置的同、异径连接，而且可应用于要求充分发挥钢筋强度和对接头延性要求高的混凝土结构以及对疲劳性能要求高的混凝土结构中，如机场、桥梁、隧道、电视塔、核电站、水电站等。

剥肋滚压直螺纹连接接头与其他滚压直螺纹连接接头相比具有如下特点：

a. 螺纹牙型好、精度高、牙齿表面光滑。

b. 螺纹直径大小一致性好，容易装配，连接质量稳定可靠。

c. 滚丝轮寿命长，接头附加成本低。滚丝轮可加工 5000～8000 个丝头，比直接滚压寿命提高了 3～5 倍。

d. 接头通过 200 万次疲劳强度试验，接头处无破坏。

e. 在－40℃低温下试验，其接头仍能达到与母材等强，抗低温性能好。

二、机械连接工艺

1. 套筒挤压连接

套筒挤压连接方法是将需要连接的钢筋（应为带肋钢筋）端部插入特制的钢套筒内，利用挤压机压缩钢套筒，使它产生塑性变形，靠变形后的钢套筒与带肋钢筋的机械咬合紧固力来实现钢筋的连接。这种接头质量稳定性好，可与母材等强，但操作工人工作强度大，有时液压油污染钢筋，综合成本较高。钢筋挤压连接，要求钢筋最小中心间距为 90mm。

这种连接方法一般用于直径为 16～40mm 的Ⅱ级、Ⅲ级钢筋（包括余热处理钢筋），分径向挤压和轴向挤压两种。

（1）径向挤压

有关按径向做套筒挤压连接的方法应符合现行《带肋钢筋套筒挤压连接技术规格》（JGJ 108）的要求。

径向挤压性能等级分 A 级和 B 级二级；不同直径的带肋钢筋亦可采用挤压连接法，当套筒两端外径和壁厚相等时，被连接钢筋的直径相差不应大于 5mm。

① 工艺原理

设备布置示意如图 6-16 所示。挤压机吊挂于小车的架子上，靠平衡器的卷簧张紧力变化调节其高度，并平衡质量，使操作人员手持挤压机基本上处于无重状态；挤压机由安装在小车上的高压油泵提供压力源。

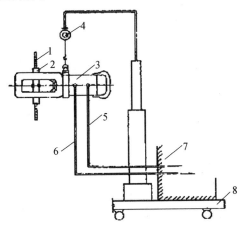

图 6-16　径向挤压设备布置示意

1—钢筋；2—套筒；3—挤压机；4—平衡器；

5—进油管；6—回油管；7—高压油泵；8—小车

② 套筒要求

套筒材料应选用适合于压延加工的钢材，其实测力学性能应符合表 6-15 的要求。

表 6-15 套筒材料的力学性能

项目	指标
屈服强度（N/mm²）	225～350
抗拉强度（N/mm²）	375～500
伸长率 δ（%）	20
洛氏硬度（HRB）	60～80
［或布氏硬度（HB）］	［102～133］

套筒的几何尺寸和所用材料的材质应与一定的挤压工艺相配套，必须由特别检验认定，其尺寸偏差宜符合表 6-16 的要求。

表 6-16 套筒尺寸的允许偏差　　　　　　　　　　mm

套筒外径 D	外径允许偏差	壁厚（t）允许偏差	长度允许偏差
≤50	±0.5	$+0.12t$ $-0.10t$	±2
>50	±0.01D	$+0.12t$ $-0.10t$	±2

套筒应有出厂合格证。由于各类规格的钢筋都要与相应规格的套筒相匹配，因此，套筒在运输和储存中应按不同规格分别堆放整齐，以避免混用；套筒不得堆放于露天，以免产生锈蚀或被泥砂杂物玷污。

③ 操作要点

a. 使用挤压设备（挤压机、油泵、输油软管等整套）前应对挤压力进行标定（挤压力大小通过油压表读数控制）。有下列情况之一的均应标定：挤压设备使用前；旧挤压设备大修后；油压表损强烈振动后；套筒压痕异常且其他原因时；挤压设备使用超过一年；已挤压的接头数超过 5000 个。

b. 要事先检查压模、套筒是否与钢筋相互配套，压模上应有相对应的连接钢筋规格标记。挤压操作时采用的挤压力、压模宽度、压痕直径或挤压后套筒长度的波动范围以及挤压道数，均应符合接头技术提供单位所确定的技术参数要求。

c. 钢筋下料切断要用无齿锯，使钢筋端面与它的轴线相垂直。不得用钢筋切断机或气割下料。

d. 高压泵所用的油液应过滤，保持清洁，油箱应密封，防止雨水、灰尘混入油箱。

e. 配套的钢筋、套筒在使用前都要检查，要清理压接部位的不洁物（锈皮、泥沙、油污等）；要检查的钢筋、套筒配套是否合适，并进行试套，如果发现钢筋有弯折、马蹄形（个别违规用钢筋切断机切断的才会出现这样的端面）或纵肋尺寸过大的，应予以矫正或用手持砂轮修磨。

f. 将钢筋插入套筒内，要使深入的长度符合预定要求，即钢筋端头离套筒长度中点不宜超过 10mm（在钢筋上画记号，以与套筒端面齐平）；对正压模位置，并使压模运动方向与钢筋两纵肋所在的平面相垂直，以保证最大压接面处在钢筋的横肋上。

g. 可采用两种压接顺序：一种是在施工现场的作业工位上，通过套筒一次性地将两根钢筋压接（宜从套筒中央开始，并依次向两端挤压）；另一种是预先将套筒与 1 根钢筋压接，然后安装在作业工位上，插入待接钢筋后挤压另一端套筒。

h. 操作过程中应特别注意施工安全，应遵守高处作业安全规程以及各种设备的使用规程，尤其要对高压油液的有关系统给予充分关照（例如高压油泵的安全阀调整、防止输油管在负重或充压条件下拖拉以及被尖利物品刻划、各处接点的紧密可靠性等）。

i. 要求压接操作和所完成的钢筋接头没有缺陷，如果在施工过程中发生异常现象或接头有缺陷，应及时处理。发生异常现象和缺陷除了与操作因素有直接关系之外，还与所用设备有关，防治措施可看表 6-17。

表 6-17 压接时发生异常和缺陷的防治措施

异常现象和缺陷	防治措施
挤压机无挤压力	1. 高压油管连接位置不正确，应纠正 2. 油泵故障，应检查排除
压痕分布不均匀	压接时应将压模与套筒上画的分格标志对正
接头弯折	1. 压接时摆正钢筋 2. 切除或矫直钢筋有弯的端头
压接程度不够	1. 检查油泵和管线是不是有漏油而导致泵压不足 2. 检查套筒材质是不是符合要求
钢筋伸入套筒内长度不够	在钢筋上准确地画记号，并与套筒端面对齐
压痕深度明显不均	1. 检查套筒材质是不是符合要求 2. 检查钢筋在套筒内是不是有压空现象（钢筋伸入长度不够）

④ 接头的施工现场检验与验收

按一般机械连接接头的检验项目规定进行单向拉伸试验，补充外观质量检查，要求如下：

a. 外形尺寸：挤压后套筒长度应为原套筒长度的 1.10～1.15 倍，或压痕处套筒的外径波动范围为原套筒外径的 0.8～0.9 倍。

b. 挤压接头的压痕道数应符合检验接头技术提供单位所确定的道数。

c. 接头处弯折不得大于 4°。

d. 挤压后的套筒不得有肉眼可见的裂缝。

e. 每一验收批中应任意抽取 10% 的挤压接头做外观质量检查，如外观质量不合格数少于抽检数的 10%，则该批挤压接外观质量评为合格。当不合格数超过抽检数的 10% 时，应对该批挤压接头逐个进行复检，对外观质量不合格的接头采取补教措施；不能补救的接头应做标记，在外观质量不合格的接头中抽取 6 个试件做抗拉强度试验，若有 1 个试件的抗拉强度值低于规定值，则该批外观质量为不合格的接头，同设计单位商定处理办法，并记录存档。

（2）轴向挤压

钢筋轴向挤压连接是采用另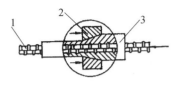
一种压模形式对套筒进行挤压的，
它的工作示意见图 6-17，两根被
对接的钢筋插入套筒，然后沿它
们的轴线方向进行挤压，使套筒
咬合到带肋钢筋的肋间，结合成
一体。

图 6-17　轴向挤压

1—钢筋；2—压模；3—钢套筒

实现轴向挤压连接所用的挤压机也是一种液压机构，而对压
模的材质（硬度指标）有较严格的要求，因此它的应用没有径向
挤压连接更普遍。

2. 锥螺纹钢筋接头

钢筋锥螺纹套筒连接是将两根待接钢筋端头用套丝机做出锥
形外丝，然后用带锥形内丝的套筒将钢筋两端拧紧的钢筋连接
方法。

这种接头质量稳定性一般，施工速度快，综合成本较低。近
年来，在普通型锥螺纹接头的基础上，增加钢筋端头预压或镦粗
工序，开发出 GK 型钢筋等强锥螺纹接头，可与母材等强。

（1）锥螺纹套筒接头尺寸

锥螺纹套筒接头尺寸没有统一的规定，必须经技术提供单位
型式检验认定。相关规格尺寸见表 6-18、表 6-19。

（2）机具设备

① 钢筋预压机或镦粗机

钢筋预压机用于加工 GK 型等强锥螺纹接头，是以超高压泵
站为动力源，配以与钢筋规格相对应的模具，实现直径 16～
40mm 钢筋端部的径向预压。GK40 型径向预压机的推力为
1780kN，工作时间为 20～60s，质量为 80kg。YTDB 型超高压泵
站的压力为 70MPa，流量为 3L/min，电机功率为 3kW，质量为
105kg。径向预压模具的材质为 CrWMn 锻件，淬火硬度 HRC＝
55～60。

表6-18　钢筋普通锥螺纹套筒接头（B级）规格尺寸（mm）

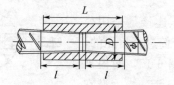

钢筋公称直径	锥螺纹尺寸	l	L	D
$\phi18$	ZM19×2.5	25	60	28
$\phi20$	ZM21×2.5	28	65	30
$\phi22$	ZM23×2.5	32	70	32
$\phi25$	ZM26×2.5	37	80	35
$\phi28$	ZM29×2.5	42	90	38
$\phi32$	ZM33×2.5	47	100	44
$\phi36$	ZM37×2.5	52	110	48
$\phi40$	ZM41×2.5	57	120	52

表6-19　钢筋等强度锥螺纹套筒接头（A级）

规格尺寸（钢筋端头微粗）　　　　（mm）

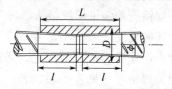

钢筋公称直径	锥螺纹尺寸	l	L	D
$\phi20$	ZM24×2.5	25	60	34
$\phi22$	ZM26×2.5	30	70	36
$\phi25$	ZM29×2.5	35	80	39
$\phi28$	ZM32×2.5	40	90	43
$\phi32$	ZM36×2.5	45	100	48
$\phi36$	ZM40×2.5	50	110	52
$\phi40$	ZM44×2.5	55	120	56

钢筋镦粗机可采用液压冷锻压床,用于钢筋端头的镦粗。

② 钢筋套丝机

钢筋套丝机是加工钢筋连接端的锥形螺纹的一种专用设备。型号为 SZ-50A、GZL-40 等。

③ 扭力扳手

扭力扳手是保证钢筋连接质量的测力扳手。它可以按照钢筋直径大小规定的力矩值,把钢筋与连接套筒拧紧,并发出声响信号。其型号:PW360(管钳型),性能 100～360N·m;HL-02型,性能 70～350N·m。

④ 量规

量规包括牙形规、卡规和锥螺纹塞规。

牙形规是用来检查钢筋连接端的锥螺纹牙形加工质量的量规。

卡规是用来检查钢筋连接端的锥螺纹小端直径的量规。

锥螺纹塞规是用来检查锥螺纹连接套筒加工质量的量规。

(3) 锥螺纹套筒的加工与检验

① 锥螺纹套筒的材质:对 HRB335 级钢筋采用 30～40 号钢,对 HRB400 级钢筋采用 45 号钢。

② 锥螺纹套筒的尺寸,应与钢筋端头锥螺纹的牙形与牙数匹配,并应满足承载力略高于钢筋母材的要求。

③ 锥螺纹套筒的加工,宜在专业工厂进行,以保证产品质量。各种规格的套筒外表面,均有明显的钢筋级别及规格标记。套筒加工后,其两端锥孔必须用与其相应的塑料密封盖封严。

④ 锥螺纹套筒的验收,应检查:套筒的规格、型号与标记;套筒的内螺纹圈数、螺距与齿高;螺纹有无破损、歪斜、不全、锈蚀等现象。其中套筒检验的重要一环是用锥辊纹塞规检查同规格套筒的加工质量,如图 6-18 所示。

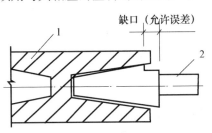

图 6-18　用锥螺纹塞规检查套筒

1—锥螺纹套筒;2—塞规

当套筒大端边缘在锥螺纹塞规大端缺口范围内时，套筒为合格品。

（4）钢筋锥螺纹的加工与检验

① 钢筋下料，应采用砂轮切割机。其端头截面应与钢筋轴线垂直，且不得翘曲。

② 钢筋锥螺纹 A 级接头，应对钢筋端头进行镦粗或径向预压处理。

钢筋端头预压时采用的压力值应符合产品供应单位通过型式检验确定的技术参数要求，见表 6-20。

表 6-20　钢筋端头预压的技术参数

钢筋规格 （mm）	压力值范围 （kN）	GK 型机油压值范围 （N/mm²）	钢筋规格 （mm）	压力值范围 （kN）	GK 型机油压值范围 （N/mm²）
ϕ16	620～730	24～28	ϕ28	1140-·1250	44～·48
ϕ18	680～780	26～30	ϕ32	1400～1510	54～58
ϕ20	680～780	26～30	ϕ36	1610～1710	62～66
ϕ22	680～780	26～30	ϕ40	1710～1820	66～70
ϕ25	990～1090	38～42			

注：若改变预压机机型，该表中压力值范围不变，但油压值范围要相应改变，具体数值由生产厂家提供。

预压操作时，钢筋端部完全插入预压机，直至前挡板处。钢筋摆放位置的要求：对一次预压成形（钢筋直径 16～20mm），钢筋纵肋沿竖向顺时针或逆时针旋转 20°～40°；对两次预压成形（钢筋直径 22～40mm），第一次预压钢筋纵肋向上，第二次预压钢筋顺时针或逆时针旋转 90°。

预压后的钢筋端头应逐个进行自检。经自检合格的预压端头，质检人员应按要求对每种规格本次加工批抽检 10％，如有一个端头不合格，则应责成操作工人对该加工批全数检查，不合格钢筋端头应二次预压或部分切除重新预压。预压端头检验标准应符合表 6-21 的规定。预压后的钢筋端头圆锥体小端直径大于 B 尺寸，并且小于 A 尺寸即为合格。

表 6-21　预压端头的尺寸要求　　　　　　（mm）

检测规简图	钢筋规格	A	B
	$\phi16$	17.0	14.5
	$\phi18$	18.5	16.0
	$\phi20$	19.0	17.5
	$\phi22$	22.0	19.0
	$\phi25$	25.0	22.0
	$\phi28$	27.5	24.5
	$\phi32$	31.5	28.0
	$\phi36$	35.5	31.5
	$\phi40$	39.5	35.0

③ 经检验合格的钢筋，方可在套丝机上加工锥螺纹。钢筋套丝所需的完整牙数见表 6-22。

表 6-22　钢筋套丝完整牙数的规定值

钢筋直径（mm）	16～18	20～22	25～28	32	36	40
完整牙数	5	7	8	10	11	12

钢筋锥螺纹丝头的锥度、牙形、螺距等必须与连接套筒的锥度、牙形、螺距一致，且经配套的量规检测合格。加工钢筋锥螺纹时，应采用水溶性切削润滑液。对大直径钢筋宜分次车削到规定的尺寸，以保证丝扣精度，避免损坏梳刀。

④ 钢筋锥螺纹的检查：对已加工的丝扣端要用牙形规及卡规逐个进行自检，见图 6-19。要求钢筋丝扣的牙形必须与牙形规吻合，小端直径不超过卡规的允许误差，丝扣完整牙数不得小于规定值。不合格的丝扣，要切掉后重新套丝。然后

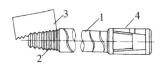

图 6-19　钢筋套丝的检查
1—钢筋；2—锥螺纹；
3—牙形规；4—卡规

由质检员按 10% 的比率抽检，如有 1 根不合格，要加倍抽检。

锥螺纹检查合格后，一端拧上塑料保护帽，另一端拧上钢套筒与塑料封盖，并用扭力扳手将套筒拧至规定的力矩，以利保护与运输。

⑤ 钢筋锥螺纹连接施工：连接钢筋前，将下层钢筋上端的塑料保护帽拧下来露出丝扣，并将丝扣上的水泥浆等污物清理干净。

连接钢筋时，将已拧套筒的上层钢筋拧到被连接的钢筋上，并用扭力扳手按表6-23规定的力矩值把钢筋接头拧紧，直至扭力扳手在规定的力矩值发出响声，并随手画上油漆标记，以防有的钢筋接头漏拧。扭力扳手每半年应标定一次。常用接头连接方法有以下几种：

表 6-23 锥螺纹钢筋接头拧紧力矩值

钢筋直径（mm）	16	18	20	22	25～28	32	36～40
扭紧力矩（N·m）	118	145	177	216	275	314	343

a. 同径或异径普通接头：分别用力矩扳手将1与2、3与2拧到规定的力矩值 [图6-20 (a)]；

b. 单向可调接头：分别用力矩扳手将1与2、3与4拧到规定的力矩值，再把5与2拧紧 [图6-20 (b)]；

c. 双向可调接头：分别用力矩扳手将1与6、3与4拧到规定的力矩值，且保持3、6的外露丝扣数相等，然后分别夹住3与6，把2拧紧 [图6-20 (c)]。

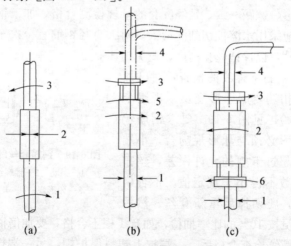

图 6-20 锥螺纹钢筋连接方法

(a) 普通接头；(b) 单向可调接头；(c) 双向可调接头

1、4—钢筋；2—连接套筒；3、6—可调套筒；5—锁母

第五节　预埋件的制作安装

预埋件（又称预制埋件）就是预先安装（埋藏）在隐蔽工程内的构件，是在结构浇注时安置的构配件，用于砌筑上部结构时的搭接，以利于外部工程设备基础的安装固定。预埋件大多由金属制造，如钢筋或者铸铁，也可用木头、塑料等非金属刚性材料。

一、预埋件的分类

预埋件在工程建设中主要分为预埋件、预埋管和预埋螺栓三类。

（1）预埋件主要用于结构构件和非结构构件之间的连接和固定，多用在钢结构和混凝土结构的连接中，如门窗固定时用的连接件等，在混凝土结构与钢结构连接的部位很多。

（2）预埋管是在钢管或者是 PVC 管中预留的一种留设管，主要用于工程后期对水、电、煤气的穿线连接，是常用在混凝土结构上的预留孔。

（3）预埋螺栓主要起固定结构的作用，一般是把螺栓的上部留出丝扣来连接固定工程构件。

二、预埋件的制作

1. 下料

（1）一般规定：根据图纸规定领取施工材料，发现材料与图纸不符时立即停止施工并上报总工办处理，根据放样单正确画线，并做好尺寸及规格标记，避免零件尺寸错乱及材料浪费，检验工要分类验收，转运工分类下转。

（2）预埋件钢板下料采用剪板机剪裁，钢板下料长、宽尺寸误差≤±3mm。

（3）钢筋剪裁采用机械切断，长度误差≤±3mm。

（4）根据图纸及规范制作弯钩。

2. 预埋件的焊接方法

（1）一般规定：预埋件的焊缝型式应由锚筋的尺寸确定。

锚筋直径为 8～12mm 时选用二氧化碳气体保护焊，当施工条件受限时，也可用电弧焊，选择适当的焊缝形式可以保证预埋件焊接质量。焊接预埋件时，引弧、维弧和顶压等环节要密切配合，随时清除电极钳口的铁锈和杂物，同时要及时修整电极槽口的形状。如果发现钢筋咬边、气孔、夹渣、钢板焊穿、钢板凹陷等质量问题，需查明原因并及时清除焊接缺陷。当采用手工焊接或二氧化碳气体保护焊焊接钢筋时，角焊缝的高度要符合图纸设计标准规定，无图纸规定的按现行《钢筋焊接及验收规程》（JGJ 18）的规定执行。

（2）具体要求：受力埋件的锚筋应符合预埋件图集并满足下列焊接要求。

① 根据设计图纸要求采用直锚筋和钢板 T 形焊接，焊脚尺寸按设计图纸保证，同时根据现行《钢筋焊接及验收规程》（JGJ 18）钢筋焊接及验收规程的规定，焊脚尺寸应不小于钢筋直径的 50%。

② 焊接时，引弧应在垫板或形成焊缝的部位进行，不得烧伤主筋。

③ 锚筋采用 HPB300 时且≤10mm 时，弯钩的长度≥6.25d（d 为钢筋直径）。

④ 焊接地线与钢筋应接触良好。

⑤ 焊接过程中应及时清渣，焊缝表面应光滑，焊缝余高应平缓过度，弧坑应填满。其他焊接未尽事宜严格按照现行《钢筋焊接及验收规程》（JGJ 18）的要求执行。

3. 焊接工序检验

（1）预埋件焊接工序的检验应严格执行现行《钢筋焊接及验收规程》（JGJ 18），外观检验检查焊接不得出现钢筋咬边、气孔、夹渣、钢板焊穿、钢板凹陷等质量问题；然后按钢筋直径及材质类型分别组批，每批不得超过 300 件，按日期及批次编号送检进行焊接拉伸试验，每批试样 3 件。送检合格方可下转进行下道工序。

（2）根据图纸要求进行清理、防腐处理。

（3）验收入库、出加工厂。

三、预埋件的安装

预埋件安装是钢覆面工程的重要环节，只有正确编制和执行安装工艺，才能保证其安装质量。

（1）安装预埋件位置的交接：会同项目部技术及验收人员与钢筋工序按图纸认真交接每道墙、每个工作面的轴线、控制线，并做好交接手续。

（2）预埋件画线：使用水平仪确定其每排高度尺寸线位置偏差（±1.5mm），根据轴线和控制线确定左右位置尺寸位置偏差（±1.5mm）及顶面位置、尺寸位置偏差（±1mm），并用油笔清楚地标明。在技术部门及质量部门验线合格方可安装预埋件。

（3）安置预埋件：根据图纸尺寸规格正确放置预埋件。

（4）针对安装预埋件位置的钢筋阻碍的处理：由于工程预埋件数量大，排布密集，如有预埋件的锚钩与钢筋主筋及水平筋发生位置干涉，可移动或扳弯预埋件的锚钩，以便于锚钩埋于主筋内侧，若有必要，可加附加筋将锚固筋连接加强。

（5）预埋件位置固定是预埋件施工中的一个重要环节，根据预埋件尺寸和使用功能的不同，可采用多种固定方式。下面主要介绍钢板埋件加固。

① 采用预埋件上绑扎或点焊适当规格钢筋加固。为保证预埋件安装位置的正确，并防止预埋件在合模和浇注混凝土时产生位移，加设附加筋，钢筋的型号及数量按图纸的要求。如图纸无设计要求，附加钢筋根据现场情况制作及固定在钢板背部，确保钢板顶面与模板紧密接触，保证其预埋件在墙面露出的位置正确。

② 角钢、扁钢预埋件也可以直接绑扎在主筋上。当预埋件长度大于500mm时，在其上部点焊适当的角钢（钢筋）加固，以防止预埋件发生位移。

③ 面积大于300mm×300mm的预埋件施工时，除用锚筋固

定外，还要在其上部点焊适当规格角钢（钢筋），以防止预埋件发生位移。

（6）预埋件安装验收

根据图纸要求及相关规程规定进行埋件安装验收工作。保证预埋板中心线距理论位置偏差为±10mm；在相垂直的轴线方向偏差为±5mm。板中心平面相对于板的理论中心平面的偏差为±1.5mm。

（7）混凝土浇注后预埋件验收

根据图纸要求及相关规程规定进行预埋件的验收工作。

四、预埋件在混凝土施工中的保护

（1）混凝土在浇注过程中，振动棒应避免与预埋件直接接触，在预埋件附近，需小心谨慎，边振捣边观察预埋件，及时校正预埋件位置，保证其不产生过大位移。

（2）混凝土成型后，需加强混凝土养护，防止混凝土产生干缩变形引起预埋件内空鼓，同时，拆模时要先拆周围模板，放松螺栓等固定装置，轻击预埋件处模板，待松劲后拆除，以防拆除模板时因混凝土强度过低而破坏锚筋与混凝土之间的握裹力，从而确保预埋件施工质量。

五、施工中的注意事项

（1）钢板下料必须用剪板机或半自动切割机，严禁使用手动气割。

（2）分类堆放：制作完毕后，在预埋件表面标注出型号，分类（可按规格或型号等分类）挂牌堆放。

（3）安装时不得切割锚筋、更改锚筋长度。

（4）拆除模板后在铁件表面刷防锈漆（颜色由设计定）。

（5）为了满足清水混凝土要求，外露预埋件应外封双面胶带。

（6）安装预埋件时严禁将锚筋焊接在主筋上，如有需要，可加设措施钢筋来满足预埋件的固定。

（7）预埋件型号、规格、数量都比较多，制作时严格按照图

纸要求进行下料、焊接，并按规范分批做试验，合格后方可使用。

（8）尺寸大于 400mm×400mm 的板面预埋件如设计单位同意开排气孔，排气孔大小根据预埋件的大小决定，排气孔的形状为圆形。

（9）当角钢、扁钢等预埋件太长、太大安装比较困难时，在经过设计院同意后，可将预埋件分割为几段安装。

（10）施工时认真核对图纸，确认预埋件的型号、数量，避免漏埋、错埋等。

第六节　钢筋绑扎的要求

绑扎连接目前仍为建筑施工钢筋连接的主要手段之一。钢筋绑扎时，钢筋交叉点用铁丝扎牢；受拉钢筋和受压钢筋接头的搭接长度及接头位置符合施工及验收规范的规定。

一、钢筋绑扎的一般要求

（1）钢筋的交叉点应采用 20～22 号铁丝绑扎。绑扎不仅要牢固可靠，而且铁丝长度要适宜。

（2）板和墙的钢筋网除靠近外围两行钢筋的交叉点全部扎牢外，中间部分交叉点可间隔交错绑扎，但必须保证受力钢筋不产生位置偏移；对双向受力钢筋，必须全部绑扎牢固。

（3）梁和柱的箍筋，除设计有特殊要求外，应与受力钢筋垂直设置；箍筋弯钩叠合处，应沿受力钢筋方向错开设置。

（4）在柱中竖向钢筋搭接时，角部钢筋的弯钩平面与模板面的夹角：对矩形柱，应为 45°角；对多边形柱，应为模板内角的平分角；对圆形柱钢筋的弯钩平面，应与模板的切线平面垂直；中间钢筋的弯钩平面应与模板面垂直；当采用插入式振捣器浇注小型截面柱时，弯钩平面与模板面的夹角不得小于 15°。

（5）板、次梁与主梁交接处，板的钢筋在上，次梁钢筋居中，主梁钢筋在下；主梁与圈梁交接处，主梁钢筋在上，圈梁钢筋在下，绑扎时切不可放错位置。

二、绑扎允许偏差

钢筋绑扎要求位置正确、绑扎牢固，成型的钢筋骨架和钢筋网的允许偏差，应符合规定。

三、钢筋的绑扎接头

（1）钢筋的接头宜设置在受力较小处，同一受力筋不宜设置两个或两个以上接头。接头末端距钢筋弯起点的距离不应小于钢筋直径的 10 倍。

（2）同一构件中相邻纵向受力钢筋之间的绑扎接头位置宜相互错开。钢筋绑扎搭接接头连续区段的长度为 $1.3n$（n 为搭接长度），凡搭接接头中点位于该连接区段长度内的搭接接头均属于同一连接区段。同一连接区段内，纵向钢筋搭接接头面积百分率应符合有关规定。当设计无具体要求时，应符合下列规定：

① 对梁类、板类及墙类构件，不宜大于 25%。

② 对柱类构件，不宜大于 50%。

③ 当工程中确有必要增大接头面积百分率时，对梁类构件，不宜大于 50%；对其他构件，可根据实际情况放宽。绑扎接头中的钢筋的横向净距，不应小于钢筋直径，且不小于 25mm。

④ 在梁、柱类构件的纵向受力钢筋搭接长度范围内，应按设计要求配置箍筋。当设计无具体要求时，应符合下列规定：

a. 箍筋的直径不应小于搭接钢筋较大直径的 0.25 倍；

b. 受拉区段的箍筋的间距不应大于搭接钢筋较小直径的 5 倍，且不应大于 100mm。

c. 受压区段的箍筋的间距不应大于搭接钢筋较小直径的 10 倍，且不应大于 200mm。

d. 当柱中纵向受力钢筋直径大于 25mm 时，应在搭接接头两个端外面 100mm 范围内各设置两个箍筋，其间距宜为 50mm。

受拉钢筋最小搭接长度见表 6-24，表中 d 为钢筋直径。

表 6-24 受拉钢筋最小搭接长度

钢筋类型		混凝土强度等级			
		C15	C20~25	C30~35	≥C35
光面钢筋	HPB300	45d	35d	32d	24d
带肋钢筋	HRB335	55d	45d	35d	30d
	HRB400 HRB500	—	55d	40d	35d

注：d 为钢筋直径。

⑤ 绑扎接头是依靠钢筋的搭接长度在混凝土中的锚固作用来传递内力的。对大型构件厂，仅仅依靠钢筋的搭接长度来传递内力是不够的，同时搭接的长度也太长，浪费钢筋太多。因此，绑扎接头的使用就要受到一定的限制。如钢筋直径大于 25mm，就不宜采用绑扎接头，在轴心受拉和小偏心的受拉杆件（如屋架下弦杆、受拉腹杆）中以及承受中、重级工作吊车的钢筋混凝土吊车梁的受拉主筋等，一律不得采用绑扎接头。

四、基础钢筋绑扎

1. 独立柱基础

独立柱基础钢筋由钢筋网片和柱子插筋组成。先绑网片钢筋，后绑柱子插筋。在绑扎基础钢筋前，应找出基础底和柱子的中心线。一般情况下，基础底面中线和柱子中线是一致的。但也不完全如此，有时柱子中线偏离基础中线。因此，在画线时，要特别注意这一点。基础钢筋画线从基础中线开始，按钢筋间距要求往两边分，把线画在基础垫层上。在放置钢筋时，长钢筋应放在下面，短钢筋应放在上面，并按间距摆开，先固定几点定位，然后逐点交叉绑扎。绑扎时，要注意将弯钩朝上，不要倒向一边。

在绑扎柱子插筋时，先将插筋绑扎成短骨架，按柱中心线位置，立在网筋上，插筋下端 90° 弯钩与网筋绑牢。找正位置后，用木条钉成井字架，将插筋固定在基础外模板上，以防止在浇捣混凝土时发生偏移。

2. 条形基础

条形基础钢筋，一般由底板钢筋网片和基础梁钢筋骨架组成，但也有只配钢筋网片的。底板钢筋网片的绑扎与独立柱基础网片绑扎基本相同，只是短向为受力钢筋，应摆在下面，长向为分布钢筋，应摆在受力钢筋的上面。基础梁钢筋骨架，可就地绑扎，也可先绑扎骨架，就地安装。绑扎步骤：

先将上下纵钢筋和弯起钢筋用马凳支起，随后套上全部箍筋，接着将下部纵筋从马凳上卸下，将箍筋按画线位置逐个就位，再将上下纵钢筋和弯起钢筋位置摆正，然后进行绑扎。骨架绑好后，抽出马凳，使骨架落在底板钢筋网片上，核对位置，将骨架与网片绑扎成整体。基础梁为连续梁时应分段进行绑扎，然后拼成整体。

五、柱钢筋

柱钢筋是由受力主筋和箍筋组成的骨架。通常是在装好两侧木模的情况下，将柱上全部箍筋套在基础或楼层插筋上，先立四角主筋，与插筋扎牢，并绑好搭接部分的箍筋，再立其余主筋。主筋立好后，将上端稍微收拢，套上几只箍筋，并将上部固定在木模上，接着从上而下地逐只按间距绑扎。

现浇柱的钢筋应尽量采用先预制、后安装的方法，以减少高空作业，减轻劳动强度，提高工效。

六、梁钢筋

现浇钢筋混凝土梁有主、次梁之分。根据主梁的大小，主梁骨架可以先预制后安装，或者在梁模板口用短木枋架起绑扎，然后放入模内。但次梁不宜采用预制绑扎，因为预制骨架两端不便穿进主梁，宜在模内绑扎。绑扎的方法：首先将主梁需穿进次梁的部位稍微抬高，再在次梁模口上搁置几种短木枋，把次梁的长钢筋铺在短木枋上，按箍筋间距画线，套入箍筋，并按间距摆开。抽换短木枋，将下部纵向钢筋落入箍筋内，就可以按架立钢筋、弯起钢筋、受拉钢筋的顺序和箍筋的交叉点绑好。绑扎完毕，将梁骨架稍提，抽掉短楞木，放入模内。

梁受拉区如果有两层钢筋，为了保持一定的间距，可用短钢筋作为垫筋垫在两层钢筋之间，垫筋可选用直径为 25mm 的圆钢筋头横绑在受拉钢筋上，或者用铅丝将第二层钢筋吊在梁上部的钢筋上。

大跨度梁的钢筋骨架，通常是在立好一面侧模后进行绑扎。此时，楞木搁在侧模上，一端挑着钢筋，另一端借助铅丝绑在支撑上来平衡。骨架绑好后，拼装另一侧木模。

七、肋形楼盖

肋形楼盖由板、次梁、主梁组成。钢筋纵横交错，板钢筋在上，次梁钢筋在中，主梁钢筋在下。绑扎程序：先主梁，后次梁，最后绑板。主梁和次梁都是连续梁，应分段绑扎，再连接成整体。绑扎的步骤：取若干短楞木搁在梁模板口上，分段铺纵钢筋和弯起钢筋，套上中段箍筋，绑扎成分段骨架，随之将邻近弯起钢筋伸出部分整理就位，并放上支座处负筋，再套上其余箍筋，就位绑扎，连续梁骨架即告完成。然后逐段将骨架抬起，抽去楞木，使骨架落入模内。分段骨架也可以在地面预制好，用起重设备吊入模内。或者在楼面绑扎好，抬入模内，再绑扎成整体。分段骨架吊运或插入模内前，应视骨架大小采取加固措施，并缓慢放入模内，以免由于受力不均而引起骨架变形或碰坏模板。

次梁骨架的绑扎，是在主梁骨架入模就位后进行的，即把次梁纵钢筋端头穿进主梁，绑扎程序与主梁绑扎一样。当模内绑扎不方便时，可以稍微抬起，绑扎后放入模内。

楼板钢筋绑扎应在底模板上，按钢筋间距画好线，先摆底板受力钢筋，后摆分布钢筋，绑扎好后绑扎支座处的负筋。在绑扎支座处的钢筋时，要防止踏弯钢筋。

八、墙板和池壁钢筋绑扎

墙板和池壁钢筋有单层和双层之分。单层钢筋网片的绑扎程序：在立好一侧模板后，先将底部或楼层预埋插筋扳直，在相隔1m左右的位置立一根纵筋，其下端与插筋绑扎牢固，并在约一手高处扎结在模板上的固定处（木模可钉钉子固定，钢模可在板缝中穿铅丝拉结），接着绑扎一根横筋或环筋，将几种纵筋连接起来。然后立其余纵筋，分别与插筋、横筋或环筋绑扎成网片骨架，使钢筋位置基本固定，最后自上而下逐一将横筋或环筋一一绑好。

对双层网筋的墙板、池壁，在绑扎好一层网筋后，用同样程序绑扎另一层网筋。两层网筋之间用撑铁连接，撑铁用直径为6～10mm的短钢筋制作，两端弯成90°净长等于两层网片的净空尺寸。使用时，用扎丝绑扎在两个网片的横向钢筋上，间距为800～1000mm，呈梅花状布置。

墙板、池壁钢筋的保护层，用预埋铅丝的砂浆块，按适当间隔，绑在内外网片外面的钢筋交叉点上，用以控制其厚度。

圆筒形壁板的横向钢筋又叫环筋，呈弧形。对直径为12mm以上的环筋，应事先在配料加工时按圆筒形的弧度弯曲成型；对小直径的环筋，可在绑扎时弯曲。

九、钢筋网、架制作与安装

钢筋网、架制作分焊接和绑扎两种。小型预制构件的网架，一般采用点焊成型，而较大的钢筋网、架，不便在点焊机上操作，宜采用绑扎成型。

为了缩短钢筋安装的工期，减少高空作业，在运输、起重条件允许的情况下，钢筋网、架应尽可能采用先预制、后安装的方法。焊接网、架制作详见前面的有关规定。预制绑扎钢筋网、架和现场绑扎的程序、方法基本一样，只是预制绑扎操作可以在室内进行或比较理想的条件下进行，并且不占主体工程施工的工期，是比较理想的一种钢筋绑扎安装方法。

1. 预制钢筋网片的绑扎

预制钢筋网片，一般用于预制构件中，也有用于现浇独立柱基础或带形基础中的。小型钢筋网片可在模架上进行绑扎。大型的钢筋网片可在地坪上画好线，然后按画线位置摆好钢筋，按操作顺序进行绑扎。面积较大的钢筋网片，为了防止运输、安装过程中发生歪斜和变形，可采用细钢筋斜向拉结。

当钢筋网片用于单向受力构件中时，外围两行的交叉点需每点绑扎牢固，中间部分可每隔一根相互呈梅花状绑扎就可以了。当用于双向构件时，必须将全部钢筋相交点绑扎牢靠。

2. 预制钢筋骨架的绑扎

预制钢筋骨架的绑扎，与现场绑扎操作相比，效率高、进度快、质量好。绑扎程序和方法与现场绑扎基本相似。

预制钢筋骨架绑扎，可以在加工车间或安装现场附近的空地上进行。采用三支腿简易钢筋绑扎支架，在支架上搁置横杆，横杆间距视钢筋骨架的质量而定，一般不宜超过 4m。横杆高度以操作者便于绑扎为宜。第一步，将梁的受拉钢筋和弯起钢筋搁置在横杆上，使受拉钢筋的弯钩和弯起钢筋的弯起部分朝下，按箍筋间距在受拉钢筋上画线，从中间向两边分，以保持端部箍筋均匀对称；第二步，将箍筋从一端穿入，按画线位置摆开，并将受拉钢筋、弯起钢筋和箍筋绑扎完毕；第三步，将架立钢筋从一端穿入，找正箍筋位置，然后逐点绑扎成型。架立钢筋也可以在第一步时和受力钢筋等一起搁在横杆上，到第三步绑扎时，只需将架立钢筋落入箍筋内，然后即可绑扎成型。绑扎完后，抽掉横杆，骨架落地翻身，择地堆放，即完成骨架的全部绑扎工作。

3. 焊接骨架、网片的安装

焊接骨架、网片比较牢固、整体性好，便于运输和安装。对单个钢筋骨架和网片，只需将其吊运就位，垫好保护层就行了。对多个钢筋骨架和网片的安装，应遵守下面规定：

（1）光圆钢筋焊接骨架、网片的搭接长度，在受拉区不得小于受力钢筋直径的 25 倍，且不小于 250mm；受压区不小于钢筋直径的 15 倍，且不小于 200mm。在搭接范围内，至少应有三根横向钢筋。

（2）螺纹钢筋骨架、网片，在搭接长度内可以不加焊横向钢筋，但搭接长度应为受力钢筋直径的 30 倍，受压区为 20 倍。

（3）焊接钢筋骨架除应符合搭接长度外，在搭接范围内应加配箍筋或槽形焊接网。箍筋或焊接槽形网中的横向间距不得大于受力钢筋直径的 5 倍，对轴心和偏心受拉构件，不得大于钢筋直径的 10 陪。

（4）焊接钢筋骨架、网片的接头位置应错开，在一个截面内，其搭接面积不超过 50%。

（5）焊接钢筋骨架、网片的搭接接头应放在构件受力较小的部位。简支梁、板宜在跨度两端 1/4 的范围内。

（6）焊接钢筋网片如沿分布钢筋搭接，当分布钢筋的直径≤4mm 时，两钢筋网片的受力钢筋间距不得小于 50mm；分布钢筋直径>4mm 时，两钢筋网片的受力钢筋间距不得小于 100mm。

（7）受力钢筋的直径在 16mm 以上时，沿分布钢筋方向接头的钢筋网上宜铺附加钢筋网，其每边搭接长度为分布钢筋直径的 15 倍，但不得小于 100mm。

（8）双向配置受力钢筋的焊接骨架，不允许采用搭接接头。

（9）在轴心受拉和小偏心受拉构件中，不得采用搭接接头。

（10）焊接钢筋骨架、网片安装时，如采用电弧焊接，应符合电弧焊接有关规定。受力钢筋如为经过冷加工的钢筋，则接头不允许采用电弧焊接。

4. 预制绑扎钢筋网、架的安装

由于预制绑扎网、架是通过扎丝绑扎成的，每个绑扎点是一绞结点，且绑扎不可能十分紧固。在运输和安装过程中，扎点容易松动，或因受力不均，结点扎丝绷断，而造成网、架歪斜和变形。所以，在运输和安装过程中，必须特别注意。

用手推车底盘加固改装，车架用钢管和钢筋焊制，车架可临时加宽、加长，以适应网、架及长钢筋的运输。

预制绑扎钢筋网、架在安装时，要根据网、架的大小、质量正确选择吊点位置和采取加固措施。较短的钢筋骨架和边长较小的钢筋网片，一般采用两点吊法。用两端带有小挂钩的吊索，在骨架或网片两端距离 1/4 处兜系起吊。骨架较长、较大时，可采用两根等长吊索四点起吊法。将四个吊钩分别兜在从一端到 1/6

和 4/6 处。

预制绑扎钢筋网片、骨架是不允许变形的。除了采用合理的运输、吊装方法外，还必须在运输安装中采取临时加固措施。如采用细钢筋拉结，绑扎竹杆、木条等，以防止钢筋网、架变形。

十、绑扎规定及注意事项

（1）在绑扎钢筋前，应按设计图纸规定的钢筋间距画线，以确保钢筋位置准确，间距一致。

（2）板中受力钢筋应摆在分布钢筋的下面，而悬臂板中受力钢筋应摆在分布钢筋的上面，以确保构件有良好的受力性能。受力钢筋和分布钢筋的位置往往容易摆错，必须引起注意。

（3）在基础钢筋中，有时要预留柱子插筋。留设方法：应先取三只箍筋将插筋绑成短骨架，底脚应与基础网筋扎牢。

（4）梁或柱的箍筋开口处，不应集中在一根纵筋上，而应该错开。梁的箍筋开口要错开，放在两根架立钢筋上；柱钢箍开口要错开，放在四角主筋上。梁箍筋要绑至垂直，柱箍要绑至水平线。

（5）在截面较大的梁或柱中，为了保证骨架的整体性，往往需要加拉结筋，或叫撑铁。拉结筋应在绑扎前加工好，一端弯成半圆钩，另一端弯成 90°。绑扎时，先把半圆弯钩套住一侧钢筋，另一端顶住另一侧钢筋，然后将两端绑扎牢固，以保持骨架不致变形。

（6）楼板或墙板的网筋，外围两行的交叉点要逐点绑扎。对双向受力板网筋，则所有交叉点都须扎牢。

（7）绑扎大网片，不要从头到尾逐点挨着进行，而应先隔十几点绑扎一点，四周多绑几个点。找正后，再全面绑扎，否则网片就会歪斜，后绑一头的间距也不易准确。

（8）箍筋转角与钢筋交点均应绑牢，平直部分的交点可跳点绑扎。

（9）矩形柱中主筋搭接时，角部钢筋弯钩与模板应呈 45°角，中间钢筋弯钩应与模板呈 90°角。多边形柱，钢筋弯钩应处于模板内角的分角线上。圆形柱，钢筋弯钩应与圆的切线垂直。截面小的柱，为了考虑插入式振动器的插入，弯钩与模板所呈角度也不应小于 15°。

十一、应注意的质量问题

（1）浇注混凝土前检查钢筋位置是否正确，振捣混凝土时防止碰动钢筋，浇注混凝土后立即修整甩筋的位置，防止柱筋、墙筋发生位移。

（2）若梁钢筋骨架尺寸小于设计尺寸，配置箍筋时应按内皮尺寸计算。

（3）梁、柱核心区箍筋应加密，熟悉图纸，按要求施工。

（4）箍筋末端应弯成 135°，平直部分长度为 $10d$。

（5）梁主筋进支座长度要符合设计要求，弯起钢筋位置准确。

（6）板的弯起钢筋和负弯矩钢筋位置应准确，施工时不应踩倒。

（7）绑板的盖铁钢筋应拉通线，绑扎时随时找正调直，防止板筋不顺直，位置不准，观感不好。

（8）绑竖向受力筋时要吊正，搭接部位绑 3 个扣，绑扣不能用同一方向的顺扣。层高超过 4m 时，搭架子进行绑扎，并采取揹施固定钢筋，防止柱、墙钢筋骨架不垂直。

（9）在钢筋配料加工时要注意，端头有对焊接头时，要避开搭接范围，防止绑扎接头内混入对焊接头。

第七节　钢筋安装质量验收

钢筋工程质量关系到建筑结构安全问题，特别是高层框架建筑，钢筋工程是框架结构的核心，控制好钢筋工程质量是整个建筑结构安全的基本保障，因此钢筋工程质量验收至关重要。

一、钢筋工程质量验收一般标准

（1）钢筋的品种和质量、焊条、焊剂的标号、性能必须符合设计和有关标准的规定，必须有出厂质量证明书和试验报告。

（2）钢筋规格、形状、尺寸、数量、间距、锚固长度、接头、设置等必须符合设计要求和施工规范的规定。

（3）钢筋焊接接头、焊接制品的机械性能必须符合现行《钢筋焊接及验收规范》（JGJ 18）的规定，焊接必须在监理工程师监督下取样复试。复试后方可大批量施工焊接；

（4）钢筋的表面必须清洁，无油污、无锈，严禁使用经除锈后留有麻点的钢筋。

（5）钢筋原材料方面：

① 质量必须符合有关标准规定。

② 钢筋强度比值应满足抗震等级要求。

③ 钢筋原材料发现脆断、焊接性能不良、力学性能显著不正常等现象时应进行专项检验。

④ 受力钢筋弯钩角度、弯弧内径、弯后平直长度应符合设计或规范要求。

⑤ 箍筋端部弯钩的弯折角度、弯弧内径、弯后平直长度应符合设计或规范要求。

⑥ 钢筋应平直、无损伤、油污、老锈；钢筋调直方法应符合规范要求。项目允许偏差（mm）：

a. 受力钢筋顺长度方向全长净尺寸±10mm。

b. 弯起钢筋的弯折位置±20mm，箍筋内净尺寸±5mm。

二、建筑隐蔽工程钢筋安装质量检验一般要求

钢筋安装完成之后，在浇注混凝土之前，应进行钢筋隐蔽工程验收，其内容包括：

（1）纵向受力钢筋的品种、规格、数量、位置等；

（2）钢筋连接方式、接头位置、接头数量、接头面积百分率等；

（3）箍筋、横向钢筋的品种、规格、数量、间距等。

（4）预埋件的规格、数量、位置等。

钢筋隐蔽工程验收前，应提供钢筋出厂合格证与检验报告及进场复验报告，钢筋焊接接头和机械连接接头力学性能试验报告。

（5）钢筋保护层的厚度必须符合设计规范的要求。特别是控制悬挑的结构梁、板，钢筋保护层厚度至关重要。如果钢筋保护层过薄，不仅钢筋和混凝土不能很好地共同工作，而且钢筋锈蚀（特别是地梁和基础等）将直接影响结构安全，因此，必须严格控制钢筋保护层的厚度，绝不可掉以轻心。

（6）钢筋绑扎时，要有绕扣和兜扣，绑扣必须牢固，不得松动。

（7）钢筋工程必须经监理工程师检查验收合格，在隐蔽工程记录上签字确认后，方可进行下道工序——浇注混凝土。

（8）钢筋工程施工中常出现的问题：

① 结构中梁、柱节点处，易造成缩颈、轴线位移等问题；

② 结构中，边梁上设构造柱，易造成构造柱外侧钢筋锚固长度不足；

③ 对钢筋保护层理解错误，造成箍筋尺寸偏小；

④ 构造柱的箍筋和加密区，只注重上、下部分的加密而易忽视搭接范围的加密区；

⑤ 阳台等悬挑构件的钢筋位置不准确造成钢筋保护层过厚，板的有效高度减小；

⑥ 楼板开洞处，洞口四周加强钢筋易遗漏；

⑦ 在楼板混凝土施工中，施工操作人员、车辆易将钢筋踩踏碾压变形。

第八节　钢筋安装工程成品保护

（1）绑扎完的梁、顶板钢筋，要设钢筋马凳，上铺脚手板作人行通道，要防止板的负弯矩筋被踩下移以及受力构件配筋位置变化而改变受力构件结构。

（2）绑扎完的墙、柱钢筋，人员上下要经过脚手架，禁止攀爬钢筋。

（3）浇注混凝土时，地泵管应用钢筋马凳架起并放置在跳板上，不允许直接铺放在绑好的钢筋上，以免泵管振动将结构钢筋振动移位。浇注混凝土时派专人（钢筋工）负责修理、看护，保证钢筋的位置准确。

（4）人工搬运时，需轻拿轻放，放置钢筋时，端头不得先触地。严禁抛掷钢筋。

（5）钢筋绑扎完成后，严禁施工机械的油污等污染钢筋。如果钢筋被油污污染，可采用适当浓度的洗涤液进行清洗，并用清水冲洗干净。

（6）保证混凝土对钢筋的握裹力。浇注混凝土时，竖向钢筋会受到混凝土浆的污染，因此，在混凝土浇注前用塑料布将钢筋（预留混凝土厚度）向上包裹 40cm，混凝土浇注完毕后，将包裹的塑料布拆掉（并采用棉纱随浇注随清理），并将有污染的钢筋上的混凝土渣用钢丝刷刷掉，保证混凝土对钢筋的握裹力。

（7）安装电线管、暖卫管线或其他设施时，不得任意切断和移动钢筋。钢筋如需切断，必须经过设计单位同意，并采取相应的补强措施。

（8）应保证预埋电线管的位置，如发生冲突，可将竖向钢筋沿平面左右弯曲，横向钢筋上下弯曲，绕开预埋管，但一定要确保保护层的厚度，严禁任意切断钢筋。

（9）钢筋绑扎成型后，认真执行三检制度，对钢筋的规格、数量、锚固长度、预留洞口的加固筋、构造加强筋等都要逐一检查核对，骨架的轴线、位置、垂直度都必须实测检查，经质检员检验合格后报请监理公司验收，做好隐蔽验收记录。

第七章　预应力钢筋施工

第一节　预应力钢筋混凝土基础知识

一、基本概念

混凝土的抗拉强度太低，导致受拉区混凝土过早开裂，或者裂缝宽度过宽，不满足适用性和耐久性的要求。混凝土的极限拉应变约为 $0.1\sim0.15\times10^{-3}$，钢筋弹性模量为 $2\times10^5\mathrm{N/mm}^2$，则受拉钢筋的应力只能到 $20\sim30\mathrm{N/mm}^2$，不能充分利用其强度；对允许开裂的构件，当受拉钢筋的应力达到 $250\mathrm{N/mm}^2$ 时，裂缝宽度已达 $0.2\sim0.3\mathrm{mm}$。

钢筋混凝土梁应用于大跨度结构时，如为增加刚度而加大截面尺寸，会导致自重进一步增大，形成恶性循环。

高强钢筋的使用，应力达 $500\sim1000\mathrm{N/mm}^2$，裂缝宽度将很大，无法满足使用要求。

1928 年，法国杰出的土木工程师 E. Freyssnet 发明了预应力混凝土，就是在外荷载作用之前，先对混凝土预加压力，造成人为的应力状态。它所产生的预压应力能部分或全部抵消外荷载所引起的拉应力。这样在外荷载作用下，裂缝就能延缓或不致发生，即使发生了，裂缝的宽度也不会过宽。预应力示意见图 7-1。

1. 预应力混凝土结构的优缺点

优点：延缓构件开裂，减小裂缝宽度；

提高抗裂度和刚度；

节约钢筋，减轻自重，可建造大跨高层结构。

缺点：施工工序多，技术要求高；

需要专门的锚具和张拉设备，以及预应力钢筋，费用高；

开裂荷载与破坏荷载过于接近，破坏前的延性差。

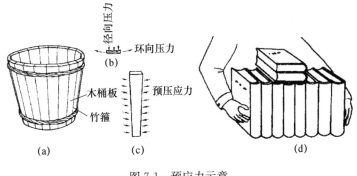

图 7-1　预应力示意

2. 优先采用预应力混凝土的结构

要求裂缝控制等级较高的构件；

大跨度或受力很大的构件；

对构件刚度和变形控制要求较高的结构构件。

二、预应力钢筋混凝土分级

预应力钢筋混凝土根据截面控制裂缝的程度不同可以分为三级：

一级：严格要求不出现裂缝的构件，要求构件受拉边缘混凝土不产生拉应力。

二级：一般要求不出现裂缝的构件，要求构件受拉边缘混凝土的拉应力不超过混凝土抗拉强度。

三级：允许出现裂缝的构件，要求构件正截面最大裂缝宽度计算值不超过规定限值。

若按预应力钢筋与混凝土的粘结状况，可分为有粘结预应力混凝土和无粘结预应力混凝土。

有粘结预应力混凝土：预应力钢筋与周围的混凝土有可靠的粘结强度，使得预应力钢筋与混凝土在荷载作用下有相同的变形。

无粘结预应力混凝土：预应力钢筋与周围的混凝土没有任何

的粘结强度。预应力钢筋的应力沿构件长度变化不大，若忽略阻力影响，则可以认为是相等的。

无粘结预应力混凝土的特点：无粘结预应力混凝土的预应力钢筋有塑料套管或塑料包膜包裹；制作时不需预留孔道和灌浆；张拉工序简单，施工方便；破坏时钢筋应力仅为有粘结预应力钢筋的 70%～90%。为了综合考虑对其结构性能的要求，必须配置一定数量的有粘结的非预应力钢筋。无粘结预应力混凝土较少用于水工建筑物。

三、预应力钢筋混凝土材料

1. 混凝土

（1）强度高。预应力混凝土要求采用高强混凝土，可以施加较大的预压应力，有利于减小构件截面尺寸，以适用大跨度的要求。

（2）收缩、徐变小。有利于减少收缩、徐变引起的预应力损失。

（3）快硬、早强。可较早施加预应力，加快施工速度，提高台座、模具、夹具的周转率。一般预应力混凝土构件的混凝土强度等级不低于 C30，当采用高强钢丝时不低于 C40。

2. 钢材

（1）强度高。预应力钢筋具有较高的抗拉强度。

（2）具有一定的塑性。为避免构件发生脆性破坏，预应力筋应在拉断前具有一定的伸长率。

（3）良好的加工性能。以满足对钢筋焊接、镦粗的加工要求。

（4）与混凝土之间有良好的粘结：通常采用"刻痕"或"压波"方法来提高与混凝土的粘结强度。

我国目前常用的预应力钢材主要有钢绞线、钢丝、钢丝束等。

（1）钢绞线

钢绞线（图 7-2）是用直径为 5～6mm 的高强钢丝捻制而成

的一种高强预应力筋，其中以 7 股钢绞线应用最多。7 股钢绞线的公称直径为 9.5~15.2mm，强度可高达 1860MPa。

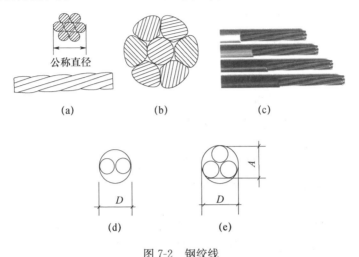

图 7-2　钢绞线

（2）钢丝、钢丝束

分为冷拉钢丝和消除应力钢丝两种。

外形分为光圆钢丝、螺旋肋钢丝、刻痕钢丝三种。

极限抗拉强度标准值可达 1860N/mm²。

在后张法构件中，当需要钢丝的数量很多时，钢丝常成束布置，称为钢丝束。如图 7-3 所示，钢丝束就是将几根或几十根钢丝按一定规律排列，用钢丝扎在一起。排列方式有单根单圈、单根双圈、单束单圈等。

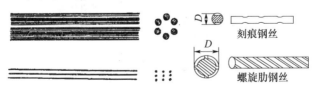

图 7-3　钢丝、钢丝束

（3）无粘结预应力钢筋

分为无粘结预应力钢丝束和无粘结预应力钢绞线。它们用的钢丝与有粘结钢筋相同，所不同的是无粘结预应力钢筋的表面必须涂刷油脂，应用塑料管或塑料布带作为包裹层加以保护，形成可相互滑动的无粘结状态。

四、夹具和锚具

当预应力构件制成后能够取下重复使用的称为夹具；留在构件上不再取下的称锚具。

二者均是依靠摩擦、握裹和承压锚固来夹住或锚住钢筋。

（1）对锚具的要求：

1）安全可靠，具有足够的强度和刚度；

2）应使预应力钢筋在锚具内尽可能不产生滑移；

3）构造简单，便于机械加工制作；

4）使用方便，省材料，价格低。

（2）先张法夹具如图 7-4、图 7-5 所示。

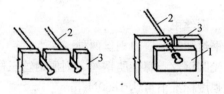

图 7-4　先张法固定端镦头夹具

1—垫片；2—镦头钢丝；3—承力板

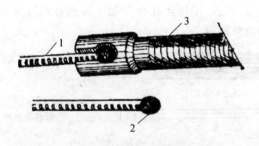

图 7-5　单根镦头钢筋螺杆夹具

1—钢筋；2—镦粗头；3—张拉螺杆

（3）后张法锚具如图 7-6 所示。

① 螺丝端杆锚具：

优点：操作简单，预应力钢筋基本不发生滑动；

缺点：对预应力钢筋长度的精度要求高，不能太长或太短。

② 锥形锚具：

优点：锚固多根平行钢丝束或钢绞线束；

缺点：滑移大，不易保证每根应力均匀。

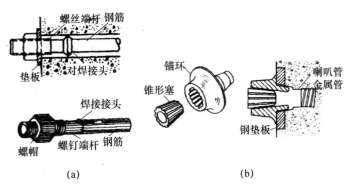

图 7-6　后张法锚具

(a) 螺钉端杆锚具；(b) 锥形锚具

（4）镦头锚具如图 7-7 所示。

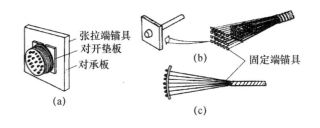

图 7-7　镦头锚具

（a）张拉端；（b）分散式固定端；（c）集中式固定端

预应力靠镦头的承压力传到锚环，再依靠螺纹上的承压力传到螺帽，最后经过垫板传到混凝土构件上。

优点：锚固性能可靠，锚固力大，张拉操作方便。

缺点：对钢筋钢丝束的长度、精度要求高。

（5）夹具式锚具如图 7-8 所示。

预应力靠摩擦力将预拉力传给夹片，夹片依靠其斜面上的承压力传给锚环，再由锚环依靠承压力传给构件。

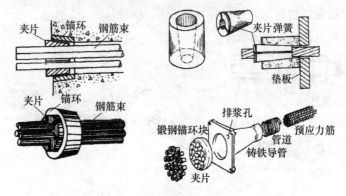

图 7-8　夹具式锚具

第二节　预应力钢筋配料计算

一、先张法长线台座中预应力筋下料长度计算

如图 7-9 所示，预应力粗钢筋的下料长度为

$$L = L_1(l + \gamma - \delta) + nl_0$$

式中　L_1——预应力筋的成品长度，$L_1 = l + l_3 + l_4$（mm）；

l_0——每个对焊接头的压缩长度（mm）；

n——对焊接头数量（个）；

l_3——镦头锚具长度（mm）；

l_4——张拉端预应力筋长度（包括锚具和千斤顶的长度并增加 30～50mm 的外露长度）（mm）；

γ——钢筋冷拉伸长率（由试验确定）；

l——台座长度（包括横梁、定位板在内）（mm）；

δ——钢筋冷拉后的弹性回缩率（由试验确定）。

预应力钢丝的下料长度则不计 nl_0 这一项。

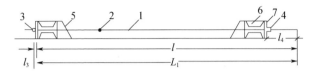

图 7-9 先张法长线台座中预应力筋下料长度计算

1—预应力筋；2—镦头；3—螺母；4—螺钉端杆连接器；

5—台座承力架；6—横梁；7—垫板

二、后张法施工中预应力粗钢筋的下料长度计算

（1）当采用螺钉端杆锚具（图 7-10）时，预应力筋的下料长度用下式计算：

$$L = L_0 + (l + \gamma - \delta) + nl_0$$

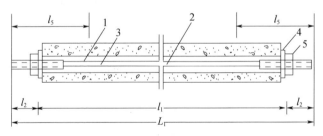

图 7-10 采用螺钉端杆锚具

1—孔道；2—预应力筋；3—预应力筋；4—垫板；5—螺母

式中　L_0——预应力筋冷拉后的成品长度（mm），$L_0 = L_1 - 2l_5$；

　　　L_1——预应力筋的成品长度（mm），$L_1 = l_1 + 2l_2$；

　　　l_1——构件孔道长度（mm）；

　　　l_2——在构件外的外露长度，可取 120～150mm；

　　　l_5——端杆长度，可取 320mm；

　　　l_0——每个对焊接头压缩量（可取 1 倍钢筋直径）（mm）；

　　　n——对焊接头数量（个）；

γ——预应力筋的冷拉伸长率（由试验确定）；

δ——预应力筋的冷拉弹性回缩率（由试验确定）。

（2）当采用一端为螺钉端杆锚具，另一端为帮条锚具（图 3-11）时，用下式计算：

$$L = L_0 + (l + \gamma - \delta) + nl_0$$
$$L_0 = L_1 - l_5$$
$$L_1 = l_1 + l_2 + l_3$$

式中　l_3——帮条锚具长度，取 70～80mm。

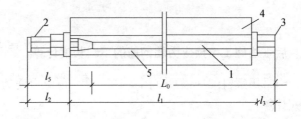

图 7-11　一端为螺钉端杆锚具，另一端为帮条锚具

1—预应力筋；2—螺钉端杆锚具；3—帮条锚具；4—混凝土构件；5—孔道

（3）当一端采用螺钉端杆锚具，另一端采用镦头锚具（图 7-12）时，下料长度计算方法与（2）相同，只是 l_3 为镦头锚具的长度（包括垫板厚度）。

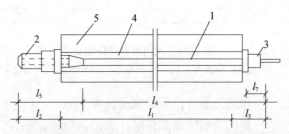

图 7-12　一端采用螺钉端杆锚具，另一端采用镦头锚具

1—预应力筋；2—螺钉端杆锚具；3—镦头锚具；4—孔道；5—混凝土构件

三、后张法施工中钢绞线或钢丝束的下料长度计算

计算公式为

$$L=l_1+l_2+(l_3+l_4)\times n+2l_5+l_6$$

式中　l_1——孔道长度（mm）；

　　　l_2——张拉端锚板厚度（mm）；

　　　l_3——穿心式千斤顶长度（mm）；

　　　l_4——工具锚板和限位板厚度（mm）；

　　　l_5——预留长度，可取 100～150mm；

　　　l_6——锚固端锚板厚度，对于两端张拉，一般取 $l_6=l_2$。

　　　n——两端张拉时取 2，一端张拉时取 1；

　　需要注意的是，在同一构件内配置两根以上预应力筋时，其对焊接头不能在同一截面上，相互错开的距离应不小于钢筋直径的 30 倍，且不小于 500mm。也就是说，同一孔道内的预应力筋下料长度也会不同。螺钉端杆在构件端部的外露长度 l_2 也必须满足锚固的需要，过长和过短都会失去锚固作用。所以，必须将同一构件内的所有预应力筋的下料长度分别计算和编号，以免混淆。

第三节　预应力钢筋施工工艺

一、先张法

　　先张法（图 7-13）是在浇注混凝土构件前，张拉预应力钢筋（丝），将其临时锚固在台座（在固定的台座上生产时）或钢模（机组中流水生产时）上，然后浇注混凝土构件，待混凝土达到一定强度（约 75%标准），预应力钢筋（丝）与混凝土之间有足够粘结力时，放松预应力，预应力钢筋（丝）弹性缩回，借助混凝土与预应力钢筋（丝）之间的粘结，对混凝土产生预压应力。先张法施工设备包括台座、夹具、张拉设备等。

　　1. 台座

　　（1）墩式台座（图 7-14），是由传力墩、台面和横梁组成的。

　　（2）槽式台座（图 7-15）是由端柱、传力柱和上、下横梁以及砖墙组成的。

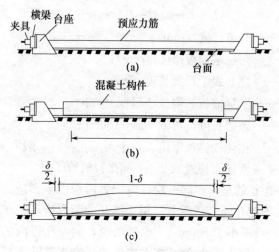

图 7-13　先张法预应力施加

(a) 张拉预应力筋；(b) 浇注混凝土构件；(c) 放张施加预应力

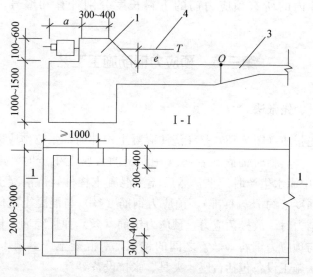

图 7-14　墩式台座

2. 夹具

夹具是预应力筋张拉和临时固定的锚固装置，可分为锚固夹具和张拉夹具。

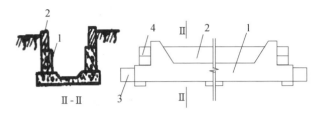

图 7-15 槽式台座

1—钢筋混凝土压杆；2—砖墙；3—下横梁；4—上横梁

锚固夹具有钢质锥形夹具、镦头夹具。

张拉夹具有月牙形夹具、偏心式夹具和楔形夹具等，见图 7-16。

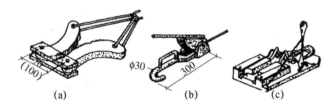

图 7-16 张拉夹具

（a）月牙形夹具；（b）偏心式夹具；（c）楔形夹具

3. 张拉设备

张拉设备主要有油压千斤顶、卷扬机、电动螺杆张拉机。

先张法施工工艺如图 7-17 所示。

二、后张法

后张法施工（图 7-18）是在浇注混凝土构件时，在放置预应力筋的位置处预留孔道，待混凝土达到一定强度（一般不低于设计强度标准值的 75%），将预应力筋穿入孔道中并进行张拉，然后用锚具将预应力筋锚固在构件上，最后进行孔道灌浆。预应力筋承受的张拉力通过锚具传递给混凝土构件，使混凝土产生预压应力。

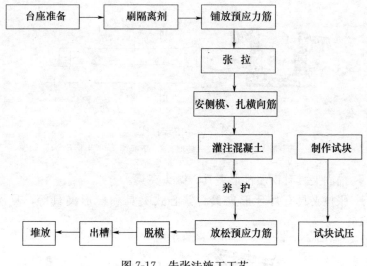

图 7-17 先张法施工工艺

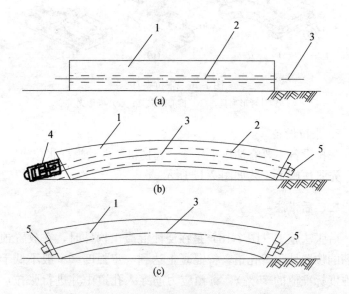

图 7-18 后张法施工

(a) 制作混凝土构件；(b) 拉钢筋；(c) 锚固和孔道灌浆

1—混凝土构件；2—预留孔道；3—预应力筋；4—千斤顶；5—锚具

1. 锚具的种类

单根粗钢筋锚具：螺栓端杆锚具、帮条锚具。

钢筋束、钢绞线束锚具：JM 型锚具、KT-Z 型锚具、XM 型锚具、QM 型锚具、镦头锚具等。

钢丝束锚具：钢质锥型锚具、锥型螺杆锚具、钢丝束镦头锚具。

2. 张拉设备

张拉设备有千斤顶和高压油泵。

千斤顶：拉杆式千斤顶（YL 型）；锥锚式双作用千斤顶；穿心式千斤顶。

高压油泵：提供动力的设备。

后张法施工工艺如图 7-19 所示。

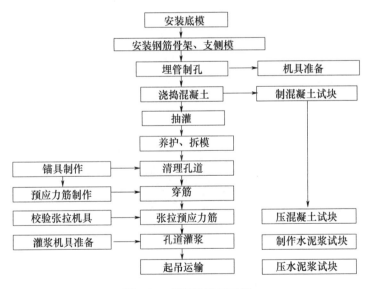

图 7-19 后张法施工工艺

三、无粘结预应力混凝土的施工工艺

所谓无粘结预应力混凝土，就是在浇注混凝土之前，将钢丝束的表面覆裹一层涂塑层，并绑扎好钢丝束，埋在混凝土内，待

混凝土强度达到设计强度之后，用张拉机具进行张拉。当张拉达到设计的应力后，两端再用特制的锚具锚固。

优点：一是可以降低楼层高度；

二是空间大、可以提高使用功能；

三是提高了结构的整体刚度；

四是减少材料用量。

锚具：预应力钢筋是高强钢丝时，用镦头锚具；为钢绞线时用 XM、QM 锚具。

成型工艺：主要有涂包成型工艺、挤压涂塑工艺。

施工工艺：

安装梁或楼板模板→放线→下部非预应力筋铺放、绑扎→铺放暗管、预埋件→安装无粘结筋张拉端模板（包括打眼、钉焊预埋承压板、螺旋筋、穴模及各部位马凳筋等）→铺放无粘结筋→检查、修补破损的护套→上部非预应力筋铺放、绑扎→检查无粘结筋的矢高、位置及端部状况→隐蔽工程检查验收→浇灌混凝土、养护混凝土→松动穴模、拆除侧模→张拉准备→混凝土强度试验→张拉无粘结筋→切除超长的无粘结筋→封锚。

端部锚头处理示意见图 7-20。

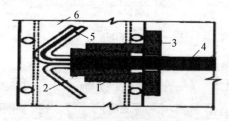

图 7-20　端部锚头处理示意

1—锚环；2—夹片；3—埋件；4—钢绞线；5—散开打弯钢丝；6—后浇混凝土

第四节　预应力钢筋施工要求

先张法既有预制生产，如预制梁、板、路桥构件，也有在结构所在位置直接进行施工的，如某些大跨度库房、粮仓的薄壁拱板。前者施工方便，可批量生产，需要运用吊装工艺安装就位；后者不需要再吊装，解决了诸如施工场地狭窄、大跨度构件起吊困难、薄壁拱板易损坏等问题。

先张法预应力混凝土构件是预制构件厂的传统产品，多年来，其工艺变化不大，多采用长线生产或叠层生产工艺，一次可制成多个构件，生产效率较高，但需要建造辅助设施，投资较多，占地面积较大。近年来，在材料方面引入了高强预应力钢材。SP预应力空心板就是采用先张法生产的。

后张法分预制生产和现场施工，前者如吊车梁、屋面板等，需要吊装到结构部位，它又可分为整体式构件和块体拼装式构件；后者是直接在结构所在部位进行施工操作，随着主体结构一同流水作业，不需要再进行吊装。

一、预留孔道

预留孔道是后张法施工的一道关键工序，孔道有直线和曲线之分，成孔方法有无缝钢管抽芯法、胶管加压抽芯法和预埋管法。

无缝钢管抽芯法用于留设直线孔道，胶管加压抽芯法可用于留设直线、曲线及折线孔道。这两种方法主要用于预制构件，管道可重复使用，成本较低。

预埋管法可采用薄钢管、镀锌钢管与波纹管（金属波纹管或塑料波纹管）等。用金属波纹管留孔，一般均用于采用钢绞线或钢丝作为预应力的大型构件中，竖向结构留孔可用钢管。

对连续结构中的多波曲线束且高差较大时，应在孔道的每个峰顶处设置泌水孔；起伏较大的曲线孔道，应在弯曲的低点处设置排水孔。排气孔及灌浆孔的设置方法如下：在波纹管上开洞，然后将特制的带嘴塑料弧形接头板用铅丝同管子绑在一起，再用塑料管或钢管与嘴连接，并将其引到构件外面 400～600mm，一般应高出混凝土顶面至少 500mm。接头板的周边可用宽塑料胶带缠绕数层封严，或在接头板与波纹管之间垫海绵垫片。泌水孔、排气孔必要时可考虑作为灌浆孔使用。

波纹管的连接可采用大一号的同型波纹管，接头管的长度，管径为 40～65 时取 200mm，管径为 70～85mm 时取 250mm，管径为中 90～100mm 时取 300mm。管两端用密封胶带或塑料热缩管封裹，以防漏浆。

波纹管安装过程中应尽量避免反复弯曲，以防管壁开裂，同时还应防止电焊火花烧伤管壁，波纹管安装后，管壁如有破损，应及时修补。波纹管安装后，应检查波纹管的位置、形状是否符合设计要求，波纹管的固定是否牢固，接头是否完好，有无破损现象等，如有破损，应及时用粘胶带修补。

二、穿束

穿束即将预应力筋穿入孔道，分先穿束法和后穿束法。

先穿束法是在浇注混凝土前穿束，按穿束与预埋波纹管之间的配合又可分为先穿束后装管、先装管后穿束，两者组装后放入。以先装管后穿束较为多用，可直接将下好料的钢绞线、钢丝在孔道成型前就穿入波纹管中，这样可简化穿束工作，但应注意在浇注混凝土和混凝土初凝之前不断来回拉动预应力筋，预防预应力筋被渗漏的水泥浆粘住而增大张拉时的摩擦力。

后穿束法是在浇注混凝土之后穿束，可在混凝土养护期内操作，不占工期，可在张拉前进行，便于防锈，但穿束较为费力，多用于直线孔道。施工时也可预先穿入长钢丝或尼龙绳，在钢丝或尼龙绳的中部固定直径略小于孔道直径的套板，在浇注混凝土和混凝土初凝之前来回拉动钢丝或尼龙绳，进行通孔。钢丝束应整束穿，钢绞线优先采用整束穿，也可单根穿，穿束工作可由人工、卷扬机或穿束机进行。整束穿时，束的前端装特制牵引头或网套；单根穿时，钢绞线前套一个子弹头形壳帽。

三、浇注混凝土

浇注混凝土时，应注意避免触及、损伤成孔管和造成支撑马凳移位，在钢筋密集区和构件两端，因钢筋密集、浇捣困难，应用小直径的振捣棒仔细振捣密实，切勿漏振，以免造成孔洞和混凝土不密实，以至张拉时使端部承压板凹陷，造成质量安全事故，影响构件性能。浇注完混凝土后要对混凝土及时覆盖浇水养护，以防混凝土收缩产生裂纹。

四、张拉

张拉前应对构件（或块体）的几何尺寸、混凝土浇注质量、孔道位置及孔道是否畅通、灌浆孔和排气孔是否符合要求、构件端部预埋铁件位置等进行全面检查。

高空张拉预应力筋时，应搭设可靠的操作平台。

张拉前必须对各种机具、设备及仪表进行校验及标定。校验应由具有专业资质的检测部门进行，采用标准压力机。张拉设备应配套校验，并在施工中配套使用，不可混用。压力表精度不应低于 1.5 级，校验设备精度不应低于 2%。张拉时混凝土强度、张拉值、张拉理论伸长值都应由设计单位给出，如无特殊要求，张拉时混凝土强度不应低于设计强度的 75%；张拉值不应超过预应力筋抗拉强度标准值的 75%。对为减少预应力束松弛损失，采用超张法施工时，张拉应力不应大于预应力筋抗拉强度标准值的 80%。

张拉时的实际伸长值与理论伸长值相比，应不超出 ±6% 范围，否则应暂停张拉，在采取措施纠正后，方可继续张拉。

安装铺具前应将钢绞线表面的泥砂和灰浆用钢丝刷清除，安装铺具时应注意锚板要对中，夹片背面涂上润滑脂，均匀打紧并外露一致。

安装千斤顶时，应注意工具锚的孔位和构件端部工作的孔位排列应一致。严禁钢绞线在千斤顶的穿心孔内发生交叉，以免张拉时出现跑锚事故。工具锚应保持清洁和良好的润滑状态。

张拉顺序应按设计要求进行，如无设计要求，应遵守对称张拉的原则，还应考虑到尽量减少设备的移动次数。张拉程序根据实际结构情况制定，一般设计也有交代，可分级加载，也可一次张拉到 $1.03\sigma_{con}$，σ_{con} 为张拉控制应力。对分层叠浇的预制构件，如预应力折线形屋架，为克服层间摩擦力，每向下一层张拉力都比上层增加 1‰，张拉顺序应为自上而下。

张拉形式可采用两端张拉、一端张拉一端补足、分段张拉、分期张拉等，针对不同结构形式和设计要求而定。

预应力筋张拉后，从构件制作到使用后的整个过程中会产生应力不断降低的现象，即产生预应力损失。预应力损失根据发生的时间分为瞬时损失和长期损失。前者包括孔道摩擦损失、锚固损失、弹性压缩损失等；后者包括钢材应力松弛损失、混凝土收缩损失和徐变损失等。孔道摩擦损失是指预应力筋与孔道壁之间的摩擦引起的预应力损失；锚固损失是指张拉端锚固时预应力筋内缩引起的预应力损失；弹性压缩损失是指先张法构件放张时或后张法构件分批张拉时，由于混凝土受到弹性压缩引起的预应力损失。钢材应力松弛损失是指钢材受到一定的张拉力之后，在长度保持不变的条件下，钢材的应力随时间的延长而降低的现象，此降低值称为应力松弛损失。产生应力松弛的原因主要是由金属内部位移运动使一部分弹性变形转化为塑性变形引起的。由于混凝土的收缩和徐变而使预应力值减少的现象称为混凝土收缩损失和徐变损失。

五、孔道灌浆

预应力筋张拉后，孔道应尽早灌浆，以免预应力筋锈蚀。

1. 灌浆材料与设备要求

孔道灌浆一般采用水泥浆，水泥应采用普通硅酸盐水泥，配制的水泥浆或砂浆强度均不应低于 $30N/mm^2$。水灰比一般宜采用 0.4～0.45，可掺入适量膨胀剂。

灌浆可采用电动或手动灌浆泵，不得使用压缩空气泵。灌浆用的设备包括灰浆搅拌机、灌浆泵、储浆桶、过滤器、橡胶管和喷浆嘴。灌浆嘴必须接上阀门，以保证安全和节省灰浆。橡胶管宜采用带 5～7 层帆布夹层的厚胶管。

2. 灌浆工艺要求

灌浆前，首先要进行机具准备和试车。对孔道进行检查，如有积水应排除干净。灌浆顺序为先灌注下层孔道，后灌注上层孔道。灌浆工作应缓慢均匀地进行，不得中断，并应排气通顺。灌浆操作时，灰浆泵压力取为 $0.4 \sim 1.0 N/mm^2$。孔道较长或输浆管较长时压力宜大些，反之可小些。灌浆进行到排气孔冒出浓浆时，即可堵塞此处的排气孔，再继续加压至 $0.5 \sim 0.6 N/mm^2$，稳压一定时间后封闭灌浆孔。

对曲线孔道，灌浆口应设在低点处，这样可使孔道内的空气、水从泌水管中排出，保证灌浆质量。但应注意不要将灌浆口设在孔道的最低处，因为预应力筋张拉后向上抬起，贴近灌浆口，使水泥浆难以灌入，所以应将灌浆口设置在稍微偏离孔道的正上方，避开预应力筋，使灌浆工作顺利进行。

3. 灌浆口的间距

对预埋金属螺旋管，不宜大于 30m，抽芯成形孔道不宜大于 12m。

对一条孔道，必须在一个灌浆口一次把整个孔道灌注完，才能保证孔道灌浆饱满密实。在施工中，孔道堵塞，必须更换灌浆口时，必须在第二个灌浆口内灌入整个孔道的水泥浆量，把第一次灌入的水泥浆全部排出，才能保证灌浆质量。

凡是制作时需要预先起拱的后张法构件，预留孔道也应随构件同时起拱。

灌浆应缓慢、均匀地进行。比较集中和邻近的孔道，宜尽量连续灌浆，以免串到邻孔的水泥浆凝固、堵塞孔道。不能连续灌浆时，后灌浆的孔道应在灌浆前用压力水冲洗通畅。孔道灌浆应填写施工记录。

六、端部处理

每根构件张拉完毕后，应检查端部和其他部位是否有裂缝，并填写张拉记录表。

预应力筋锚固后的外露长度，不宜小于 30mm，并且钢绞线端头混凝土保护层厚度不应小于 20mm。外露的锚具，需涂刷防锈油漆，并用混凝土封裹，以防腐蚀。

在桥梁结构中，锚头外要加锚罩，用水泥浆将锚头封死，并认真地灌封混凝土，在封端混凝土以外再加防水膜防水，以防止侵蚀介质从锚头部分侵入而侵蚀预应力筋。

锚固端做法分为凸出式和凹入式，前者节点构造简单，但影响美观，需加以修饰；后者用混凝土封堵到与结构平齐，但节点较为复杂。

(1) 无粘结预应力筋的规格有 $7\phi5$、$7\phi4$ 以及 $\phi12.7$、$\phi15.2$、$\phi15.7$ 钢绞线和钢丝束，其性能、防腐润滑涂料、护套材料均应符合规范要求。

现场应对无粘结预应力筋的规格、尺寸进行检查和保护，吊运时应采用麻绳、尼龙带等并妥善保管，以免破坏外包涂塑层。预应力筋运到现场后，首先选择在平整的场地上打开散盘，按结构的曲线筋长度并考虑端部张拉设备机具的尺寸计算出下料长度，长料采用无齿锯切割，切割后的无粘结预应力筋应逐根进行外观检查，凡破损处均应用胶带进行缠绕修补，缠绕时搭接一半。

(2) 无粘结预应力筋可用钢筋马凳等架立筋与非预应力筋同时绑扎或在铺放预应力筋之后穿入并用定位筋定位，应按设计要求的曲线形状就位并固定牢固，其尺寸允许偏差为板、肋内 $\pm15mm$、梁内 $\pm10mm$。支撑马凳的间距应不大于 $1.0m$，并与靠筋绑扎牢固。双向布置无粘结预应力筋时，在上下交叉点处宜先穿下部筋，后穿上部筋，不能将预应力筋扭转，在各部位均应平行排筋，如有扭转的筋，应重排以实现"平行"。成束布置的预应力筋应每隔 $1.2\sim1.5mm$ 捆扎成一束。

(3) 铺设顺序。在单向连续梁板中，无粘结预应力筋的铺设顺序与非预应力筋的铺设顺序相同。在双向连续平板中，无粘结预应力筋需要配置成两个方向的悬垂曲线，给施工带来一定的难度。一般应事先编制铺设顺序，方法是将各无粘结预应力筋搭接处的标高（从板底至无粘结预应力前上表面的高度）标出，根据双向钢丝束交点的标高差，绘制出钢丝束的铺设顺序图。波峰低的底层钢丝束先行铺设，然后依次铺设波峰高的上层钢丝束，以避免各钢丝束之间的相互碰撞穿插。

（4）施工中，电焊钢筋网片时应注意采取隔离措施使电焊火花不要粘在无粘结预应力筋的隔离外皮上，以免损坏外包层。

（5）无粘结预应力筋的张锚体系应根据设计要求确定或根据结构端部的预埋承压板的形式选定。当端部为单筋布置时，预应力体系可采用单根张拉与锚固体系，并用单根夹片式锚具锚固。张拉设备可选用 YC-18、YCD-20 型穿心式及 YCJ 等各类轻型千斤顶，即采用小型高压油泵和手提式千斤顶，操作非常方便。当无粘结预应力筋在端部成束布置时，应采用相应张拉力的中、大吨位的千斤顶。张拉顺序应按设计要求进行，如设计无特殊要求，可依次张拉。

（6）在张拉过程中，应测定其实际伸长值，并与理论伸长值进行比较，误差不应超过理论伸长值的 $\pm 6\%$。

（7）无粘结预应力筋张拉完毕后，可在锚具外 30mm 处采用无齿锯切断，对凹形端部构造，可采用孔穴切割器切断。严禁采用电弧切割，并于 1～3d 内对端部进行封锚。封锚可涂以专用防腐油脂并加盖塑料封罩，最后浇注混凝土。当采用穴模时，应用膨胀细石混凝土或高强度等级砂浆将构件凹槽堵平。

第五节　预应力钢筋技术质量检验

一、锚具、夹具和连接器质量检验

锚具、夹具和连接器进场时，应按合同核对锚具的品种、规格及数量，并按规定验收。检验合格后方可在工程中应用。

在同种材料和同一生产工艺条件下生产的产品，才可以列为同一批量。锚固多根预应力筋的锚具以不超过 1000 套为一个验收批；锚固单根预应力筋的锚具或夹具，每个验收批可以扩大为 2000 套。连接器的每个验收批不宜超过 500 套。

1. 外观检查

从每批中抽 10％的锚具且不少于 10 套，检查其外观质量和外形尺寸。其表面应无污物、锈蚀、机械损伤和裂纹。如果有一套表面有裂纹则本批应逐套检查，合格者方可进入后续检验组批。

2. 硬度检验

对硬度有严格要求的锚具零件，应进行硬度检验。从每批中抽取 5% 的样品且不少于 5 套，按产品设计规定的表面位置和硬度范围（该表面位置和硬度范围是品质保证条件，由供货方在供货合同中注明）做硬度检验。如有一个零件不合格，则应另取双倍数量的零件重做检验；如仍有一件不合格，则应对本批产品逐个检验，合格者方可进入后续检验组批。

3. 静载锚固性能试验

在通过外观检查和硬度检验的锚具中抽取 6 套样品，与符合试验要求的预应力筋组装成 3 个预应力筋 锚具组装件，由国家或省级质量技术监督部门授权的专业质量检测机构进行静载锚固性能试验。试验结果应单独评定，每个组装件试件都必须符合要求。如有一个试件不符合要求，则应取双倍数量的锚具重做试验；如仍有一个试件不符合要求，则该批锚具为不合格品。

在试验过程中，试验数据如已满足要求而组装件仍未拉断，此时，如能证明锚具的负载能力大于或等于 f_{pm}（预应力筋的平均张拉力），可以终止试验，并判定试验结果合格。

说明：

（1）对锚具用量不多的工程，如由供货方提供有效试验合格证明文件，经工程负责单位审议认可并正式备案，可不必进行静载验收试验；

（2）用于主要承受动荷载的锚具，可按疲劳应力幅度进行疲劳荷载试验。

二、预应力筋质量检验

下面介绍静载锚固性能试验。

1. 一般规定

（1）试验用预应力筋可由检测单位或受检单位提供，应先取 3 根试件进行力学性能试验。其实测抗拉强度平均值 f_{pm} 应符合本工程选定的强度等级，超过上一等级时不应采用；如工程选定最高强度等级，试验用预应力筋实测 f_{pm} 不宜超过 $1.05f_{ptk}$。

（2）组装件中，预应力筋的受力长度不宜小于 3m。单根钢绞线的组装件受力长度不小于 0.8m（不包括夹持部位）。

（3）如预应力筋在锚具夹持部位有偏转角度，宜在该处安设轴向可移动的偏转装置（如钢环或多孔梳子板等）。

（4）试验用锚固零件应擦拭干净，不得在锚固零件上添加影响锚固性能的介质，如金刚砂、石墨、润滑剂等（产品设计有规定者除外）。

（5）试验用测力系统，其不确定度不得大于 2%；测量总应变的量具，其标距（1m）的不确定度不得大于标距的 0.2%，其指示应变的不确定度不得大于 0.1%。

2. 试验方法

对预应力筋-锚具组装件进行静载试验。加载之前应先将各根预应力筋的初应力（f_{ptk} 的 5%～10%）调匀。正式加载步骤：按预应力筋抗拉强度标准值 f_{ptk} 的 20%、40%、60%、80%，分 4 级等速加载，加载速度每分钟宜为 100MPa；达到 80% 后，持荷 1h；随后逐渐加载至完全破坏，使荷载达到最大值。

用试验机进行单根预应力筋-锚具组装件静载试验时，在应力达到 $0.8f_{ptk}$ 时，持荷时间可以缩短，但不少于 10min。

3. 预应力筋运输与储存

预应力筋运输与储存时，应满足下列要求：

（1）成盘卷的预应力筋，宜在出厂前加防潮纸、麻布等材料包装。

（2）装卸无轴包装的钢绞线、钢丝时，宜采用 C 形钩或三根吊索，也可采用叉车。每次吊运一件，避免碰撞而损害钢绞线。

（3）在室外存放时，不得直接堆放在地面上，必须采取垫枕木并用苫布覆盖等有效措施，防止雨露和各种腐蚀性气体、介质的影响。

（4）长期存放应设置仓库，仓库应干燥、防潮、通风良好、无腐蚀气体和介质。

（5）如储存时间过长，宜用乳化防锈剂喷涂预应力筋表面。

第八章　钢筋加工与安装的质量通病及其防治措施

第一节　钢筋原材料质量通病及防治措施

一、钢筋表面锈蚀

1. 现象

钢筋表面出现黄色浮锈，严重的转为红色，日久后变成暗褐色，甚至发生鱼鳞片剥落现象。

2. 原因分析

保管不良，受到雨、雪侵蚀；存放期过长；仓库环境潮湿，通风不良。

3. 预防措施

钢筋原料应存放在仓库或料棚内，保持地面干燥；钢筋不得直接堆置在地面上，必须用混凝土墩、砖或垫木垫起，离地面200mm以上；库存期限不得过长，原则上先进库的先使用。工地临时加盖防雨布；场地四周要有排水措施；堆放期尽量缩短。

4. 治理方法

淡黄色轻微浮锈不必处理。红褐色锈斑的清除，可采用手工（用钢丝刷刷或麻袋布擦）或机械方法，并尽可能采用机械方法。盘条细钢筋可通过冷拉或调直过程除锈；粗钢筋采用专用除锈机除锈，如圆盘钢丝刷除锈机（在马达转动轴上安两个圆盘钢丝刷刷锈）。对锈蚀严重、发生锈皮剥落现象的，因麻坑、斑点损伤截面的，应研究是否降级使用或另做处理。

二、钢筋堆放混料

1. 现象

钢筋品种、等级混杂不清，直径大小不同的钢筋堆放在一起，有技术证明与无技术证明的非同批原材料垛在一堆，难以分辨，影响使用。

2. 原因分析

原材料仓库管理不当，制度不严；钢筋出厂未按规定轧制螺纹或涂色；直径大小相近的，用目测有时分不清；技术证明未随钢筋实物同时送交仓库。

3. 预防措施

仓库应设专人验收入库钢筋；库内划分不同钢筋堆放区域，每堆钢筋应立标签或挂牌，表示其品种、等级、直径、技术证明编号及整批数量等；验收时要核对钢筋螺纹外形和涂色标志，如钢厂未按规定做，要对照技术证明单的内容进行鉴定；钢筋直径不易分清的，要用卡尺检查。

4. 治理方法

发现混料情况后应立即检查并进行清理，重新分类堆放；如果返工工作量过大，不易清理，应将该堆钢筋做出记号，以备发料时提醒人们注意；已发出去的混料钢筋应立即追查，并采取措施及时处理。

三、原料曲折

1. 现象

钢筋在运至仓库时发现形状有严重曲折。

2. 原因分析

运输时装车不注意；运输车辆较短，条状钢筋弯折过度；用吊车卸车时，挂钩或堆放不慎，压垛过重。

3. 预防措施

采用车架较长的运输车或用挂车接长运料；对较长的钢筋，尽可能采用吊架装卸车，避免用钢丝绳捆绑。

4. 治理方法

利用矫直台将弯折处矫直。对曲折处圆弧半径较小的"硬弯"，矫直后应检查有无局部细裂纹。局部矫正不直或产生裂纹的，不得用作受力筋。对Ⅱ级和Ⅲ级钢筋的曲折后果应特别注意。

四、钢筋纵向裂缝

1. 现象

螺纹钢筋沿"纵肋"出现纵向裂缝，或在"螺距"部分有断续的纵向裂缝。

2. 原因分析

轧制钢筋工艺缺陷所致。

3. 预防措施

剪取实物送钢筋生产厂，提醒今后生产时注意加强检查，不合格不得出厂。

4. 治理方法

作为直筋（不加弯曲）用于不重要构件，并且仅允许裂缝位于受力较小处；如裂缝较长（不可能使裂缝位于受力较小处），该钢筋应报废。

第二节　钢筋加工质量通病及防治措施

一、钢丝表面损伤

1. 现象

冷拔低碳钢丝经钢筋调直机调直后，表面有压痕或划道等损伤。

2. 原因分析

（1）调直机上下压辊间隙太小。

（2）调直模安装不合适。

3. 预防措施

（1）一般情况下钢丝穿过压辊之后，保证上下压辊间隙为2～3mm。

（2）根据调直模的磨耗程度及钢筋性质，通过试验确定调直模合适的偏移量。

4. 治理方法

取损伤较严重的区段为试件,进行拉力试验和反复弯曲试验,如各项机械性能均符合技术标准要求,钢丝仍按合格品使用;如不符合要求,则根据具体情况予以处理,一般仅允许用作架立钢筋或分布钢筋,而且在点焊网中应加强焊点质量检验。

二、剪断尺寸不准

1. 现象

剪断尺寸不准或被剪钢筋端头不平。

2. 原因分析

(1) 定尺卡板活动;

(2) 刀片间隙过大。

3. 预防措施

(1) 拧紧定尺卡板紧固螺栓;

(2) 调整固定刀片与冲切刀片间的水平间隙,对冲切刀片做往复水平动作的剪断机,间隙以 0.5~1mm 为合适。

4. 治理方法

根据钢筋所在部位和剪断误差情况,确定是否可用或返工。

三、钢筋连切

1. 现象

使用钢筋调直机切断钢筋,在切断过程中钢筋被连切。

2. 原因分析

弹簧预压力不足;传送压辊压力过大;料槽钢筋下落阻力过大。

3. 预防措施

针对以上原因做相应调整,并事先试验合适。

4. 治理方法

发现连切应立即断电,停止调直机工作,检查原因并及时解决。

四、箍筋不规范

1. 现象

矩形箍筋成型后拐角不成 90°，或两对角线长度不相等。

2. 原因分析

箍筋边长成型尺寸与图纸要求误差过大；没有严格控制弯曲角度；一次弯曲多个箍筋时没有逐根对齐。

3. 预防措施

注意操作，使成型尺寸准确；当一次弯曲多个箍筋时，应在弯折处逐根对齐。

4. 治理方法

当箍筋外形误差超过质量标准允许值时，对Ⅰ级钢筋，可以重新将弯折处直开，再行弯曲调整（只可返工一次）；对其他品种钢筋，不得重新弯曲。

五、成型尺寸不准

1. 现象

钢筋长度和弯曲角度不符合图纸要求。

2. 原因分析

下料不准确；画线方法不对或误差大；用手工弯曲时，扳距选择不当；角度控制没有采取保证措施。

3. 预防措施

加强钢筋配料管理工作，根据单位设备情况和传统操作经验，预先确定各形状钢筋下料长度调整值，配料时考虑周到；为了画线简单和操作可靠，要根据实际成型条件（弯曲类型和相应的下料调整值、弯曲处曲率半径、扳距等），制定一套画线方法及操作时搭扳子的位置规定以备用。一般情况下可采用以下画线方法：画弯曲钢筋分段尺寸时，将不同角度的下料长度调整值在弯曲操作方向相反一侧长度内扣除，画上分段尺寸线；形状对称的钢筋，画线要从钢筋的中心点开始，向两边分画。扳距大小应根据钢筋弯制角度和钢筋直径确定。

为了保证弯曲角度符合图纸要求，在设备和工具不能自行达到准确角度的情况下，可在成型方案上画出角度准线或采取钉扒钉做标志的措施。对开头比较复杂的钢筋，如进行大批成型，最好先放出实样，并根据具体条件预先选择合适的操作参数（画线、扳距等），以作为示范。

4. 治理方法

当成型钢筋各部分误差超过质量标准允许值时，应根据钢筋受力特征分别处理。如其所处位置对结构性能没有不良影响，应尽量用在工程上；如弯起钢筋弯起点位置略有偏差或弯曲角度稍有不准，应经过技术鉴定确定是否可用。但对结构性能有重大影响的，或钢筋无法安装的（如钢筋长度或高度超出模板尺寸），则必须返工；返工时如需重新将弯折处直开，则仅限于 I 级钢筋返工一次，并应在弯折处仔细检查表面状况（如是否变形过大或出现裂纹等）。

第三节 钢筋安装质量通病

一、钢筋（包括钢格栅、锚杆）数量不够、存在漏筋现象

1. 现象

在检查核对绑扎好的钢筋骨架时，发现某号钢筋遗漏。

2. 原因分析

施工管理不当，没有事先熟悉图纸和研究各号钢筋安装顺序。

3. 预防措施

绑扎钢筋骨架之前要熟悉图纸，并按钢筋材料表核对配料单和料牌，检查钢筋规格是否齐全准确，形状、数量是否与图纸相符；在熟悉图纸的基础上，仔细研究各号钢筋绑扎安装顺序和步骤；整个钢筋骨架绑完后，应清理现场，检查有没有某号钢筋遗留。

4. 治理方法

漏掉的钢筋要全部补上。骨架构造简单者，将遗漏钢筋放进

骨架，即可继续绑扎；复杂者要拆除骨架部分钢筋才能补上。对已浇注混凝土的结构物或构件，发现某号钢筋遗漏，则要通过结构性能分析来确定处理方案。

二、钢筋间距不一致

1. 现象

按图纸标注的钢筋间距绑扎的钢筋骨架，最后表现为一个间距与其他间距不一致，或实际所用箍筋数量与钢筋材料表上的数量不符。

2. 原因分析

一般图纸上所注间距为近似值，按近似值绑扎，则间距或根数有出入。

3. 预防措施

根据构件配筋情况，预先算好箍筋实际分布间距，绑扎钢筋骨架时作为依据；钢筋间距需采用卡尺定位及骨架焊接，以保证合格率。

4. 治理方法

如钢筋已绑扎成钢筋骨架，则根据具体情况，适当增加定位筋或部分焊接。

三、骨架外形尺寸不准确

1. 现象

在模板外绑扎的钢筋骨架，往模板内安放时发现放不进去或划刮模板。

2. 原因分析

钢筋骨架外形不准，这和各号钢筋加工外形是否准确有关，如成型工序能确保各部尺寸合格，就应从安装质量上找原因。安装质量影响因素有两个：多根钢筋端部未对齐；绑扎时某号钢筋偏离规定位置。

3. 预防措施

绑扎时将多根钢筋端部对齐；防止钢筋绑扎偏斜或骨架

扭曲。

4. 治理方法

将导致骨架外形尺寸不准的个别钢筋松绑，重新安装绑扎。切忌用锤子敲击，以免骨架其他部位变形或松扣。

四、同截面钢筋连接接头过多

1. 现象

在绑扎或安装钢筋骨架时发现同一截面内受力钢筋接头过多，其截面面积占受力钢筋总截面面积的百分率超出规范规定数值。

2. 原因分析

（1）钢筋配料时疏忽大意，没有认真考虑原材料长度。

（2）忽略了某些杆件不允许采用绑扎接头的规定。

（3）忽略了配置在构件同一截面中的接头，其中距规定：在受力钢筋直径 30 倍区段范围内（不小于 500mm），有接头的受力钢筋截面面积占受力钢筋总截面面积的百分率。

（4）分不清钢筋处于受拉区还是受压区。

3. 预防措施

（1）配料时按下料单钢筋编号再画出几个分号，注明哪个分号与哪个分号搭配，对同一组搭配而安装方法不同的，要加文字说明。

（2）记住轴心受拉和小偏心受拉杆件中的受力钢筋接头，均应焊接，不得采用绑扎接头。

（3）弄清楚规范中规定的同一截面的含义。

（4）分不受拉或受压区时，接头设置均应按受拉区的规定办理，如果在钢筋安装过程中安装人员与配料人员对受拉或受压区理解不同（表现在取料时，某分号有多有少），则应讨论解决。

4. 治理方法

在钢筋骨架未绑扎时，发现接头数量不符合规范要求，应立即通知配料人员重新考虑设置方案；如已绑扎或安装完钢筋骨架才发现，则根据具体情况予以处理，一般情况下应拆除骨架或抽出有问题的钢筋返工。如果返工影响工时或工期太大，则可采用加焊帮条（个别情况下，经过研究，也可以采用绑扎帮条）的方法解决，或将绑扎搭接改为电弧焊搭接。

五、钢筋绑扎搭接接头松脱

1. 现象

在钢筋骨架搬运过程中或振捣混凝土时，发现绑扎搭接接头松脱。

2. 原因分析

搭接处没有扎牢，或搬运时碰撞、压弯接头处。

3. 预防措施

钢筋搭接处应用铁丝扎紧。扎结部位在搭接部分的中心和两端共三处，搬运时轻抬轻放。

4. 治理方法

将松脱的接头用铁丝绑紧。如条件允许，可用电弧焊焊上1～2点。

六、保护层厚度不满足设计及规范要求

1. 现象

浇注混凝土前发现平板中钢筋的混凝土保护层厚度没有达到规范要求。

2. 原因分析

保护层砂浆垫块厚度不准，或垫块垫得太少。

3. 预防措施

（1）检查砂浆垫块厚度应准确，绑扎牢固可靠，纵横间距均不得大于 0.8m，梁底位置间距不得大于 0.5m，确保每平方米垫块数量不少于 4 块。

（2）钢筋网片有可能随混凝土浇捣而沉落时，应采取措施防止保护层偏差，例如用铁丝将网片绑吊在模板楞上，或加设钢筋支撑筋支撑钢筋网片。

4. 治理方法

浇注混凝土前发现保护层不准，可以采取以上预防措施补救。

第九章　钢筋工施工安全知识

第一节　安全生产管理的基本概念

一、安全生产、安全生产管理

（一）安全生产

安全生产是为了使生产过程在符合物质条件和工作秩序下进行，防止发生人身伤亡和财产损失等生产事故，消除或控制危险、有害因素，保障人身安全与健康、设备和设施免受损坏、环境免遭破坏的总称。

（二）安全生产管理

安全生产管理是管理的重要组成部分，是安全科学的一个分支。所谓安全生产管理，就是针对人们生产过程的安全问题，运用有效的资源，发挥人们的智慧，通过人们的努力，进行有关决策、计划、组织和控制等活动，实现生产过程中人与机器设备、物料、环境的和谐，达到安全生产的目标。

安全生产管理的目标是减少和控制危害，减少和控制事故，尽量避免生产过程中由于事故所造成的人身伤害、财产损失、环境污染以及其他损失。安全生产管理包括安全生产法制管理、行政管理、监督检查、工艺技术管理、设备设施管理、作业环境和条件管理等。

安全生产管理的基本对象是企业的员工，涉及企业中的所有人员、设备设施、物料、环境、财务、信息等各个方面。安全生产管理的内容包括：安全生产管理机构和安全生产管理人员、安全生产责任制、安全生产管理规章制度、安全生产策划、安全培训教育、安全生产档案等。

二、事故、事故隐患、危险源

（一）事故

《现代汉语词典》对"事故"的解释：事故多指生产、工作上发生的意外损失或灾祸。

在国际劳工组织制定的一些指导性文件如《职业事故和职业病记录与通报实用规程》中，将职业事故定义为"由工作引起或者在工作过程中发生的事件，并导致致命或非致命的职业伤害"。

我国事故的分类方法有多种：按照导致事故发生的原因，根据现行《企业职工伤亡事故分类》（GB 6441），将工伤事故分为20类，分别为物体打击、车辆伤害、机械伤害、起重伤害、触电、淹溺、灼烫、火灾、高处坠落、坍塌、冒顶片帮、透水、放炮、瓦斯爆炸、火药爆炸、锅炉爆炸、容器爆炸、其他爆炸、中毒和窒息及其他伤害等。《生产安全事故报告和调查处理条例》（国务院令第 493 号）将"生产安全事故"定义为"生产经营活动中发生的造成人身伤亡或者直接经济损失的事件"。根据生产安全事故造成的人员伤亡或者直接经济损失，事故一般分为以下等级：

（1）特别重大事故，是指造成 30 人以上死亡，或者 100 人以上重伤（包括急性工业中毒，下同），或者 1 亿元以上直接经济损失的事故；

（2）重大事故，是指造成 10 人以上 30 人以下死亡，或者 50 人以上 100 人以下重伤，或者 5000 万元以上 1 亿元以下直接经济损失的事故；

（3）较大事故，是指造成 3 人以上 10 人以下死亡，或者 10 人以上 50 人以下重伤，或者 1000 万元以上 5000 万元以下直接经济损失的事故；

（4）一般事故，是指造成 3 人以下死亡，或者 10 人以下重伤，或者 1000 万元以下直接经济损失的事故。

（二）事故隐患

2007 年，国家安全生产监督管理总局颁布的第 16 号令《安全生产事故隐患排查治理暂行规定》，将"安全生产事故隐患"定义为"生产经营单位违反安全生产法律、法规、规章、标准、规程和安全生产管理制度的规定，或者因其他因素在生产经营活动中存在可能导致事故发生的物的危险状态、人的不安全行为和管理上的缺陷"。

事故隐患分为一般事故隐患和重大事故隐患。一般事故隐患是指危害和整改难度较小，发现后能够立即整改排除的隐患。重大事故隐患是指危害和整改难度较大，应当全部或者局部停产停业，并经过一定时间整改治理方能排除的隐患，或者因外部因素影响致使生产经营单位自身难以排除的隐患。

（三）危险源

从安全生产角度看，危险源是指可能造成人员伤害、疾病、财产损失、作业环境破坏或其他损失的根源或状态。

根据危险源在事故发生、发展中的作用，一般把危险源划分为两大类，即第一类危险源和第二类危险源。

第一类危险源是指生产过程中存在的，可能发生意外释放的能量，包括生产过程中各种能量源、能量载体或危险物质。第一类危险源决定了事故后果的严重程度，它具有的能量越多，发生事故的后果越严重。

第二类危险源是指导致能量或危险物质约束或限制措施破坏或失效的各种因素，广义上包括物的故障、人的失误、环境不良以及管理缺陷等因素。第二类危险源决定了事故发生的可能性，它出现越频繁，发生事故的可能性越大。

第二节　安全生产检查与生产经营单位的主要职责

一、安全生产检查

安全生产检查是生产经营单位安全生产管理的重要内容，其工作重点是辨识安全生产管理工作存在的漏洞和死角，检查生产现场安全防护设施、作业环境是否存在不安全状态，现场作业人员的行为是否符合安全规范，以及设备、系统运行状况是否符合现场规程的要求等。通过安全检查，不断堵塞管理漏洞，改善劳动作业环境，规范作业人员的行为，保证设备系统的安全、可靠运行，实现安全生产的目的。

（一）安全生产检查的类型

安全生产检查分类方法有很多，习惯上分为以下六种类型。

1. 定期安全生产检查

定期安全生产检查一般是通过有计划、有组织、有目的的形式来实现，一般由生产经营单位统一组织实施。检查周期应根据生产经营单位的规模、性质以及地区气候、地理环境等确定。定期安全检查一般具有组织规模大、检查范围广、有深度，能及时发现并解决问题等特点。定期安全检查一般和重大危险源评估、现状安全评价等工作结合开展。

2. 经常性安全生产检查

经常性安全生产检查是由生产经营单位的安全生产管理部门、车间、班组或岗位组织进行的日常检查。一般来讲，它包括交接班检查、班中检查、特殊检查等几种形式。

交接班检查是指在交接班前，岗位人员对岗位作业环境、管辖的设备及系统安全运行状况进行检查。交班人员要向接班人员说清楚，接班人员根据自己检查的情况和交班人员的交代，做好工作中可能发生的问题及应急处置措施的预想。

班中检查包括岗位作业人随时在工作过程中的安全检查，以及生产经营单位领导、安全生产管理部门和车间班组的领导或安全监督人员对作业情况的巡视或抽查等。

特殊检查是针对设备、系统存在的异常情况，所采取的加强监视运行的措施。一般来讲，措施由工程技术人员制定，岗位作业人员执行。

交接班检查和班中岗位的自行检查，一般应制定检查路线、检查项目、检查标准，并设置专用的检查记录本。岗位经常性检查发现的问题记录在记录本上，并及时通过信息系统和电话逐级上报。一般来讲，对危及人身和设备安全的情况，岗位作业人员应根据操作规程、应急处置措施的规定，及时采取紧急处置措施，不需请示，处置后则立即汇报。有些生产经营单位如化工单位等习惯做法是，岗位作业人员发现危及人身、设备安全的情况，只需紧急报告，而不要求就地处置。

3. 季节性及节假日前后安全生产检查

由生产经营单位统一组织，检查内容和范围则根据季节变化，按事故发生的规律对易发的潜在危险，突出重点进行检查。如冬季防冻保温、防火、防煤气中毒，夏季防暑降温、防汛、防雷电等检查。由于节假日（特别是重大节日，如元旦、春节、劳动节、国庆节）前后容易发生事故，因而应在节假日前后进行有针对性的安全检查。

4. 专业（项）安全生产检查

专业（项）安全生产检查是对某个专业（项）问题或在施工（生产）中存在的普遍性安全问题进行的单项定性或定量检查。如对危险性较大的在用设备、设施，作业场所环境条件的管理性或监督性定量检测检验则属专业（项）安全检查。专业（项）检查具有较强的针对性和专业要求，用于检查难度较大的项目。

5. 综合性安全生产检查

综合性安全生产检查一般是由上级主管部门或地方政府负有安全生产监督管理职责的部门，组织对生产单位进行的安全检查。

6. 职工代表不定期对安全生产的巡查

根据《工会法》及《安全生产法》的有关规定，生产经营单位的工会应定期或不定期组织职工代表进行安全检查。重点查国家安全生产方针、法规的贯彻执行情况，各级人员安全生产责任制和规章制度的落实情况，从业人员安全生产权利的保障情况，生产现场的安全状况等。

（二）安全生产检查的内容

安全生产检查的内容包括软件系统和硬件系统。

软件系统应主要查思想、查意识、查制度、查管理、查事故处理、查隐患、查整改。

硬件系统应主要查生产设备、查辅助设施、查安全设施、查作业环境。

安全生产检查具体内容应本着突出重点的原则进行确定。对危险性大、易发事故、事故危害大的生产系统、部位、装置、设备等应加强检查。

（三）安全生产检查的方法

1. 常规检查

常规检查是常见的一种检查方法，通常是由安全管理人员作为检查工作的主体，到作业场所现场，通过感观或辅助一定的简单工具、仪表等，对作业人员的行为、作业场所的环境条件、生产设备设施等进行的定性检查。安全检查人员通过这一手段，及时发现现场存在的不安全隐患并采取措施予以消除，纠正施工人员的不安全行为。

常规检查主要依靠安全检查人员的经验和能力，检查的结果直接受安全检查人员个人素质的影响。

2. 安全检查表法

为使安全检查工作更加规范，将个人的行为对检查结果的影响减少到最小，常采用安全检查表法。

安全检查表一般由工作小组讨论制定。安全检查表一般包括检查项目、检查内容、检查标准、检查结果及评价等内容。

编制安全检查表应依据国家有关法律法规，生产经营单位现行有效的有关标准、规程、管理制度，有关事故教训，生产经营单位安全管理文化、理念，反事故技术措施和安全措施计划，季节性、地理、气候特点等。我国许多行业都编制并实施了适合行业特点的安全检查标准，如建筑行业、电力行业、机械行业、煤炭行业等。

3. 仪器检查及数据分析法

有些生产经营单位的设备、系统运行数据具有在线监视和记录的系统设计，对设备、系统的运行状况可通过对数据的变化趋势进行分析得出结论。对没有在线数据检测系统的机器、设备、系统，只能通过仪器检查法来进行定量化的检验与测量。

（四）安全生产检查的工作程序

1. 安全检查准备

（1）确定检查对象、目的、任务。

（2）查阅、掌握有关法规、标准、规程的要求。

（3）了解检查对象的工艺流程、生产情况、可能出现危险和危害的情况。

（4）制订检查计划，安排检查内容、方法、步骤。

（5）编写安全检查表或检查提纲。

（6）准备必要的检测工具、仪器、书写表格或记录本。

（7）挑选和训练检查人员并进行必要的分工等。

2. 实施安全检查

实施安全检查就是通过访谈、查阅文件和记录、现场观察、仪器测量的方式获取信息。

（1）访谈。通过与有关人员谈话来检查安全意识和规章制度执行情况等。

（2）查阅文件和记录。检查设计文件、作业规程、安全措施、责任制度、操作规程等是否齐全，是否有效；查阅相应记录，判断上述文件是否被执行。

（3）现场观察。对作业现场的生产设备、安全防护设施、作业环境、人员操作等进行观察。寻找不安全因素、事故隐患、事故征兆等。

（4）仪器测量。利用一定的检测检验仪器设备，对在用的设施、设备、器材状况及作业环境条件等进行测量，以发现隐患。

3. 综合分析

经现场检查和数据分析后，检查人员应对检查情况进行综合分析，提出检查的结论和意见。一般来讲，生产经营单位自行组织的各类安全检查，应由安全管理部门会同有关部门对检查结果进行综合分析；上级主管部门或地方政府负有安全生产监督管理职责的部门组织的安全检查，统一研究得出检查意见或结论。

4. 提出整改要求

针对检查发现的问题，应根据问题性质的不同，提出立即整改、限期整改等措施要求。生产经营单位自行组织的安全检查，由安全管理部门会同有关部门，共同制订整改措施计划并组织实施。上级主管部门或地方政府负有安全生产监督管理职责的部门组织的安全检查，检查组应提出书面的整改要求，生产经营单位制订整改措施计划。

5. 整改落实

对安全检查中发现的问题和隐患，生产经营单位应从管理的高度，举一反三，制订整改计划并积极落实整改。

6. 信息反馈及持续改进

生产经营单位自行组织的安全检查，在整改措施计划完成后，安全管理部门应组织有关人员进行验收。对上级主管部门或地方政府负有安全生产监督管理职责的部门组织的安全检查，在整改措施完成后，应及时上报整改或完成情况，申请复查或验收。

对安全检查中经常发现的问题或反复发现的问题，生产经营单位应从规章制度的健全和完善、从业人员的安全教育培训、设备系统的更新改造、加强现场检查和监督等环节入手，做到持续改进，不断提高安全生产管理水平，防范生产安全事故的发生。

二、生产经营单位的主要职责

（1）生产经营单位应当依照法律、法规、规章、标准和规程的要求从事生产经营活动。严禁非法从事生产经营活动。

（2）生产经营单位是事故隐患排查、治理和防控的责任主体。

（3）生产经营单位应当建立健全事故隐患排查治理和建档监控等制度，逐级建立并落实从主要负责人到每个从业人员的隐患排查治理和监控责任制。

（4）生产经营单位应当保证事故隐患排查治理所需的资金，建立资金使用专项制度。

（5）生产经营单位应当定期组织安全生产管理人员、工程技术人员和其他相关人员排查本单位的事故隐患。对排查出的事故隐患，应当按照事故隐患的等级进行登记，建立事故隐患信息档案，并按照职责分工实施监控治理。

（6）生产经营单位应当建立事故隐患报告和举报奖励制度，鼓励、发动职工发现和排除事故隐患，鼓励社会公众举报。对发现、排除和举报事故隐患的有功人员，应当给予物质奖励和表彰。

（7）生产经营单位将生产经营项目、场所、设备发包、出租的，应当与承包、承租单位签订安全生产管理协议，并在协议中明确双方对事故隐患排查、治理和防控的管理职责。生产经营单位对承包、承租单位的事故隐患排查治理负有统一协调和监督管理的职责。

（8）安全监管监察部门和有关部门的监督检查人员依法履行事故隐患监督检查职责时，生产经营单位应当积极配合，不得拒绝和阻挠。

（9）生产经营单位应当每季、每年对本单位事故隐患排查治理情况进行统计分析，并分别于下一季度 15 日前和下一年 1 月 31 日前向安全监管监察部门和有关部门报送书面统计分析表。统计分析表应当由生产经营单位主要负责人签字。

对重大事故隐患，生产经营单位除依照上述要求报送外，还应当及时向安全监管监察部门和有关部门报告。重大事故隐患报告内容应当包括：

① 隐患的现状及其产生原因。

② 隐患的危害程度和整改难易程度分析。

③ 隐患的治理方案。

（10）对一般事故隐患，由生产经营单位（车间、分厂、区队等）负责人或者有关人员立即组织整改。

对重大事故隐患，由生产经营单位主要负责人组织制定并实施事故隐患治理方案。重大事故隐患治理方案应当包括以下内容：治理的目标和任务；采取的方法和措施；经费和物资的落实；负责治理的机构和人员；治理的时限和要求；安全措施和应急预案。

（11）生产经营单位在事故隐患治理过程中，应当采取相应的安全防范措施，防止事故发生。事故隐患排除前或者排除过程中无法保证安全的，应当从危险区域内撤出作业人员，并疏散可能危及的其他人员，设置警戒标志，暂时停产停业或者停止使用；对暂时难以停产或者停止使用的相关生产储存装置、设施、设备，应当加强维护和保养，防止事故发生。

（12）生产经营单位应当加强对自然灾害的预防。对因自然灾害可能导致事故灾难的隐患，应当按照有关法律、法规、标准和《安全生产事故隐患排查治理暂行规定》的要求排查治理，采取可靠的预防措施，制定应急预案。在接到有关自然灾害预报时，应当及时向下属单位发出预警通知；发生自然灾害可能危及生产经营单位和人员安全的情况时，应当采取撤离人员、停止作业、加强监测等安全措施，并及时向当地人民政府及其有关部门报告。

（13）地方人民政府或者安全监管监察部门及有关部门挂牌督办并责令全部或者局部停产停业治理的重大事故隐患，治理工作结束后，有条件的生产经营单位应当组织本单位的技术人员和专家对重大事故隐患的治理情况进行评估；其他生产经营单位应当委托具备相应资质的安全评价机构对重大事故隐患的治理情况进行评估。

经治理后符合安全生产条件的，生产经营单位应当向安全监管监察部门和有关部门提出恢复生产的书面申请，经安全监管监察部门和有关部门审查同意后，方可恢复生产经营。申请报告应当包括治理方案的内容、项目和安全评价机构出具的评价报告等。

第三节 安全生产规章制度体系的建立

目前我国还没有明确的安全生产规章制度分类标准。从广义上讲，安全生产规章制度应包括安全管理和安全技术两个方面的内容。在长期的安全生产实践过程中，生产经营单位按照自身的习惯和传统，形成了各具特色的安全生产规章制度体系。按照安全系统工程和人机工程原理建立的安全生产规章制度体系，一般把安全生产规章制度分为四类，即综合管理、人员管理、设备设施管理、环境管理。

按照标准化工作体系建立的安全生产规章制度体系，一般把安全规章制度分为技术标准、工作标准和管理标准，通常称为"三大标准体系"；按职业安全健康管理体系建立的安全生产规章制度，一般包括手册、程序文件、作业指导书。

一般生产经营单位安全生产规章制度体系应主要包括以下内容，高危行业的生产经营单位还应根据相关法律法规进行补充和完善。

一、综合安全管理制度

1. 安全生产管理目标、指标和总体原则

应包括：生产经营单位安全生产的具体目标、指标，明确安全生产的管理原则、责任，明确安全生产管理的体制、机制、组织机构、安全生产风险防范和控制的主要措施，日常安全生产监督管理的重点工作等内容。

2. 安全生产责任制

应明确：生产经营单位各级领导、各职能部门、管理人员及各生产岗位的安全生产责任、权利和义务等内容。

安全生产责任制属于安全生产规章制度范畴。通常把"安全生产责任制"与"安全生产规章制度"并列来提，主要是为了突出安全生产责任制的重要性。安全生产责任制的核心是清晰安全管理的责任界面，解决"谁来管，管什么，怎么管，承担什么责任"的问题，安全生产责任制是生产经营单位安全生产规章制度建立的基础。其他的安全生产规章制度，重点是解决"干什么，怎么干"的问题。

建立安全生产责任制，一是增强生产经营单位各级主要负责人、各管理部门管理人员及各岗位人员对安全生产的责任感；二是明确责任，充分调动各级人员和各管理部门安全生产的积极性和主观能动性，加强自主管理，落实责任；三是责任追究的依据。

建立安全生产责任制，应体现安全生产法律法规和政策、方针的要求；应与生产经营单位安全生产管理体制、机制协调一致；应做到与岗位工作性质、管理职责协调一致，做到明确、具体、有可操作性；应有明确的监督、检查标准或指标，确保责任制切实落实到位；应根据生产经营单位管理体制变化及安全生产新的法规、政策及安全生产形势的变化及时修订完善。

3. 安全管理定期例行工作制度

应包括：生产经营单位定期安全分析会议，定期安全学习制度，定期安全活动，定期安全检查等内容。

4. 承包与发包工程安全管理制度

应明确：生产经营单位承包与发包工程的条件、相关资质审查、各方的安全责任、安全生产管理协议、施工安全的组织措施和技术措施、现场的安全检查与协调等内容。

5. 安全设施和费用管理制度

应明确：生产经营单位安全设施的日常维护、管理；安全生产费用保障；根据国家、行业新的安全生产管理要求或季节特点，以及生产、经营情况等发生变化后，生产经营单位临时采取的安全措施及费用来源等。

6. 重大危险源管理制度

应明确：重大危险源登记建档，定期检测、评估、监控，相应的应急预案管理；上报有关地方人民政府负责安全生产监督管理的部门和有关部门备案内容及管理。

7. 危险物品使用管理制度

应明确：生产经营单位存在的危险物品名称、种类、危险性；使用和管理的程序、手续；安全操作注意事项；存放的条件及日常监督检查；针对各类危险物品的性质，在相应的区域设置人员紧急救护、处置的设施等。

8. 消防安全管理制度

应明确：生产经营单位消防安全管理的原则、组织机构、日常管理、现场应急处置原则和程序；消防设施、器材的配置、维护保养、定期试验；定期防火检查、防火演练等。

9. 隐患排查和治理制度

应明确：应排查的设备、设施、场所的名称，排查周期、排查人员、排查标准；发现问题的处置程序、跟踪管理等。

10. 交通安全管理制度

应明确：车辆调度、检查维护保养、检验标准，驾驶员学习、培训、考核的相关内容。

11. 防灾减灾管理制度

应明确：生产经营单位根据地区的地理环境、气候特点以及生产经营性质，针对在防范台风、洪水、泥石流、地质滑坡、地震等自然灾害相关工作的组织管理、技术措施、日常工作等内容和标准。

12. 事故调查报告处理制度

应明确：生产经营单位内部事故标准，报告程序、现场应急处置、现场保护、资料收集、相关当事人调查、技术分析、调查报告编制等。还应明确向上级主管部门报告事故的流程、内容等。

13. 应急管理制度

应明确：生产经营单位的应急管理部门，预案的制定、发布、演练、修订和培训等；总体预案、专项预案、现场处置方案等。

制定应急管理制度及应急预案过程中，除考虑生产经营单位自身可能对环境和公众的影响外，还应重点考虑生产经营单位周边环境的特点，针对周边环境可能给生产、经营过程中的安全所带来的影响。如生产经营单位附近存在化工厂，就应调查了解可能发生何种有毒、有害物质泄漏，可能泄漏物质的特性、防范方法，以便与生产经营单位自身的应急预案相衔接。

14. 安全奖惩制度

应明确：生产经营单位安全奖惩的原则；奖励或处分的种类、额度等。

二、人员安全管理制度

1. 安全教育培训制度

应明确：生产经营单位各级管理人员安全管理知识培训、新员工三级教育培训、转岗培训；新材料、新工艺、新设备的使用培训；特种作业人员培训；岗位安全操作规程培训；应急培训等。还应明确各项培训的对象、内容、时间及考核标准等。

2. 劳动防护用品发放使用和管理制度

应明确：生产经营单位劳动防护用品的种类、适用范围、领取程序、使用前检查标准和用品寿命周期等内容。

3. 安全器具的使用管理制度

应明确：生产经营单位安全器具的种类、使用前检查标准、定期检验和器具寿命周期等内容。

4. 特种作业及特殊危险作业管理制度

应明确：生产经营单位特种作业的岗位、人员，作业的一般安全措施要求等。特殊危险作业是指危险性较大的作业，应明确作业的组织程序，保障安全的组织措施、技术措施的制定及执行等内容。

5. 岗位安全规范

应明确：生产经营单位除特种作业岗位外，其他作业岗位保障人身安全、健康，预防火灾、爆炸等事故的一般安全要求。

6. 职业健康检查制度

应明确：生产经营单位职业禁忌的岗位名称、职业禁忌证、定期健康检查的内容和标准、女工保护，以及《职业病防治法》要求的相关内容等。

7. 现场作业安全管理制度

应明确：现场作业的组织管理制度，如工作联系单、工作

票、操作票制度，以及作业现场的风险分析与控制制度、反违章
管理制度等内容。

三、设备设施安全管理制度

1. "三同时"制度

应明确：生产经营单位新建、改建、扩建工程"三同时"的
组织审查、验收、上报、备案的执行程序等。

2. 定期巡视检查制度

应明确：生产经营单位日常检查的责任人员，检查的周期、
标准、线路，发现问题的处置等内容。

3. 定期维护检修制度

应明确：生产经营单位所有设备、设施的维护周期、维护范
围、维护标准等内容。

4. 定期检测、检验制度

应明确：生产经营单位须进行定期检测的设备种类、名称、
数量；有权进行检测的部门主要人员；检测的标准及检测结果管
理；安全使用证、检验合格证或者安全标志的管理等。

5. 安全操作规程

应明确：为保证国家、企业、员工的生命财产安全，根据物
料性质、工艺流程、设备使用要求而制定的符合安全生产法律法
规的操作程序。对涉及人身安全健康、生产工艺流程及周围环境
有较大影响的设备、装置，如电气、起重设备、锅炉压力容器、
内部机动车辆、建筑施工维护、机加工等，生产经营单位应制定
安全操作规程。

四、环境安全管理制度

1. 安全标志管理制度

应明确：生产经营单位现场安全标志的种类、名称、数量、
地点和位置；安全标志的定期检查、维护等。

2. 作业环境管理制度

应明确：生产经营单位生产经营场所的信道、照明、通风等

管理标准；人员紧急疏散方向、标志的管理等。

3. 职业卫生管理制度

应明确：生产经营单位尘、毒、噪声、高低温、辐射等涉及职业健康有害因素的种类、场所；定期检查、检测及控制等管理内容。

五、安全生产规章制度的管理

1. 起草

根据生产经营单位安全生产责任制，由负责安全生产的管理部门或相关职能部门负责起草。

起草前应对目的、适用范围、主管部门、解释部门及实施日期等给予明确，同时还应做好相关资料的准备和收集工作。规章制度的编制，应做到目的明确、条理清楚、结构严谨、用词准确、文字简明、标点符号正确。

2. 会签或公开征求意见

起草的规章制度，应通过正式渠道征得相关职能部门或员工的意见和建议，以利于规章制度颁布后的贯彻落实。当意见不能取得一致时，应由分管领导组织讨论，统一认识，达成一致。

3. 审核

制度签发前，应进行审核。一是由生产经营单位负责法律事务的部门进行合规性审查；二是专业技术性较强的规章制度应邀请相关专家进行审核；三是安全奖惩等涉及全员积极性的制度，应经过职工代表大会或职工代表进行审核。

4. 签发

技术规程、安全操作规程等技术性较强的安全生产规章制度，一般由生产经营单位主管生产的领导或总工程师签发，涉及全局性的综合管理制度应由生产经营单位的主要负责人签发。

5. 发布

生产经营单位的规章制度，应采用固定的方式进行发布，如红头文件形式内部办公网络等。发布的范围应涵盖应执行的部门、人员。有些特殊的制度还正式送达相关人员，并由接收人员签字。

6. 培训

新颁布的安全生产规章制度、修订的安全生产规章制度，应组织进行培训，安全操作规程类规章制度还应组织相关人员进行考试。

7. 反馈

应定期检查安全生产规章制度执行中存在的问题，或建立信息反馈渠道，及时掌握安全生产规章制度的执行效果。

8. 持续改进

第四节　安全生产法律法规与规章制度

为了保障人民群众的生命财产安全，有效遏制生产安全事故的发生，我国颁布了以《安全生产法》为代表的一系列法律法规，如安全生产监督管理制度、生产安全事故报告制度、事故应急救援与调查处理制度、事故责任追究制度等，从法律上保证了安全生产的顺利进行。

一、安全生产主要法律法规

（一）《安全生产法》相关知识

1. 从业人员的权利

（1）知情、建议权

《安全生产法》第 50 条规定："生产经营单位的从业人员有权了解其作业场所和工作岗位存在的危险因素、防范措施及事故应急措施，有权对本单位的安全生产工作提出建议。"

（2）批评、检举、控告权

《安全生产法》第 51 条规定："从业人员有权对本单位安全生产工作中存在的问题提出批评、检举、控告；……生产经营单位不得因从业人员对本单位安全生产工作提出批评、检举、控告……而降低其工资、福利等待遇或者解除与其订立的劳动合同。"

（3）合法拒绝权

《安全生产法》第 51 条规定："从业人员……有权拒绝违章指挥和强令冒险作业。……生产经营单位不得因从业人员……拒绝违章指挥、强令冒险作业而降低其工资、福利等待遇或者解除与其订立的劳动合同。"

（4）遇险停、撤权

《安全生产法》第 52 条规定："从业人员发现直接危及人身安全的紧急情况时，有权停止作业或者在采取可能的应急措施后撤离作业场所。生产经营单位不得因从业人员在前款紧急情况下停止作业或者采取应急措施而降低其工资、福利等待遇或者解除与其订立的劳动合同。"

（5）保（险）外索赔权

《安全生产法》第 53 条规定："因生产安全事故受到损害的从业人员，除依法享有工伤保险外，依照有关民事法律尚有获得赔偿的权利的，有权向本单位提出赔偿要求。"

2. 从业人员的义务

（1）遵章作业的义务

《安全生产法》第 54 条规定："从业人员在作业过程中，应当遵守本单位的安全生产规章制度和操作规程，服从管理……"

（2）佩戴和使用劳动防护用品的义务

《安全生产法》第 54 条规定："从业人员在生产过程中，应当……正确佩戴和使用劳动防护用品。"

（3）接受安全生产教育培训的义务

《安全生产法》第 55 条规定："从业人员应当接受安全生产教育和培训，掌握本职工作所需的安全生产知识，提高安全生产技能，增强事故预防和应急处理能力。

（4）安全隐患报告义务

《安全生产法》第 56 条规定："从业人员发现事故隐患或者其他不安全因素，应当立即向现场安全生产管理人员或者本单位负责人报告；接到报告的人员应当及时予以处理。"

3. 对特种作业人员的规定

《安全生产法》第 27 条规定："生产经营单位的特种作业人员必须按照国家有关规定经专门的安全作业培训，取得相应资格，方可上岗作业。"

结合《劳动法》的相关规定，特种作业人员必须取得两证才能上岗：一是特种作业资格证（技术等级证），二是特种作业操作资格证（安全生产培训合格证）。两证缺一即可视为违法上岗或违法用工。

（二）《劳动法》相关知识

1994 年 7 月 5 日，第八届全国人民代表大会常务委员会第八次会议通过了《中华人民共和国劳动法》，并于 1995 年 1 月 10 日起施行，该法于 2018 年进行了修订。特种作业人员需要掌握的《劳动法》中的主要内容：

（1）第 54 条："用人单位必须为劳动者提供符合国家规定的劳动安全卫生条件和必要的劳动保护用品，对从事有职业危害作业的劳动者应当定期进行健康检查。"

（2）第 55 条："从事特种作业的劳动者必须经过专门培训并取得特种作业资格。"

（3）第 56 条："劳动者在劳动过程中必须严格遵守安全操作规程。劳动者对用人单位管理人员违章指挥、强令冒险作业，有权拒绝执行；对危害生命安全和身体健康的行为，有权提出批评、检举和控告。"

（三）《职业病防治法》相关知识

特种作业人员需要掌握《职业病防治法》中的主要内容：

（1）《职业病防止法》第 4 条规定："……用人单位应当为劳动者创造符合国家职业卫生标准和卫生要求的工作环境和条件，并采取措施保障劳动者获得职业卫生保护。……"

（2）《职业病防治法》第 7 条规定："用人单位必须依法参加工伤保险。……"

（3）《职业病防治法》第 15 条规定："产生职业病危害的用

人单位的设立除应当符合法律、行政法规规定的设立条件外，其工作场所还应当符合下列职业卫生要求：

（一）职业病危害因素的强度或者浓度符合国家职业卫生标准；

（二）有与职业病危害防护相适应的设施；

（三）生产布局合理，符合有害与无害作业分开的原则；

（四）有配套的更衣间、洗浴间、孕妇休息间等卫生设施；

（五）设备、工具、用具等设施符合劳动者生理、心理健康的要求；

（六）法律、行政法规和国务院卫生行政部门关于保护劳动者健康的其他要求。"

（4）《职业病防治法》第 31 条规定："任何单位和个人不得将产生职业病危害的作业转移给不具备职业病防护条件的单位和个人。不具备职业病防护条件的单位和个人不得接受产生职业病危害的作业。"

（5）《职业病防治法》第 32 条规定："用人单位与劳动者订立劳动合同（含聘用合同，下同）时，应当将工作过程中可能产生的职业病危害及其后果、职业病防护措施和待遇等如实告知劳动者，并在劳动合同中写明，不得隐瞒或者欺骗。……"

（6）《职业病防治法》第 35 规定："对从事接触职业病危害的作业的劳动者，用人单位应当按照国务院卫生行政部门的规定组织上岗前、在岗期间和离岗时的职业健康检查，并将检查结果书面告知劳动者。职业健康检查费用由用人单位承担。……"

（7）《职业病防治法》第 39 条规定："劳动者享有下列职业卫生保护权利：

（一）获得职业卫生教育、培训；

（二）获得职业健康检查、职业病诊疗、康复等职业病防治服务；

（三）了解工作场所产生或者可能产生的职业病危害因素、危害后果和应当采取的职业病防护措施；

（四）要求用人单位提供符合防治职业病要求的职业病防护设施和个人使用的职业病防护用品，改善工作条件；

（五）对违反职业病防治法律、法规以及危害生命健康的行为提出批评、检举和控告；

（六）拒绝违章指挥和强令进行没有职业病防护措施的作业；

（七）参与用人单位职业卫生工作的民主管理，对职业病防治工作提出意见和建议。……"

（四）《工伤保险条例》相关知识

主要应当了解两条：

（1）第2条："中华人民共和国境内的企业、事业单位……有雇工的个体工商户（以下称用人单位）应当依照本条例规定参加工伤保险，为本单位全部职工或者雇工（以下简称职工）缴纳工伤保险费。

中华人民共和国境内的企业、事业单位……的职工和个体工商户的雇工，均有依照本条例的规定享受工伤保险待遇的权利。"

（2）第4条："用人单位应当将参加工伤保险的有关情况在本单位内公示。……职工发生工伤时，用人单位应当采取措施使工伤职工得到及时救治。"

二、安全生产主要法律制度

（一）安全生产监督管理制度

《安全生产法》从不同的方面规定了安全生产的监督管理。具体有以下几方面：

（1）县级以上地方各级人民政府的监督管理。

（2）负有安全生产监督管理职责的部门的监督管理，包括严格依照法定条件和程序对生产经营单位涉及安全生产的事项进行审查批准和验收，并及时进行监督检查等。

（3）监督机关的监督。

（4）对安全生产社会中介机构的监督。

（5）社会公众的监督。

（6）新闻媒体的监督。

（二）生产安全事故报告制度

《安全生产法》以及国务院《关于特大安全事故行政责任追究的规定》（302 号令）等法律、法规都对生产安全事故的报告作了明确规定，从而构成我国安全生产法律的事故报告制度。

1. 事故隐患报告

生产经营单位一旦发现事故隐患，应立即报告当地安全生产综合监督管理部门和当地人民政府及其有关主管部门，并申请对单位存在的事故隐患进行初步评估和分级。

2. 生产安全事故报告

生产安全事故报告必须坚持及时准确、客观公正、实事求是、尊重科学的原则，以保证事故调查处理的顺利进行。

首先是生经营单位内部的事故报告。

这样规定的目的是便于生产经营单位向上级报告和立即组织抢救，以免贻误抢救时机，造成更大的人员伤亡和财产损失。

接着是生产经营单位的事故报告。

《安全生产法》第 80 条第 2 款规定："单位负责人接到事故报告后……按照国家有关规定立即如实报告当地负有安全生产监督管理职责的部门，不得隐瞒不报、谎报或者迟报……。"

（三）事故应急救援与调查处理制度

1. 事故应急救援制度的要求

（1）县级以上地方各级人民政府应当组织有关部门制定本行政区域内特大安全事故的应急救援预案；

（2）县级以上地方各级人民政府应当负责建立特大安全事故的应急救援体系；

（3）危险物品的生产、经营、储存单位以及矿山、建筑施工单位应当建立应急救援组织；以上单位生产经营规模较小时，也可以不建立应急救援组织，但应当指定兼职的应急救援人员。

（4）危险物品的生产、经营、储存单位以及矿山、建筑施工单位配备的所有应急救援器材和设备要进行经常性维修和保养，按要求及时废弃和更新，保证应急救援器材和设备的正常运转。

2. 生产安全事故的调查处理制度

安全生产法律法规对生产安全事故的调查处理规定了以下六方面的内容：

（1）事故调查处理的原则：及时准确、客观公正、实事求是、尊重科学。

（2）事故的具体调查处理必须坚持"四不放过"：事故原因和性质不查清不放过；防范措施不落实不放过；事故责任者和职工群众未受到教育不放过；事故责任者未受到处理不放过。

（3）事故调查组的组成：事故调查组的组成因伤亡事故等级不同由不同的单位、部门的人员组成。

（4）事故调查组的职责和权利。

（5）生产安全事故的结案。

（6）生产安全事故的统计和公布。

（四）事故责任追究制度

《安全生产法》明确规定：国家实行生产安全事故责任追究制度。任何生产安全事故的责任人都必须受到相应的责任追究。在实施责任追究制度时，必须贯彻"责任面前人人平等"的精神，坚决克服因人施罚的思想。无论什么人，只要违返了安全生产管理制度，造成了生产安全事故，就必须予以追究，决不应姑息迁就，不了了之。生产安全事故责任人员，既包括生产经营单位中对造成事故负有直接责任的人员，也包括生产经营单位中对安全生产负有领导责任的单位负责人，还包括有关人民政府及其有关部门对生产安全事故的发生负有领导责任或者有失职、渎职情形的有关人员。正确贯彻这一制度应当注意以下三个问题：

（1）客观上必须有生产安全事故发生。要客观公正，实事求是，不得主观臆断。

（2）承担责任的主体必须是事故责任人。这是"责任自负"的法制原则在责任追究制度中的体现。

（3）必须依法追究责任。在追究有关责任人的责任时，必须严格按照法律、法规规定的程序、责任的种类和处罚幅度执行，该重则重，该轻则轻。

（五）特种作业人员持证上岗制度

针对特种作业的特殊性，安全生产法律法规对特种作业人员的上岗条件作了详细而明确的规定，特种作业人员必须持证上岗。

特种作业人员必须积极主动地参加培训与考核，既是法律法规规定的，也是自身工作、生产及生命安全的需要。

第五节　工人上岗前安全的相关要求

作为一名合格的钢筋工，在从事钢筋工工作前，要满足如下相关要求：

（1）《安全生产法》和《建筑工程安全生产管理条例》规定，未经安全生产教育和培训合格的建筑工人，不得上岗作业。因此建筑工人应当认真参加安全教育与培训、技术交底和班前活动，提高自我保护意识和防护能力。

（2）新工人上岗前必须接受公司、工程项目部、班组的"三级"安全教育。转岗、换岗的职工在重新上岗前，作业人员进入新的施工现场前，也应当接受安全生产教育和培训。未经教育培训或者教育培训考核不合格的人员，不得上岗作业。

（3）特种作业必须持有特种作业操作证。

在建筑施工中，有如下工程属于特种作业：电工作业、起重机械作业、金属焊接（气割）作业、建筑登高架设作业、厂内机动车辆驾驶、爆破作业、锅炉司炉、压力容器操作等。这些工作不能随便去干，必须持有国家特种作业操作证，否则，无证作业就是违法行为。

（4）施工作业对年龄和健康的要求。

①《劳动法》规定：建筑工人年龄必须年满 16 周岁。未满 18 周岁的人员不准安排从事有毒有害作业和特别繁重的体力劳动（如人工挖孔桩、登高架设等作业）。

②患高血压、心脏病、癫痫病、恐高症等的工人不得参加高

处作业、人工挖孔桩等高危险性的施工作业。

（5）劳动保护用品要正确佩戴和使用

《安全生产法》和《建筑工程安全生产管理条例》规定，从业人员在作业过程中，应严格遵守安全生产规章制度和操作规程，服从管理，正确佩戴和使用劳动防护用品。劳动防护用品只有正确佩戴和使用，才能真正起到防护作用。

"三宝"是指安全帽、安全带、安全网。"三宝"是减少和防止高处坠落、物体打击事故发生的重要措施。

① 安全帽正确佩戴的方法

a. 帽衬与帽壳不能紧贴，应有一定间隙。

b. 必须系紧下颚带。

c. 检查安全帽，发现破损、裂纹，要及时更换新的。

② 安全带正确使用的方法

a. 应高挂低用。

b. 安全带不能打结使用，不准挂在连接环上使用。不能将钩直接挂在不牢固物和直接挂在非金属绳上使用。

c. 高处作业时，在无可靠安全防护设施时，要先挂牢安全带后作业。

③ 正确使用安全网

安全网是用来防止人、物坠落或用来避免、减轻坠落及物击伤害的网具。使用时应注意：

a. 要选用有合格证书的安全网。

b. 安全网若有破损、老化，应及时更换。

c. 安全网与架体连接不宜绷得过紧，系结点要沿边分布均匀、绑牢。

d. 立网不得作为平网网体使用。

e. 立网应优先选用密目式安全立网。

④ 穿好"三紧"工作服

a. 金属切削机床（车、铣、刨、钻、磨、锯床等）操作人员，工作中要穿袖口紧、领口紧、下摆紧的工作服；不得戴手套，不得围围巾；女工应将头发盘在工作帽内，长发不得外露。

b. 混凝土振捣器操作人员，作业中必须穿绝缘鞋，戴绝缘手套，防止发生触电事故。

c. 电、气焊作业工人，作业中要戴电、气焊手套，穿绝缘鞋，使用护目镜及防护面罩。

d. 有尘、毒、噪声等环境作业的工人，要戴防尘、防毒口罩，使用防噪声耳塞。

第六节　工人现场施工安全要求

一、杜绝"三违"现象

在作业中要杜绝"三违"（即违章指挥、违章作业、违反劳动纪律）现象。要做到"三不伤害"（即不伤害自己、不伤害他人、不被他人伤害）。

二、防止高处坠落和物体打击的安全措施：

1. 做好"三宝""四口""五临边"防护

2. 设施必须牢固，物件必须放稳

3. 不违章攀爬、不违章作业和不高空抛物

4. 防触电事故的安全技术措施

（1）不乱拉乱接电线，非专业人员严禁操作电工作业。

（2）使用前检查用电设备的防护设施和电线（缆），证实完好后才能施工。

（3）不踩踏、不乱拖电线（缆），不触碰外电线路。

5. 防机械伤害的安全技术措施

（1）操作起重机械、物料提升机械、混凝土搅拌机、砂浆机等设备的人员必须经专业安全技术培训，持证上岗。

（2）机械在运转中不得进行维修、保养、紧固、调整等作业，施工中应严格按操作规程作业。

6. 防坍塌事故的安全技术措施

（1）挖掘土方应从上而下施工，禁止采用挖空底脚的操作方法。

（2）挖出的泥土要按规定放置或外运，不得随意沿围墙或临时建筑堆放。

（3）各种模板支撑，必须按照设计方案的要求搭设和拆除。

（4）拆除建（构）筑物，要严格按施工方案和安全技术措施拆除。一般应该自上而下按顺序进行，不能采用推倒办法，禁止数层同时拆除。当拆除某一部分的时候，应该防止其他部分发生坍塌。

（5）脚手架上、楼板面不能集中堆放物料，防止坍塌。

（6）严禁随意拆除模板、脚手架的稳固设施。

7. 安全生产心理因素

施工中要保持良好的安全心理，要克服易引发事故的心理因素，避免出现开玩笑、超负荷工作、放纵喧闹、注意力不集中等不良行为。尤其要克服以下心理：

（1）侥幸心理：认为出事是偶然的，以前也这么做，这次应该不会有问题，但结果这次就出事。

（2）麻痹心理：对安全隐患、不安全行为不重视，盲目相信自己的经验，自以为没事，但结果这次出事要了命。

（3）冒险心理：为节省时间、嫌麻烦、图省事，冒险蛮干，但这样做有时会把自己的命也给"冒险"了。

（4）惰性心理：表现为懒得想、懒得做，能凑合就凑合，跟在别人后面，甚至一起违章赔上性命。

（5）逞强心理（个人英雄主义）：在安全措施没有保障的情况下，别人不敢做，而我偏敢做，结果却使自己丢了性命。

8. 安全色与施工标志

（1）红色：表示禁止、停止、危险以及消防设备。

（2）蓝色：表示人们必须遵守的指令。

（3）黄色：表示提醒人们注意。凡是警告人们注意的器件、设备及环境都应以黄色表示。

（4）绿色：表示给人们提供允许、安全的信息。

（5）禁止标志：禁止人们不安全行为的图形标志。

（6）提示标志：向人们提供某种信息（如标明安全设施或场

所等）的图形标志。

（7）警告标志：提醒人们对周围环境引起注意，以避免可能发生危险的图形标志。

（8）指令标志：强制人们必须做出某种动作或采用防范措施的图形标志。

第七节 施工现场高处作业安全知识

现行《高处作业分级》（GB/T 3608）规定：凡在坠落高度基准面 2m 以上（含 2m）的可能坠落的高处所进行的作业，都称为高处作业。

在施工现场高处作业中，如果未防护，防护不好或作业不当都可能发生人或物的坠落。人从高处坠落的事故，称为高处坠落事故，物体从高处坠落砸着下面的人事故，称为物体打击事故。长期以来，预防施工现场高处作业的高处坠落、物体打击事故始终是施工安全生产的首要任务。

一、高处作业的基本类型

建筑施工中的高处作业主要包括临边、洞口、攀登、悬空、交叉五种基本类型，这些类型的高处作业是高处作业伤亡事故可能发生的主要地点。

（一）临边作业

在施工现场，当高处作业中工作面的边沿没有围护设施或虽有围护设施，但其高度低于 800mm，这一类作业称为临边作业。

处于这类临边状态下的场合施工，例如沟、坑、槽边、深基础周边、楼层周边、梯段侧边、平台或阳台边、屋面边等，都属于临边作业。

此外，一般施工现场的场地上还常有挖坑、挖沟槽等地面工程，在它们边沿施工也称为临边作业。

在进行临边作业时，必须设置牢固的、可行的安全防护设施，不同的临边作业场所，需设置不同的防护设施。这些设施主要是防护栏杆和安全网。设置防护栏杆的临边作业场所，可分为以下几类：

（1）基坑周边，尚未装栏杆或栏板的阳台、料台与各种平台周边、雨篷与挑檐边、无外脚手架的屋面和楼层周边，以及水箱与水塔周边等处，都必须安装防护栏杆。

（2）分段施工的楼梯口和梯段边，必须安装临时防护栏杆，顶层楼梯口应随工程结构的进度安装正式栏杆或者临时护栏。梯段旁边亦应设置一边扶手，作为临时防护栏。

（3）垂直运输设备，如井架、施工用电梯等与建筑物相连接的通道两侧边，亦须加设防护栏杆。护栏的下部还必须加设挡脚板、挡脚竹笆或金属网片。地面上通道的顶部则应装设安全防护棚。双笼井架的通道中间，左右两部分应该予以分隔封闭；在防护栏之外，还须搭设安全网。

（二）洞口作业

洞口作业是指孔、洞口旁边的高处作业，包括施工现场及通道旁深度在 2m 及 2m 以上的桩孔、沟槽与管道孔洞等边沿作业。

建筑物的楼梯口、电梯口及设备安装预留洞口等（在未安装正式栏杆、门窗等围护结构时），还有一些施工需要预留的上料口、通道口、施工口等。凡是在 2.5m 以上，洞口若没有防护，就有造成作业人员高处坠落的危险；或者若不慎将物体从这些洞口坠落，还可能造成下面的人员发生物体打击事故。

（三）攀登作业

攀登作业是指借助建筑结构、脚手架上的登高设施，采用梯子或其他登高设施在攀登条件下进行的高处作业。

在建筑物周围搭拆脚手架、张挂安全网、装拆塔机、龙门架、井字架、施工电梯、桩架、登高安装钢结构构件等作业都属于这种作业。

进行攀登作业时，作业人员由于没有作业平台，只能攀登在可借助物的架子上作业，要借助一手攀，一只脚勾或用腰绳来保持平衡，身体重心垂线不通过脚下，作业难度大，危险性高，若有不慎就可能坠落。

（四）悬空作业

悬空作业是指在周边临空状态下进行高处作业。其特点是在操作者无立足点或无牢靠立足点条件下进行高处作业。

建筑施工中的构件吊装，利用吊篮进行外装修，悬挑或悬空梁板、雨篷等特殊部位支拆模板、扎筋、浇混凝土等项作业都属于悬空作业，由于是在不稳定的条件下施工作业，危险性很高。

（五）交叉作业

交叉作业是指在施工现场的上下不同层次，于空间贯通状态下同时进行的高处作业。

现场施工上部搭设脚手架、吊运物料时地面上的人员搬运材料、制作钢筋，或外墙装修下面打底抹灰时上面进行面层装饰等，都是施工现场的交叉作业。交叉作业中，若高处作业不慎碰掉物料，失手掉下工具或吊运物体散落，都可能砸到下面的作业人员，发生物体打击伤亡事故。

进行交叉作业时，必须遵守下列安全规定：

（1）支模、砌墙、粉刷等各工种，在交叉作业中，不得在同一垂直方向上下同时操作。下层作业的位置必须处于依上层高度确定的可能坠落范围之外。不符合此条件时，中间应设安全防护层。

（2）拆除脚手架与模板时，下方不得有其他操作人员。

（3）拆下的模板、脚手架等部件，临时堆放处离楼层边缘应小于1m。堆放高度不得超过1m。楼梯口、通道口、脚手架边缘等处，严禁堆放卸下的物件。

（4）结构施工至二层起，凡人员进出的通道口（包括井架、施工电梯的进出口）均应搭设安全防护棚。高层建筑高度超过24m的层次上交叉作业，应设双层防护设施。

（5）由于上方施工可能坠落物体，以及处于起重机拔杆回转范围之内的通道，其受影响的范围内，必须搭设顶部能防止穿透的双层防护廊或防护棚。

二、高处作业安全技术常识

高处作业时的安全措施有设置防护栏杆、孔洞加盖、安装安全防护门、满挂安全平立网，必要时设置安全防护棚等。

高处作业的一般施工安全规定和技术措施如下：

（1）施工前，应逐级进行安全技术教育及交底，落实所有安全技术措施和个人防护用品，未经落实时不得施工。

（2）高处作业中的安全标志、工具、仪表、电气设施和各种设备，必须在施工前加以检查，确认其完好，方能投入使用。

（3）悬空、攀登高处作业以及搭设高处安全设施的人员必须按照国家有关规定经过专门的安全作业培训，并取得特种作业操作资格证书后，方可上岗作业。

（4）从事高处作业的人员必须定期进行身体检查，诊断患有心脏病、贫血、高血压、癫痫病、恐高症及其他不适宜高处作业的疾病时，不得从事高处作业。

（5）高处作业人员应头戴安全帽，身穿紧口工作服，脚穿防滑鞋，腰系安全带。

（6）高处作业场所有坠落可能的物体，应一律先行撤除或予以固定。所用物件均应堆放平稳，不妨碍通行和装卸。工具应随手放入工具袋，拆卸下的对象及余料和废料均应及时清理运走，清理时应采用传递或系绳提溜方式，禁止抛掷。

（7）遇有六级以上强风、浓雾和大雨等恶劣天气，不得进行露天悬空与攀登高处作业。台风暴雨后，应对高处作业安全设施逐一检查，发现有松动、变形、损坏或脱落、漏雨、漏电等现象，应立即修理完善或重新设置。

（8）所有安全防护设施和安全标志等，任何人都不得损坏或擅自移动和拆除。因作业必须临时拆除或变动安全防护设施、安全标志时，必须经有关施工负责人同意，并采取相应的可靠措施，作业完毕后立即恢复。

（9）施工中对高处作业的安全技术设施发现有缺陷和隐患

时，必须立即报告，及时解决。危及人身安全时，必须立即停止作业。

三、高处作业的基本安全技术措施

（1）凡是临边作业，都要在临边处设置防护栏杆，一般上杆离地面高度为 1.0～1.2m，下杆离地面高度为 0.5～0.6m；防护栏杆必须自上而下用安全网封闭，或在栏杆下边设置严密固定的高度不低于 18cm 的挡脚板或 40cm 的挡脚笆。

（2）对洞口作业，可根据具体情况采取设防护栏杆、加盖板、张挂安全网与安装栅门等措施。

（3）进行攀登作业时，作业人员要从规定的通道上下，不能在阳台之间等非规定通道进行攀登，也不得任意利用吊车车臂架等施工设备进行攀登。

（4）进行悬空作业时，要设有牢靠的作业立足处，并视具体情况设防护栏杆，搭设脚手架、操作平台，使用马凳，张挂安全网或其他安全措施；作业所用索具、脚手板、吊篮、吊笼、平台等设备，均需经技术鉴定方能使用。

（5）进行交叉作业时，注意不得在上下同一垂直方向上操作，下层作业的位置必须处于依上层高度确定的可能坠落范围之外。不符合以上条件时，必须设置安全防护层。

（6）结构施工自二层起，凡人员进出的通道口（包括井架、施工电梯的进出口），均应搭设安全防护棚。高度超过 24m 时，防护棚应设双层。

（7）建筑施工进行高处作业之前，应进行安全防护设施的检查和验收。验收合格后，方可进行高处作业。

四、脚手架作业安全技术常识

脚手架的搭设、拆除作业属悬空、攀登高处作业，其作业人员必须按照国家有关规定经过专门的安全作业培训，并取得特种作业操作资格证书后，方可上岗作业。其他无资格证书的作业人员只能做一些辅助工作，严禁悬空、登高作业。

（一）脚手架的作用及常用架型

脚手架的主要作用是在高处作业时供堆料、短距离水平运输及作业人员在上面进行施工作业。高处作业的五种基本类型的安全隐患在脚手架上作业中都会发生。

脚手架应满足以下基本要求：

（1）要有足够的牢固性和稳定性，保证施工期间在所规定的荷载和气候条件下，不产生变形、倾斜和摇晃。

（2）要有足够的使用面积，满足堆料、运输、操作和行走的要求。

（3）构造要简单，搭设、拆除和搬运要方便。

常用脚手架有扣件式钢管脚手架、门形钢管脚手架、碗扣式钢管架等。此外还有附着升降脚手架、悬挂式脚手架、吊篮式脚手架、挂式脚手架等。

（二）脚手架作业一般安全技术常识

（1）每项脚手架工程都要有经批准的施工方案。严格按照此方案搭设和拆除，作业前必须组织全体作业人员熟悉施工和作业要求，进行安全技术交底。班组长要带领作业人员对施工作业环境及所需工具、安全防护设施等进行检查，消除隐患后方可作业。

（2）脚手架要结合工程进度搭设，结构施工时脚手架要始终高出作业面一步架，但不宜一次搭得过高。未完成的脚手架，作业人员离开作业岗位（休息或下班）时，不得留有未固定的构件，并保证架子稳定。

脚手架要经验收签字后方可使用。分段搭设时应分段验收。在使用过程中要定期检查，较长时间停用、台风或暴雨过后使用前要进行检查加固。

（3）落地式脚手架基础必须坚实，若是回填土，必须平整夯实，并做好排水措施，以防止地基沉陷引起架子沉降、变形、倒塌。当基础不能满足要求时，可采取挑、吊、撑等技术措施，将荷载分段卸到建筑物上。

（4）设计搭设高度较小时（15m以下），可采用抛撑；当设计高度较大时，采用既抗拉又抗压的连墙点（根据规范用柔性或刚性连墙点）。

（5）施工作业层的脚手板要满铺、牢固，离墙间隙不大于15cm，且不得出现探头板；在架子外侧四周设1.2m高的防护栏杆及18cm的挡脚板，且在作业层下装设安全平网；架体外排立杆内侧挂设密目式安全立网。

（6）脚手架出入口须设置规范的通道口防护棚；外侧临街或高层建筑脚手架，其外侧应设置双层安全防护棚。

（7）架子使用中，通常架上的均布荷载，不应超过规范规定。人员、材料不要太集中。

（8）在防雷保护范围之外，应按规定安装防雷保护装置。

（9）脚手架拆除时，应设警戒区和醒目标志，有专人负责警戒；架体上材料、杂物等应清除干净；架体若有松动或危险的部位，应先加固，再拆除。

（10）拆除顺序应遵循"自上而下，后装的构件先拆，先装的后拆，一步一清"的原则，依次进行。不得上下同时拆除，严禁用踏步式、分段、分立面拆除法。

（11）拆下来的杆件、脚手板、安全网等应用运输设备运至地面，严禁从高处向下抛掷。

第八节 施工现场用电安全知识

施工现场临时用电与一般工业或居民生活用电相比具有其特殊性，有别于正式"永久"性用电工程，具有暂时性、流动性、露天性和不可选择性。

触电造成的伤亡事故是建筑施工现场的多发事故之一，因此，进入施工现场的每个人员必须高度重视安全用电工作，掌握必备的用电安全技术知识。

一、一般规定

（1）建筑施工现场的电工、电焊工属于特殊作业工种，必须经有关部门技能培训考核合格后，持操作证上岗，无证人员不得从事电气设备及电气线路的安装、维修和拆除。

（2）不准在宿舍工棚、仓库、办公室内用电饭煲、电水壶、电炉、电热杯等烧小灶。如需使用，应由管理部门指定地点，严禁使用电炉。

（3）不准在宿舍内乱拉乱接电源，非专职电工不准乱接或更换熔丝，不准以其他金属丝代替熔丝（保险丝）。

（4）严禁在电线上晾衣服或其他东西。

（5）不准在高压线下方搭设临建、堆放材料和进行施工作业；在高压线一侧作业时，必须保持 6m 以上的水平距离，达不到上述距离时，必须采取隔离防护措施。

（6）搬扛较长的金属物体，如钢筋、钢管等材料，不要碰触到电线。

（7）在临近输电线路的建筑物上作业时，不能随便往下扔金属类杂物；更不能触摸、拉动电线或电线接触钢丝和电杆的拉线。

（8）移动金属梯子和操作平台时，要观察高处输电线路与移动物体的距离，确认有足够的安全距离，再进行作业。

（9）在地面或楼面上运送材料时，不要踏在电线上；停放手推车、堆放钢模板、跳板、钢筋时不要压在电线上。

（10）在移动有电源线的机械设备，如电焊机、水泵、小型木工机械等，必须先切断电源，不能带电搬动。

（11）当发现电线坠地或设备漏电时，切不可随意跑动或触摸金属物体，并保持 10m 以上距离。

二、安全电压

安全电压是为防止触电事故而采用的 50V 以下特定电源供电的电压系列，分为 42V、36V、24V、12V 和 6V 五个等级，根据不同的作业条件，选用不同的安全电压等级。

以下特殊场所必须采用安全电压照明供电：

（1）使用行灯，必须采用小于等于 36V 的安全电压供电。

（2）隧道、人防工程、有高温、导电灰尘或距离地面高度低于 2.4m 的照明等场所，电源电压应不高于 36V。

（3）在潮湿和易触及带电体场所的照明电源电压，应不高于 24V。

（4）在特别潮湿的场所、导电良好的地面、锅炉或金属容器内工作的照明电源电压不得高于 12V。

三、电线的相色

1. 正确识别电线的相色

电源线路可分为工作相线（火线）、工作零线和专用保护零线。一般情况下，工作相线（火线）带电较危险，工作零线和专用保护零线不带电（但在不正常情况下，工作零线也可能带电）。

2. 相色规定

一般相线（火线）分为 A、B、C 三相，分别为黄色、绿色、红色；工作零线为黑色；专用保护零线为黄绿双色线。

四、插座的使用

正确选用与安装插座。

1. 插座分类

常用的插座分为单相双孔、单相三孔和三相三孔、三相四孔等。

2. 选用与安装接线

（1）三孔插座应选用"品字形"结构，不应选用等边三角形排列的结构，因为后者容易发生三孔互换而造成触电事故。

（2）插座在电箱中安装时，必须首先固定安装在安装板上，接出极与箱体一起做可靠的 PE 保护。

（3）三孔或四孔插座的接地孔（较粗的一个孔），必须设置在顶部位置，不可倒置，两孔插座应水平并列安装，不准垂直并列安装。

（4）插座接线要求：对两孔插座，左孔接零线，右孔接相线；对三孔插座，左孔接零线，右孔接相线，上孔接保护零线；

对四孔插座，上孔接保护零线，其他三孔分别接 A、B、C 三根相线。

五、"用电示警"标志

正确识别"用电示警"标志或标牌，不得随意靠近、随意损坏和挪动标牌。

1. 常用的电力标志

颜色：红色。

使用场所：配电房、发电机房、变压器等重要场所。

2. 高压示警标志

颜色：字体为黑色，箭头和边框为红色。

使用场所：需高压示警场所。

3. 配电房示警标志

颜色：字体为红色，边框为黑色（或字与边框交换颜色）。

使用场所：配电房或发电机房。

4. 维护检修示警标志

颜色：底为红色、字为白色（或字为红色、底为白色、边框为黑色）。

使用场所：维护检修时相关场所。

5. 其他用电示警标志

颜色：箭头为红色、边框为黑色、字为红色或黑色。

使用场所：其他一般用电场所。

进入施工现场的每个人都必须认真遵守用电管理规定，见到以上用电示警标志或标牌时，不得随意靠近，更不准随意损坏、挪动标牌。

第九节　文明施工的基本要求

一、施工现场相关要求

（1）施工现场是建筑活动的场所，也是企业对外的窗口。它关系到企业的文明和形象，也直接关系到一个城市的文明和形象。

（2）施工现场应当实现科学管理，安全生产，确保施工人员的安全和健康，达到"安全为了生产，生产须安全"的目的。

（3）施工现场是企业文化的窗口，应当实现围挡、大门、标牌装饰化，材料堆放标准化，生活设施整洁化，职工行为文明化。

（4）施工现场应做到施工不扰民，现场应晴天不扬尘，雨天不泥泞，运输垃圾不遗撒，营造良好的作业环境。

二、施工现场环境相关要求

（1）施工现场应保持整洁，及时清理。要做到施工完一层清理一层，施工垃圾应集中堆放并及时拉走。

（2）现场内各种管线都应做好保护，防止碾轧，接头处要牢靠，防止跑、冒、滴、漏。施工中的污水应用管道或沟槽流入沉淀池集中处理，不得任意向现场排放或流到场外河流。

（3）施工现场的材料应按照规定的地点分类存放整齐，做到一头齐、一条线、一般高。砂石材料成方，周转材料、工具一头见齐，钢筋要分规格存放，不得侵占现场道路，防止堵塞交通影响施工。

（4）各种气瓶属于危险品，在存放和使用时，要距离明火10m以外。乙炔瓶禁止倒放，防止丙酮外溢发生危险。

三、施工现场住宿相关要求

（1）宿舍区应硬化地面，严禁用易燃有害的材料搭建宿舍，宿舍周围应设排水沟。

（2）工地临时宿舍应做到被褥叠放整齐，个人用具按次序摆放，衣服勤洗勤换，污水不乱泼乱倒，垃圾不乱抛乱堆，保持室内空气新鲜，室外环境整洁，保证睡眠和休息。

四、施工人员饮食卫生

工地食堂应严防肠道传染病的发生，杜绝食物中毒，把住病从口入关。

（1）炊事人员必须持有所在地区防疫部门办理的健康证，并且每年进行一次体检。凡患有痢疾、肝炎、伤寒、活动性肺结核、渗出性皮肤病以及其他有碍食品卫生的疾病，不得参加食品的制作及洗涤工作。炊事人员无健康证的不准上岗。

（2）饭前洗手，不吃不干净的食品，不喝生水，保证身体健康。

五、施工现场防火

（1）施工现场明火作业，操作前办理动火证。经现场有关部门（负责人）批准，做好防护措施并派专人看火（监护）后，方可操作。动火证只限于当天本人在规定地点使用。

（2）每日作业完毕或焊工离开现场时，必须确认用火已熄灭，周围无隐患，电闸已拉下，门已锁好确认无误后，方可离开。

（3）焊、割作业不准与油漆、喷漆、木料加工等易燃、易爆作业同时上下交叉作业。高处焊接下方设专人监护，中间应有防护隔板。

（4）进入施工现场作业区，特别是在易燃物及其周围严禁吸烟。

（5）施工现场电气发生火情时，应先切断电源，再用砂土、二氧化碳或干粉灭火器进行灭火。不要用水及泡沫灭火器进行灭火，以防止发生触电事故。

（6）施工现场放置消防器材处，应设明显标志，夜间设红色警示灯，消防器材须垫高放置，周围 3m 内不得存放任何物品。

（7）当现场有火险发生时，不要惊慌，应立即取出灭火器或接通水源扑救。当火势较大、现场无力扑救时，立即拨打 119 报警，讲清火险发生的地点、情况、报告人及单位等。

第十节 一般安全事故的应急处理

一、高空坠落事故

（1）在接到事故现场有关人员报告后，应急救援小组成员必须立即奔赴事故现场组织抢救，做好现场保卫工作，保护好现场并负责调查事故。在现场采取积极措施保护伤员生命，减轻伤情，减少痛苦，并根据伤情需要，迅速联系医院救治。

（2）认真观查伤员全身情况，防止伤情恶化。发现受伤人员有呼吸、心跳停止时，应立即在现场就地抢救。对伤员进行止血、包扎，转移搬运伤员、处理急救外伤等。

（3）应急救援小组组长接到事故现场有关人员报告后，应立即用快速方法向上级部门报告。

（4）救护人员到达现场后，救援小组组长应立即与救护负责人取得联系并交待现场有关情况，然后协助救护人员进行抢救。

（5）人身轻伤事件应急预案实施：

① 停止伤者的工作；

② 实施简易处置；

③ 伤势为创口时，迅速将伤者送医院治疗；

④ 伤势较重时，必须及时通知医生赶赴现场进行救治；

⑤ 救援组长向安全科进行简要汇报。

二、烧烫伤事故

烧伤的急救主要包括降温及保护患处。如果烧伤后皮肤尚完整，应尽快使局部降温，如将其置于水龙头下冲洗，这样会带走局部组织热量并减少进一步损害。

（1）如果患者烧伤处已经起了水泡，应该保护局部或降温。用干净的水冲洗患处时，注意不要刺破或擦破水泡以防止感染，若伤处肿胀，应去掉饰物，连续用冷水冲洗伤处，然后用不带黏性的敷料或潮湿的最好是消毒的垫子轻覆于水泡之上，除非水泡很小，否则一定要将患者送往医院。

（2）如果患者的衣服和患处有粘连，应该用剪刀将患处周围的衣服剪开，尽可能让患处暴露出来，用清洁的纱布轻轻覆盖。

（3）对火烧伤：如果衣服着火，应注意不能跑动以免煽起火焰。用大毯子、衣服、抹布或类似物覆盖大火。当衣服已经烧着时，应将衣服脱去，但要留下与身体粘着的部分。用潮湿被单或类似物将伤者包裹，送医院检查。如果皮肤已经烧坏，要用干净的垫子覆盖其上以保护伤处，减少感染危险。如果患者烧伤的程度十分严重，有些皮肤已经出现炭化的迹象，不要触动患处，以免因处理过多，造成患处的二次损伤。

（4）对液体烫伤：烫伤是由烫的液体引起的烧伤，首先要用冷水冲走热的液体，并局部降温 10min，并用干净、潮湿的敷料覆盖。如果口腔烫伤，由于肿胀可能影响呼吸道，因此急救一定要快，使患者脱离热源，置于凉爽处，并保持稳定的侧卧位，等待救援。

（5）对化学品烧伤：当化学品（硫酸、火碱等）烧伤皮肤时，应马上用干毛巾将残留的化学物轻轻除去，然后用大量的冷水冲洗。但对硫酸等能够和水起剧烈的化学反应的化学物，不可直接用水冲洗。对较重伤员，在做初步处理后，应及时送往医院治疗。

三、物体打击事故

（1）当发生物体打击事故后，抢救的重点放在对休克、胸部骨折和出血上进行处理。

（2）发生物体打击事故后，应马上组织抢救伤者，首先观察伤者的受伤情况、部位、伤害性质，如伤员发生休克，应先处理休克。遇呼吸、心跳停止者，应立即进行人工呼吸，胸外心脏挤压。处于休克状态的伤员要让其安静、保暖、平卧、少动，并将下肢抬高约 20°，尽快送医院进行抢救治疗。

（3）出现颅脑外伤，必须维持呼吸道通畅。昏迷者应平卧，面部转向一侧，以防舌根下坠或分泌物、呕吐物吸入，发生喉阻塞。有骨折者，应初步固定后搬运。偶有凹陷骨折、严重的颅底骨折及严重的脑损伤症状出现，创伤处用消毒的纱布或清洁布等覆盖伤口，用绷带或布条包扎后，及时送就近有条件的医院治疗。

（4）发现脊椎受伤者，创伤处用消毒的纱布或清洁布等覆盖伤口，用绷带或布条包扎。搬运时，将伤者平卧放在帆布担架或硬板上，以免受伤的脊椎移位、断裂造成截瘫，导致死亡。抢救脊椎受伤者，搬运过程中严禁只抬伤者的两肩与两腿或单肩背运。

（5）遇有创伤性出血的伤员，应迅速包扎止血，使伤员保持在头低脚高的卧位，并注意保暖。正确的现场止血处理措施：

① 一般伤口小的止血法：先用生理盐水（0.9％NaCl溶液）冲洗伤口，涂上红汞水，然后盖上消毒纱布，用绷带较紧地包扎。

② 加压包扎止血法：用纱布、棉花等做成软垫，放在伤口上再包扎，来增强压力而达到止血。

③ 止血带止血法：选择弹性好的橡皮管、橡皮带或三角巾、毛巾、带状布条等，上肢出血结扎在上臂上1/2处（靠近心脏位置），下肢出血结扎在大腿上1/3处（靠近心脏位置）。结扎时，在止血带与皮肤之间垫上消毒纱布棉纱。每隔25～40min放松一次，每次放松0.5～1min。

四、触电事故

（一）迅速断开电源

（1）如果开关距离触电地点很近，应迅速拉开开关，切断电源，并应准备必要的照明，以便进行抢救。

（2）如果开关距离触电地点很远，可用绝缘手钳或用有干燥木柄的斧、刀、铁锹等把电线切断。必须注意应切断电源侧（来电侧）的电线，而且还要注意切断的电线不可触及人体。

（3）当导线搭在触电人身上或压在身下时。可用干燥的木棒、木板、竹竿或其他带有绝缘的工具,迅速将电线挑开,千万不能使用任何金属棒或潮湿的东西去挑电线,以免救护人触电。

(4) 如果触电人的衣服是干燥的,而且并不是紧缠在身上时,救护人可站在干燥的木板上,或用干衣服、干围巾帽子等把自己一只手做严格绝缘包裹,然后用这只手(千万不要用两只手)拉住触电人的衣服,把触电人拉脱带电体,但不要触及触电人的皮肤。

(二) 原地抢救

(1) 触电急救应就地进行,只有在条件不允许时,才将触电人迅速抬到安全地方,抢救工作要不停顿地进行,即使在送往医院途中也不能停止抢救。

(2) 在触电急救时不能用埋土、泼水和压木板等错误方法进行抢救。这些办法不但不会收到良好效果,反而会加快触电人死亡。准确的触电急救是采用心脏肌压迫法和口对口人工呼吸法。

(三) 持续抢救

(1) 所谓坚持,就是抢救触电者时,只要有百分之一的希望就要尽百分之百的努力。

(2) 触电者死亡一般有五个特征:

① 心跳、呼吸停止;

② 瞳孔放大;

③ 尸斑;

④ 尸僵;

⑤ 血管硬化。

如果五个特征有一个尚未出现,都应当作假死,坚持进行抢救。

五、皮带绞伤事故

(1) 当发生皮带(机械)绞伤事故时,应立即停止作业,迅速将伤者从设备中解救出来,通过判断伤者的伤害程度,采取力所能及的抢救措施,同时将事故的情况上报当班及车间领导。

（2）伤情的判断：首先检查伤员的心跳，其次是呼吸和瞳孔，然后区分是危重伤员、重伤员，还是轻伤员。

① 危重伤员：外伤性窒息及各种原因引起的心脏骤停、呼吸困难、深度昏迷、严重休克、大出血等类伤员。须立即抢救，并在严密观察下迅速护送至医院。

② 重伤员：骨折、脱位、严重挤伤、大面积软组织挫伤内脏等。这类伤员多需手术治疗，不能马上手术时，要注意防止休克。

③ 轻伤员：软组织伤，如擦伤、挤伤、裂伤和一般挫伤，这类伤员可现场处理后回住地休息。

（3）伤口的处理。

① 伤口的处理步骤：用生理盐水或清水清洗，用手帕、布带包扎、止血。

② 骨折处用木棍、木板当夹板临时固定。脊柱骨折时，不需要做任何固定，但搬运方法非常重要。a. 担架搬运：可用木板、竹竿、绳子制作担架。用担架搬运时，伤员的头部向后，以便后面抬担架的人可随时观察其变化。b. 单人搬运法：可让伤者伏在救护者的背上，也可使伤者的腹部在救护者的右肩上，右手抱其双腿，左手握住伤者右手。c. 双人搬运法：一人抱住伤者的肩腰部，另一人抱住伤者的臀部、腿部，或让伤者坐在两个急救者互相交叉形成的井字手上，伤员双手伏在急救者的肩部。

六、车辆伤害事故

（一）车辆伤害事故应急措施

（1）发生车辆伤害事故后，现场第一人应立即向应急救援小组报告事故情况。

（2）应急救援小组接到事故情况后，小组成员必须在 5min 内投入救人抢险工作。

（3）立即组织人员对受伤人员和车辆进行抢救，本着先救人的原则，首先将伤员救出，对伤员进行简单处理后立即送医院救治。

（4）立即把出事地点附近的作业人员疏散到安全地带，并进行警戒，不准闲人靠近。

（5）应急救援组长负责向上级部门报告情况。

（6）维护现场秩序，严密保护事故现场。

（二）应急知识

（1）止血方法：

① 毛细血管出血：血液从伤口渗出，出血量少，色红，危险性小，只需要在伤口上盖上消毒纱布或干净手帕等，扎紧即可止血。

② 静脉出血：血色暗红，缓慢不断流出。一般抬高出血肢体以减少出血，然后在出血处放几层纱布，加压包扎即可达到止血目的。

③ 动脉出血：血色鲜红，出血来自伤口的近心端，呈搏动性喷血，出血量多，速度快，危险性大。动脉出血一般使用间接指压法止血，即在出血动脉的近心端用手指把动脉压在骨面上，予以止血。

（2）断肢（指）的处理：断肢（指）发生时，除做必要急救外，还应注意保存断肢（指），以求有再植的希望。将断肢（指）用清洁布包好，不要用水冲洗伤面，也不要用各种溶液浸泡。若有条件，可将包好的断肢（指）置于冰块中间。

（3）休克处理：休克是指因各种原因的强烈刺激和损害（如大出血、创伤、烧伤等）引起的急性血液循环不全所致重要生命器官缺氧、代谢紊乱而发生的严重功能障碍。对休克的患者，应使其平卧保暖。有条件的可给氧，针刺人中穴，同时对引起休克的因素及时处理。

七、机械伤害事故

（一）应急处置

按先防后救和先救人后救灾的原则开展抢救工作：穿戴好防

护用品；岗位发生事故，岗位人员立即向班长报告，班长在组织现场应急救援的同时向车间领导报告。报告内容应包括以下五个方面：①报警人姓名；②什么时间、什么地点发生什么事故；③事故现状和危险程度如何；④正在采取和计划采取什么控制及处理措施；⑤是否需要救援和需要哪方面的救援。

（二）紧急处置程序

（1）发生机械伤害后，应急救援小组负责人应立即报告安全科，并组织人员进行抢救，与医院取得联系，详细说明事故地点、严重程度。在医护人员到来之前，应检查受伤者的伤势、心跳及呼吸情况，视不同情况采取不同的急救措施。

（2）对被机械伤害的伤员，应迅速小心地使伤员脱离伤源，必要时，拆卸割开机器，移出受伤的肢体。

（3）对发生休克的伤员，应首先进行抢救，遇有呼吸、心跳停止者，可采取人工呼吸或胸外心脏挤压法，使其恢复正常。

（4）对骨折的伤员，应利用木板、竹片和绳布等捆绑骨折处的上下关节，固定骨折部位；也可将其上肢固定在身侧，下肢与下肢缚在一起。

（5）对伤口出血的伤员，应让其以头低脚高的姿势躺卧，使用消毒纱布或清洁织物覆盖在伤口上，用绷带较紧地包扎，以压迫止血，或者选择弹性好的橡皮管、橡皮带或三角巾、毛巾、带状布巾等。对上肢出血者，捆绑在其上臂 1/2 处，对下肢出血者，捆绑在其腿上 2/3 处，并每隔 25～40min 放松一次，每次放松 0.5～1min。

（6）对剧痛难忍者，应让其服用止痛剂和镇痛剂。

（7）采取上述急救措施之后，要根据病情轻重，及时把伤员送往医院治疗，在送往医院的途中，应尽量减少颠簸，并密切注意伤员的呼吸、脉搏及伤口等情况。

（三）注意事项

（1）由相关在场人员迅速切断机械电源。

（2）将人员救出后，立即检查可能的伤害部位，进行止血，止血方法同上。

（3）如有切断伤害，应寻找切断的部分，将其妥善保留。

（4）在医生到来之前，应尽最大努力进行自救，以使伤害降低到最低点。在医生到来之后，应将伤员受伤原因和已经采取的救护措施详细告诉医生。

（5）注意保护好事故现场，便于调查、分析事故原因。

（6）应急救援小组应进行可行的应急抢救，如现场包扎、止血等措施。防止受伤人员流血过多，造成死亡事故发生。

八、压力容器爆炸事故

（一）事故处置要点

（1）发现泄漏时要马上切断进汽阀门及泄漏处前端阀门。

（2）发生超压时要及时切断进汽阀门。

（二）应急疏散预案

1. 原则

（1）在事故险情出现时，救援小组负责人首先疏散无关人员撤离险区。

（2）救援小组负责人确定现场抢险人员全部撤离后再撤离。

（3）疏散命令下达后，视事故险情出现地点和方向，以最近的路线和最少的时间，迅速撤离。

2. 应急疏散和自救的主要方法

一般情况下，绝大多数遇险人员可以安全地疏散或自救，脱离险境。因此必须坚定自救的意识，不要惊慌失措，要冷静观察，争取可行的措施进行疏散自救。

（1）疏散时如果人员较多或能见度很差，应在熟悉疏散通道布置的人员带领下，迅速撤离事故现场。带领人可用绳子带领，用"跟着我"的喊话或前后扯衣襟的方法将人员撤至室外或安全地点。

（2）在撤离事故现场的途中被浓烟所围困时，由于浓烟一般向上流动，地面上的烟雾相对比较稀薄，因此可采取低姿势行走或匍匐穿过浓烟；如果有条件，可用湿毛巾捂住嘴、鼻或用短呼吸法，用鼻子呼吸，迅速撤出烟雾区。

（3）楼房楼下着火时，楼上人员不要惊慌失措，应根据现场不同情况采取正确的自救措施。

（4）如发生烫伤等伤害，按照相关程序进行救治。

九、火灾事故

（一）组织实施

（1）要迅速组织人员逃生，原则是"先救人，后救物"。

（2）参加人员：在消防车到来之前，在确保自身安全的情况下，所有人均有义务参加扑救。

（3）消防车到来之后，要配合消防人员扑救或做好辅助工作。

（4）使用器具：灭火器、水桶等。

（5）无关人员要远离火灾地的道路，以便于消防车辆驶入。

（二）扑救方法

（1）扑救固体物品火灾，如木制品，棉织品等，可使用各类灭火器具。

（2）扑救液体物品火灾，如汽油、柴油等，只能使用灭火器、沙土、浸湿的棉被等，绝对不能用水扑救。

（3）如系电力系统引发的火灾，应当先切断电源，而后组织扑救。切断电源前，不得使用水等导电性物质灭火。

（三）注意事项

（1）火灾事故首要的一条是保护人员安全，扑救要在确保人员不受伤害的前提下进行。

（2）火灾第一发现人应判断原因，立即切断电源。

（3）火灾发生后应掌握的原则是边救火边报警。

（4）人是第一宝贵的，在生命和财产之间，首先保全生命，采取一切必要措施，避免人员伤亡。

附录　钢筋算量表

附表 1　抗震楼层框架梁上部通长钢筋的锚固与连接

				备注	计算公式
上部通长筋锚固	端支座	直锚		$\max(0.5h_c+5d, l_{aE})$	当支座宽度 $>l_{aE}$ 时，直锚	总长＝净长＋左右锚固长度＋(连接)
		弯锚		$\max(0.5h_c+5d, 0.4l_{aE})+15d$	当支座宽度 $<l_{aE}$ 时，弯锚	接头个数＝总长/定尺长度－1（l_{aE} 锚固长度，h_c 支座宽度）
	中间支座变截面	梁顶有高差且 $c/h_c>1/6$	高标高钢筋弯锚	$\max(0.5h_c+5d, 0.4l_{aE})+15d$	C：梁的高差	高标高钢筋长度＝净长＋两端锚固
			低标高钢筋直锚	l_{aE}	h_c：支座宽度	低标高钢筋长度＝净长＋端支座弯锚＋中间支座直锚
		梁顶有高差且 $c/h_c\leqslant 1/6$	上部通长筋斜弯通过，不断开		斜弯：长为 h_c-50，宽为 c	长度＝净长＋两端锚固［$\max(0.5h_c+5d, 0.4l_{aE})+15d$］

续表

上部通长筋锚固					备注	计算公式
	中间支座变截面	梁宽度不同	宽出的不能直通的钢筋弯锚入支座	$\max(0.5h_c + 5d,\ 0.4l_{aE}) + 15d$	h_c：支座宽度	窄梁长度＝净长＋端支座弯锚＋中间支座弯锚＋中间支座直锚（l_{aE}）；宽梁长度＝净长＋两端伸入中间支座弯锚
	悬挑端	跨内外无高差	上部通长筋伸至悬挑远端，下弯至梁底后回弯 $5d$		悬挑长度＜$4h_b$（粗端高度）	通长筋合部长＝净长＋支座锚固＋悬挑端弯钩
		悬挑梁比跨内顶面低且 $c/h_c \leqslant 1/6$	上部通长筋斜弯通过，不断开		斜弯：长为 h_c-50，宽为 c	长度＝净长＋弯钩＋斜弯
		悬挑梁比跨内顶面低且 $c/(h_c-50) > 1/6$	跨内框架梁上部通长筋根据支座宽度直锚或弯锚		$\max(0.4l_{aE})+15d$	框架梁钢筋长度＝净长＋锚固（直锚或弯锚）
			悬挑梁上部钢筋伸入跨内直锚	$\max(0.5h_c + 5d,\ l_a) + 5d$	50：平直段入支座长度	长度＝净长＋直锚＋弯钩（下弯至梁底后弯回 $5d$）

抗震楼层框架梁上部通长钢筋的锚固与连接

续表

				备注	计算公式
抗震楼层框架梁上部通长钢筋的锚固与连接	上部通长筋锚固	悬挑端	悬挑梁比跨内顶高且 $c/(h_c-50)\leq 1/6$	上部通长筋斜弯通过，不断开	斜弯：长为 h_c-50，宽为 c	长度＝净长＋斜弯＋弯钩（下弯至梁底后回弯 $5d$）
			悬挑梁比跨内顶高且 $c/(h_c-50)>1/6$	跨内框架梁上部通长筋根据支座宽度直锚或弯锚　$\max(h_c-c,\ 0.4l_a)+15d$	弯锚：$\max(0.5h_c+5d,\ 0.4l_{aE})+15d$；$l_a>$支座宽度；$h_c-c$：支座宽度减去保护层厚度	框架梁钢筋长度＝净长＋弯锚＋弯钩＋直锚 $[\max(0.5h_c+5d,\ l_{aE})]$
				悬挑梁上部钢筋伸入跨内弯锚　$\max(0.5h_c+5d,\ l_a)$	$l_a>$支座宽度，所以支座宽度减端部弯钩 $5d$	长度＝净长＋弯锚＋弯钩（下弯至梁底后回弯 $5d$）
				悬挑梁上部通长筋伸入跨内直锚　$\max(0.5h_c,\ l_a)+5d$	$l_a<$支座宽度，直锚，端部弯钩 $5d$	长度＝净长＋直锚＋弯钩（下弯至梁底后回弯 $5d$）
	上部通长筋连接	直径相同		跨中 1/3 范围连接		
		直径不同		两端与支座钢筋搭接　即按100%接头	搭接长度 $l_{lE}=1.6l_{aE}$，	

附表 2 楼层框架梁侧部构造钢筋

				备注	计算公式
侧部构造钢筋	锚固		12d		长度＝净长＋2×12d
	搭接		150mm		
侧部受扭钢筋	锚固（同梁下部钢筋）	端支座	弯锚	$\max(0.5h_c+5d,$ $0.4l_{aE})+15d$	锚入支座内 12d
			直锚	$\max(0.5h_c+5d, l_{aE})$	
		中间支座	直锚	$\max(0.5h_c+6d, l_a)$	
	连接	同梁下部钢筋			
拉筋	长度	勾住箍筋	B_b（梁宽）$-d$（保护层）＋箍筋直径＋弯钩		弯钩：11.9d
	直径	当梁宽≤350 时	$\phi 6$		
		当梁宽＞350 时	$\phi 8$		
	根数		间距为箍筋非加密区间距的两倍		

附表 3　抗震楼层框架梁下部通长筋

		抗震楼层框架梁下部通长筋	备注	计算公式
下部通长筋锚固	端支座 直锚	$\max(0.5h_c+5d,\ l_{aE})$	支座宽度$\geqslant l_{aE}$	长度＝净长＋锚固＋搭接长
	端支座 弯锚	$\max(0.5h_c+5d,\ 0.4l_{aE})+15d$	支座宽度$< l_{aE}$	长度＝净长＋锚固
	中间支座变截面 梁顶有高差且 $c/h_c>1/6$	低标高钢筋弯锚：$\max(0.5h_c+5d,\ 0.4l_{aE})+15d$　　高标高钢筋直锚：l_{aE}	两端伸入中间支座锚固　　支座弯锚：$\max(0.5h_c+5d,\ 0.4l_{aE})+15d$	长度＝净长＋两端锚固　　长度＝净长＋一端直锚＋一端弯锚
	中间支座变截面 梁顶有高差且 $c/h_c\leqslant1/6$	下部通长筋斜弯通过，不断开	支座弯锚：$\max(0.5h_c+5d,\ 0.4l_{aE})+15d$	长度＝净长＋斜长＋两端锚固
	中间支座变截面 梁宽度不同	宽出的不能直通的钢筋弯锚：$\max(0.5h_c+5d,\ 0.4l_{aE})+15d$		宽梁＝净长＋两端弯锚　　窄梁＝净长＋直锚(l_{aE})＋弯锚
连接		跨端 1/3 范围内，且避开箍筋加密区		

续表

			备注	计算公式
下部非通长筋	端支座锚固	直锚	$\max(0.5h_c+5d,\ l_{aE})$ — 支座宽度$\geq l_{aE}$	长度＝净长＋直锚（弯锚）＋中间支座直锚
		弯锚	$\max(0.5h_c+5d,\ 0.4l_{aE})+15d$ — 支座宽度$<l_{aE}$	
		中间支座直锚	$\max(0.5h_c+5d,\ l_{aE})$	
	中间支座锚固	中间支座直锚	$\max(0.5h_c+5d,\ l_{aE})$	长度＝净长＋两端中间支座锚固
下部不伸入支座钢筋			$净长-2\times0.1\times l_n$（l_n 为本跨的净跨值）	

附表 4 抗震楼层框架梁支座负筋

		抗震楼层框架梁支座负筋	若第一排全是通长筋，没有支座负筋	备注	计算公式
支座负筋	延伸长度	第一排	$l_n/3$			端支座负筋长度＝延伸长度＋伸入支座锚固长度（支座弯锚直锚判断过程略）
		第二排	$l_n/4$	$l_n/3$		中间支座负筋长度＝支座宽度＋两端延伸长度（l_n 为相邻较大跨的净跨值）
		第三排	$l_n/5$	$l_n/4$		
				超过三排，由设计者注明		
	端支座锚固		同上部通长筋［直锚：$\max(0.5h_c+5d,\ l_{aE})$；弯锚：$\max(0.5h_c+5d,\ 0.4l_{aE})+15d$，直锚弯锚判断略］		

续表

抗震楼层框架梁支座负筋			计算公式	备注
支 座 负 筋	贯通小跨		公式＝小跨宽度＋两端延伸长度	小跨是指其净长小于左右两大跨净长之和的1/3
	支座两边配筋不同	多出的钢筋可直锚		$\max(0.5h_c+5d, l_{aE})$
		多出的钢筋可弯锚		$\max(0.5h_c+5d, 0.4l_{aE})+15d$

附表 5　吊筋总结

吊筋总结			计算公式	备注
下平直段	次梁宽度＋2×50			
斜长	夹角	主梁高>800		夹角为60°
		主梁高≤800		夹角为45°
	吊筋高度	次梁高度≤主梁高度的1/2时	斜长高度＝主梁高－1/2h－梁保护层	吊筋下平直段距主梁底为1/2h（h为次梁高）
		次梁高度>主梁高度的1/2时	斜长高度＝主梁高－2×梁保护层	吊筋按主梁计算

续表

吊筋总结		计算公式	备注
上平直段	当次梁位于主梁跨端 1/3 时	$20d$	
	当次梁位于主梁跨中 1/3 时	$10d$	

附表 6 抗震框支梁

抗震框支梁	锚固	备注	计算公式
上部通长筋及第一排支座负筋	端支座锚固：$(h_c-c)+(h_b-c)+l_{aE}$	h_c：支座宽；h_b：梁高度；c：保护层	长度＝净长＋两端支座锚固
以下各排支座负筋	$(h_c-c)+15d$	端部锚固长度：上部纵筋全部伸至端部下弯至梁以下 $l_{aE}(l_a)$；除第一排上部钢筋外、第二排上部钢筋，下部各排钢筋、侧部钢筋在端柱的锚固均为：$(h_c-c)+15d$（同时满足平直段大于等于 $0.4l_{aE}$）	长度＝端支座锚固＋延伸长度 ＝$(h_c-c)+15d+l_n/3$
各排支座负筋延伸长度	$l_n/3$		
侧部钢筋	$(h_c-c)+15d$		长度＝净长＋两端支座锚固

续表

抗震框支梁	锚固	备注	计算公式
拉筋直径	当梁宽≤350: $\phi6$ 当梁宽>350: $\phi8$		
拉筋根数	箍筋加密区间距的2倍		
拉筋排数	沿梁高≤200		
下部钢筋	端支座锚固: $(h_c-c)+15d$		长度=净长+两端支座锚固
箍筋加密区	$\max(0.2l_n,\ 1.5h_b)$		

附表 7　抗震屋面框架梁

抗震屋面框架梁				备注	计算公式
上部钢筋 (通长筋、支座)	端支座	伸至柱边下弯到梁底	$(h_c-c)+(h_b-c)$	h_c: 支座宽; h_b: 梁高度; c: 保护层	长度=净长+两端支座锚固=$(h_c-c)+(h_b-c)$
		伸至柱边下弯 $1.7l_{aE}$	$(h_c-c)+1.7l_{aE}$	支座锚固=伸入支座长度+锚固	长度=净长+两端支座锚固=$(h_c-c)+1.7l_{aE}$
负筋锚固	中间支座、变截面	梁顶有高差且 $c/h_c>1/6$	高标钢筋弯锚	$0.4l_{aE}+(15d+c)$	弯折长度=15d+C; (C为高差)	长度=净长+两端支座锚固=$0.4l_{aE}+(15d+c)$

续表

类别	部位	条件	锚固方式	数值	备注	计算公式
上部钢筋（通长筋、支座负筋）长度、支座负筋锚固	中间支座变截面锚固	梁顶有高差 且 $c/h_c>1/6$	低标高钢筋直锚	$1.6l_{aE}$	弯锚=支座宽-保护层+$1.7l_{aE}$	长度=净长+直锚+弯锚
		梁顶有高差 且 $c/h_c\leqslant 1/6$	下部通长筋斜弯通过，不断开		弯锚同端支座	长度=净长+两端锚固
		梁宽度不同	宽出的不能直通的钢筋弯锚		上部钢筋：$0.4l_{aE}+15d$ 下部钢筋：max（$0.5h_c+5d$）$+15d$	窄梁长度=净长+端支座弯锚+中间支座弯锚+中间支座直锚（l_{aE}）；宽梁长度=净长+两端入两端锚固伸入中间支座弯锚
悬挑端	悬挑端钢筋		悬挑梁上部钢筋伸入跨内直锚	max($0.5h_c$ $+5d$, l_a)	h_c：支座宽度	长度=直锚+弯钩（下弯至梁底后回弯$5d$）
	跨内钢筋		按屋面框架梁端节点（弯到梁底）或下弯$1.7l_{aE}$			
下部钢筋	端支座			max($0.5h_c+5d$, $0.4l_{aE}$)$+15d$		长度=净长+锚固=max($0.5h_c+5d$, $0.4l_{aE}$)$+15d$
	中间支座变截面		同抗震楼层框架梁			

附表 8 悬挑梁

		悬挑梁	备注	计算公式
上部钢筋悬挑端	第一排	$l < 4h_b$，全部伸至远端	伸至远端下弯再回弯 $5d$（$h_b - 2c + 5d$）	c：保护层厚度	长度＝悬挑端长度＋悬挑远端下弯＋支座宽度＋跨内延伸长度（$l_n/3$）
		$L > 4h_b$，除角筋外，第一排总根数的 1/2 不伸至悬挑梁远端即下弯	按 45°角下弯后平直段伸至远端	h_b，悬挑远端高度	长度＝悬挑端下平直段长度（$10d$）＋下弯斜长＋上平直段＋支座宽度＋跨内延伸长度（$l_n/3$）
	第二排	伸至 0.75L 位置		L：悬挑梁长	长度＝悬挑远端下平直段长度（$0.75L$）＋支座宽度＋跨内延伸长度（$l_n/3$）
下部钢筋		锚固 $12d$			长度＝净长＋锚固（$12d$）
箍筋	长度	悬挑远端变截面时按平均高度计算			
	根数	与边梁垂直相交时，布置至边梁（箍筋距梁边有 50mm 的起步距离）			
纯悬挑梁上部钢筋锚固	弯锚	$\max(h_c - c, 0.4l_{aE}) + 15d$（$l_a > h_c$，支座宽度）			长度＝净长＋悬挑远端下弯＋端支座锚固
	直锚	$\max(l_a, 0.5h_c + 5d) + 5d$（$l_a < h_c$，支座宽度）			长度＝净长＋悬挑远端下弯＋端支座锚固

附表9　基础主梁钢筋

基础主梁钢筋			备注	计算公式
基础主梁JZL(在支座要布置箍筋)	上部和下部贯通筋	成对连通布置		长度=2×(梁长-保护层)+2×(梁高-保护层)
	上部或下部多出钢筋	上部和底部通筋成对连通以后，多出的钢筋伸至端部弯折15d		长度=自轴线起延伸长度+轴线外支座宽度=(0.5h_c-c)+15d
	中间支座非贯通筋	自轴线起延伸长度：max(l_0/3, 1.2l_a+h_b+0.5l_c)	l_0：净跨长；h_b：主梁截面高度；h_C：沿基础梁跨度方向的柱截面高度	长度=两端延伸长度=2×max($l_0/3$, 1.2l_a+h_b+0.5h_c)
	端支座非贯通筋			长度=自轴线起延伸长度+轴线外支座宽度=(0.5h_2-c)+15d
	有外伸	上部上排筋 伸至悬挑远端弯折12d		长度=2×(梁长-保护层)+(梁高-保护层)+2×12d
		上部下排筋 不伸至悬挑端，在悬挑根部支座边弯折12d		长度=净长+2×支座宽度-2×保护层+12d
		下部上排筋 伸至悬挑远端不弯折(与上部下排筋连接)	外伸端长度=外伸净长-保护层	长度=自轴线起的延伸长度+(轴线外支座宽度-c)+(梁高-c)+上部下排贯通筋长度

续表

基础主梁钢筋				备注	计算公式
有外伸	下部下排筋	伸至悬挑远端弯折 12d			与上部上排筋连接，在外伸端同时弯折 12d
箍筋根数	与柱相交的节点要布置箍筋，按跨端长一种箍筋进行配置				
基础主梁 JZL(在支座布置箍筋)	变截面梁顶底有高差处	低标高第一排钢筋	上部筋	锚固 l_a	锚入支座 l_a	上下部钢筋两个相互连接
			下部筋	伸至变截面顶再加 l_a	伸入高标高下端再加 l_a	
		低标高第二排钢筋	上部筋	锚固 l_a		
			下部筋	伸至尽端且总锚≥l_a	伸至支座尽端且总锚≥l_a	
		高标高第一排钢筋	上部筋	伸至低标高梁顶面再加 l_a		
			下部筋	锚固 l_a		
		高标高第二排钢筋	上部筋	伸至尽端且总锚≥l_a		
			下部筋	锚固 l_a		

续表

基础主梁钢筋

构件	部位	细分	说明	备注	计算公式
基础主梁JZL（在支座要布置箍筋）	梁宽度不同	较宽的上下部第一排钢筋	连通设置	锚固 max(0.5h_c, 12d)	长度＝净长＋两端锚固＝max(0.5h_c, 12d)
		较窄的上下部第二排钢筋	伸至尽端且总锚≥l_a		
	上部贯通筋		锚入支座 l_a		长度＝净长＋两端锚固
	下部贯通筋				
	底部非贯通筋		自轴线起延伸长度：max($l_0/3$, 1.2l_a＋h_b＋0.5b_b)；h_b：次梁截面高度；b_b：支座宽度	端支座长度＝支座锚固长度(l_a)＋支座外延伸长度（轴线延伸长度—0.5b_b）中间支座长度＝2×轴线延伸长度	
	有外伸	同基础主梁JZL			
基础次梁JCL（净长范围布置箍筋）	上部钢筋		锚固 max(0.5h_c, 12d)	h_c：支座宽度	
	变截面梁顶底有高差处	下部低标高端	下部第一排：伸至变截面顶再加 l_a	下部钢筋：同基础主梁梁顶梁底有高差的情况	长度＝净长＋两端锚固
			下部第二排：伸至尽端且总锚≥l_a		
		下部高标高端	锚入 l_a		

		基础主梁钢筋	备注	计算公式
基础次梁JCL（净长范围内布置箍筋）	梁宽度不同	下部各排多出的钢筋	伸至尽端且总锚≥l_a	
	箍筋根数	只有净长范围内布置箍筋		
侧部构造筋	侧部钢筋拉筋	十字交叉	锚固15d	
		丁字交叉	横梁外侧的侧部构造筋贯通，其余锚固15d	
	拉筋直径$\phi8$，同距为箍筋间距的两倍			

附表10　承台梁、基础连梁、地下框架梁钢筋

		承台梁、基础连梁、地下框架梁钢筋	备注	计算公式
承台梁	上部、下部贯通筋	伸至梁端部弯折10d	承台梁的长度为从最外侧桩外侧桩边计算：方桩≥25d；圆桩≥25d+D（D：圆筋直径；d：钢筋直径）	长度=梁长−保护层+弯折10d
	箍筋	全长布置		
基础连梁	多跨基础连梁	上下部纵筋	各跨两端支座锚固l_a	长度=净长+两端支座锚固l_a
		箍筋	净长范围内布置	锚固长度的起算点是柱，而不是承台边

续表

		上部纵筋	下部纵筋	备注		计算公式
					箍筋根数	
基础连梁	无外伸单跨基础连梁	基础连梁顶面低于承台顶面≥5d（d为上部钢筋的直径）			在净长范围内布置	上/下钢筋长度＝承台间净长＋l_a
		基础连梁顶面和承台顶面一平，或者低于承台顶面＜5d	锚固 l_a			
		基础连梁顶面高于承台顶但底面低于承台顶面	伸至端部＋下弯c（顶标高差）＋15d		在全长范围内布置	锚固长度的起算点是承台边
地下框架梁	上下部纵筋支座锚固	上下部纵筋端支座锚固	$\max\left(h_c-c,\ 0.4l_{ae}+15d\right)$		h_c：支座宽度	长度＝净长＋两端支座锚固
	下部钢筋中间支座直锚	下部钢筋中间支座直锚	$\max\left(l_{ae},\ 0.5h_c+5d\right)$			
	支座负筋延伸长度	支座负筋延伸长度	$l_n/3$（l_n为本跨净长度，端支座和中间支座相同）			长度＝支座宽度＋左右边延伸长度

附表 11 基础梁 JL、基础圈梁 JQL 和侧部钢筋

基础梁 JL、基础圈梁 JQL 和侧部钢筋		备注	计算公式
基础梁 JL	上部各排贯通筋	伸至梁端弯折 12d	长度＝梁长＋端部下弯 12d
	下部各排贯通筋	伸至梁端弯 15d	长度＝梁长＋端部下弯 15d
	底部非贯通筋延伸长度	自轴线起 $l_0/3$ h_b：梁截面高度； h_c：支座宽度	端支座非贯通筋＝自轴线起的延伸长度（$L_0/3$）＋轴线外支座宽度＋15d 中间支座非贯通筋＝两端延伸长度＝2×max($l_0/3$，1.2l_a，h_b＋0.5h_c)
	有外伸	同筏基础主梁 JZL	
	变截面	变截面	
基础圈梁 JQL		同基础圈梁 JL、基础圈梁上部和下部一般只有一排钢筋，这排在变截面时就就同基础圈梁 JL 中的上部和下部第一排钢筋	
侧部钢筋		同梁板式筏形基础的基础主梁 JZL	

附表 12　柱插筋

柱插筋					备注	计算公式
基础内长度	梁板式筏基	容许竖向直锚深度 $<l_{aE}$		全部纵筋插至基础底部	基础深度－保护层 $<l_{aE}$	基础内长度＝基础深度－保护层＋a
				底部弯折 a（a值查表）		
		容许竖向直锚深度 $\geqslant l_{aE}$		柱角插筋插入基础底部		柱角筋长度＝基础深度－保护层＋max($6d$, 150)
				柱中部插筋插入基础 l_{aE}		柱中部插筋＝l_{aE}＋max($6d$, 150)
				底部弯折 max($6d$, 150)		
	板式基础	容许竖向直锚深度 $\geqslant l_{aE}$	板厚 $\leqslant 2m$	柱角插筋插入基础底部		
				柱中部插筋插入基础 l_{aE}		
				底部弯折 max($6d$, 150)		
			板厚 $>2m$	柱角部插筋支在基础		
				板中部配筋上表面后弯折		
				柱中部钢筋插至 l_{aE}深度后弯折		
				底部弯折 max($6d$, 150)		

续表

				柱插筋	备注	计算公式
柱 插 筋	基 础 内 长 度	板式 基础	容许竖向直 锚深度<l_{aE}	板厚 ≤2m	全部纵筋插至基础底部	
					底部弯折 a(a值查表)	
		单柱、 独柱、 条基	容许竖向直 锚深度≥l_{aE}		柱角插筋插入基础底部	
					柱中部插筋插入基础 l_{aE}	
					底部弯折 max($6d$, 150)	
			容许竖向直 锚深度<l_{aE}		柱全部纵筋插至基础底部	
					底部弯折 a(a值查表)	
		设基 础梁 的双 柱独 基	容许竖向直锚 深度≥l_{aE}		柱角插筋又与基础梁轴线平行布置 的柱中部插筋伸至基础底部	
					柱中部锚入基础梁横断面的 插筋插至 l_{aE}	
					底部弯折 max($6d$, 150)	
		桩基 独立 承台	基础容许向 直锚深度 <l_{aE}		柱全部插筋插至基础底部	
					底部弯折 a(a值查表)	
			基础容许向 直锚深度 ≥l_{aE}且≥35d		柱角插筋插入基础底部	
					柱中部插筋插入基础 l_{aE}	
					底部弯折 max($6d$, 150)	

387

续表

			柱插筋		备注	计算公式
柱插筋	基础内长度	桩基独立承台	基础容许竖向直锚深度 < l_{aE} 且 <35d	柱全部纵筋插至基础底部		
				底部弯折 a（a值查表）		
		大直径灌注桩		锚入桩≥35d		
				底部弯折 max(6d, 150)		
		芯柱		锚入≥0.7l_{aE}		
	伸入基础高度			$h_n/3$（错开连接）		
箍筋	梁板式筏基	梁底与板底一平	间距≤500，且不少于两道矩形封闭箍	基础板高度范围内箍筋根数		
		梁顶与板顶一平	间距≤500，两道矩形封闭箍	基础梁高度内箍筋根数		
	板式筏基、独基、条基、桩承台		同基础以上柱箍筋	间距≤500，且不少于两道矩形封闭箍		
芯柱			同基础以上芯柱箍筋			

续表

柱插筋		柱基础插筋底部弯折长度表		备注	计算公式
竖直长度(mm)	弯钩直段长度(mm)	竖直长度(mm)	弯钩直段长度(mm)		
≥0.5l_{aE}	12d且≥150	≥0.7l_{aE}	8d且≥150		
≥0.6l_{aE}	10d且≥150	≥0.8l_{aE}	6d且≥150		

附表 13　地下框架柱钢筋

地下框架柱钢筋			计算公式	备注
普通柱	纵筋	下部非连接区 $H_n/3$		H_n：基础顶面或板顶面至梁顶底距离
		上部非连接区 max($H_n/6$，h_c，500)		高低位筋错开距离：max(35d，500)
	箍筋 加密区	下部加密区长度：$H_n/3$		h_c：柱宽度
		上部加密区长度：max($H_n/6$，h_c，500)		上部加密区高度＝梁板厚＋梁下箍筋加密区高度＝梁板厚＋max($H_n/6$，h_c，500)
短柱	纵筋	下部非连接区 max($H_n/3$，h_c)		H_n：h_c＜4，则为短柱
		上部非连接区 h_c		
	箍筋 加密区	全高加密		

附表 14　框架柱中间层钢筋

框架柱中间层钢筋				备注	计算公式
普通柱	纵筋	基本计算公式	本层层高－本层非连接区高度＋伸入上层非连接区高度		中间层上下连接区为 $\max(H_n/6,\ h_c,\ 500)$
		上柱比下柱钢筋多	多出的钢筋伸入下层 $1.2l_{aE}$	从板顶向下 $1.2l_{aE}$	长度＝非连接区高度＋伸入下层长度 $(1.2l_{aE})$
		下柱比上柱钢筋多	多出的钢筋伸入上层 $1.2l_{aE}$	从梁底向上 $1.2l_{aE}$	长度＝本层净高－本层非连接区高度＋伸入上层上层层高度 $(1.2l_{aE})$
		上柱比下柱钢筋直径大	上柱大直径的钢筋伸入下层，在下层的上部非连接区以下位置连接		
			下柱小直径钢筋由下层直接伸到本层上部，与上层下来的大直径的钢筋连接		
	箍筋	上部加密区高度	上部非连接区高度＋顶梁板高		
		下部加密区高度	下部非连接区高度		
短柱	纵筋	下部非连接区高度	$\max(h_c/3,\ h_c)$		
		上部非连接区高度	h_c		
	箍筋	全高加密			
中间层变截面	非直通构造，双侧缩进	$c/h_b > 1/12$，采用非直通构造	c: 缩进距离；h_b：梁及板厚度	下部纵筋＝本层层高－下部非连接区－上部保护层＋ $(c+15d)$	下部纵筋＝伸入下层高度 $(1.5l_{aE})$ ＋本层下部非连接区高度
				上部纵筋＝伸入下层高度	

附表 15 柱顶层钢筋计算

柱顶层钢筋计算		备注	计算公式
中柱	直锚：伸至柱顶－保护层	$l_{aE} < h_b$（梁高）	长度＝本层层高－保护层－本层非连接区高度
	弯锚：伸至柱顶－保护层＋12d	$l_{aE} > h_b$（梁高）	长度＝本层净高－本层非连接区高度＋（梁高－保护层＋12d）
边、角柱	梁纵筋下柱纵筋弯折搭接型	外侧钢筋	不少于 65%，自梁底起 1.5l_{aE}	
			剩下的位于第一层钢筋，伸至柱顶，柱内侧边下弯 8d	
		内侧钢筋	剩下的位于第二层钢筋，伸至柱、柱内侧边	
			直锚：伸至柱顶－保护层	
			弯锚：伸至柱顶－保护层＋12d	
	梁纵筋与柱纵筋竖直搭接型	外侧钢筋	直锚：伸至柱顶－保护层	
			弯锚：伸至柱顶－保护层＋12d	
		内侧钢筋	弯锚：伸至柱顶－保护层＋12d	

附表 16 板顶筋下板底筋的区别

钢筋	锚固长度	连接方式
板底筋	≥5d 且到支座中心线	按板块分跨计算
板顶筋	l_a	可贯通计算

附表 17 板底筋钢筋 (两端均有弯钩 6.25d)

板底筋钢筋 (两端均有弯钩 6.25d)				备注	计算公式
长度	端支座	梁	≥5d 且到支座中心线		长度=净长+端支座锚固+弯钩长度 (180°为 6.25d)
		剪力墙			
		圈梁			
		砖墙	max(120, h)	h: 板厚度	
	中间支座	梁	≥5d 且到支座中心线		
		剪力墙			
		圈梁			
		砖墙	max(120, h)		
	洞口边	伸到洞口边弯折			
	延伸悬挑板 (下部构造筋)	悬挑端	h−2×15(保护层)		
			伸至悬挑梁一保护层		
		支座锚固	12d		
根数	起步距离		1/2 板筋同距		

附表18 板顶筋

长度			板顶筋		备注	计算公式
	两端支座锚固	梁		l_a	在梁角筋内侧弯钩	长度＝净长＋两端支座锚固长度
		剪力墙			在墙外侧水平筋内弯钩	
		圈梁			在外侧圈梁角筋内侧弯钩	
	连接		跨中 $l_0/2$			
	两邻跨板顶筋配置不同		配置较大的钢筋穿越其标注的起点或终点，伸至邻跨跨中连接			长度＝净长＋端支座锚固＋跨中连接（$l_0/2$＋搭接长度）
	洞口边		伸到洞口边弯折	$h-2×15$（保护层）		
	延伸悬挑板		板顶筋伸至悬挑远端，下弯至板底再回弯 $5d$			长度＝净长＋端支座锚固＋下弯长度
	支座负筋替代板顶筋分布筋		双层配筋的板上又配置支座负筋时，支座负筋可替代同行的板顶筋分布筋			

附表 19　支座负筋

支座负筋			备注	计算公式
中间支座负筋	基本公式=延伸长度+弯折	延伸长度	自支座中心线向跨内的延伸长度		
		弯折长度	$h-15$（保护层）		
	转角处分布筋扣减		分布筋和相交之相交的支座负筋搭接 150mm		
	两侧与不同长度的支座负筋相交		其两侧分布筋分别按各自的相交情况计算		
	丁字相交		支座负筋遇丁字相交不空缺		
	板顶筋替代负筋分布筋		双层配筋，又配置支座负筋时，板顶可替代同向的负筋分布筋		
端支座负筋	基本公式=延伸长度+弯折	延伸长度	自支座中心线向跨内的延伸长度		
		弯折长度	$h-15$		
跨板支座负筋	跨长+延伸长度+弯折				

附表 20　墙身水平筋

	墙身水平筋		备注	计算公式
内侧钢筋	锚入暗柱	伸至暗柱对边弯折 15d		长度＝墙长－2×保护层＋2×弯折 15d
	锚入端柱	直锚：l_{aE}	$h_c > l_{aE}$ 时直锚	长度＝墙长－保护层＋暗柱弯锚＋端柱直锚
		弯锚：伸至端柱对边弯折 15d	$h_c < l_{aE}$ 时弯锚	长度＝墙长－保护层＋弯折 15d
	斜交墙	伸至斜交墙内拐点＋l_{aE}		长度＝墙长－保护层＋一端弯折 15d＋斜交处锚固 l_{aE}
	端部无暗柱	伸至尽端弯折 15d		
	洞口处	在洞边切断，与外侧钢筋交错 5d	与外侧钢筋交错 5d(1/2 墙宽＋5d)	
外侧钢筋	端部遇暗柱	同内侧钢筋遇暗柱		
	端部遇端柱	同内侧钢筋遇端柱		
	转角处	连续布置		
		断开布置，断开后，分别弯折 20d		
水平筋根数	从基础到剩屋顶连续布置			

附表 21 墙身竖向筋

		墙身竖向筋		备注	计算公式
在基础内的插筋	条基/筏基	容许竖向直锚深度≥l_{aE}	墙部分插筋采用伸至 l_{aE} 位置并做弯折，墙部分插筋采用伸至 l_{aE} 位置截断，由设计注明（哪些钢筋截断）	弯折 max($6d$，150mm)	
		容许竖向直锚深度<l_{aE}	全部墙插筋伸至基础底部并做弯折		
	桩基承台	容许竖向直锚深度≥l_{aE}	墙部分插筋采用伸至 max(l_{aE}，$35d$) 位置并做弯折，墙部分插筋采用伸至 max(l_{aE}，$35d$) 位置截断，由设计注明（哪些钢筋截断）	弯折 max($6d$，150mm)	
		容许竖向直锚深度<l_{aE}	全部墙插筋伸至基础底部并做弯折	弯折<$6d$，150mm)	
中间层长度	无变截面		层高-本层非连接区高度+伸入上层非连接区高度（错开连接，错开$35d$）	首层从基础顶面算起	
	变截面	下层竖向筋	下层墙身竖向钢筋伸至变截面处向内弯折，至外面竖截面处截断，各分布筋处截断	长度=(层高-保护层)-基础顶面非连接区高度一错开连接+(墙厚+墙厚-保护层)	
		上层竖向筋	伸至下层 1.5l_{aE}		
顶层长度			伸入板内 l_{aE}（注意是从板底算起）	框架柱净高是层高-梁高	剪力墙中，顶层竖向筋则是伸入板内，即使顶面有暗梁或连梁，也从板底起算

396

			计算公式	备注
竖向钢筋根数	端部为构造型柱	（墙净长－起步距离）/间距＋1		起步距离为1/2竖筋间距
	端部为约束型柱	约束型柱扩展部位单独计算		
		剩下的：（墙净长－起步距离）/间距＋1（此时的净长＝墙长－约束型柱核心部位－约束型柱扩展部位宽）		起步距离为1/2竖筋间距

附表22　墙柱钢筋

		墙柱钢筋		计算公式	备注
端柱	墙柱钢筋	纵筋箍筋均同框架柱			
	在基础内的插筋	条基/筏基	容许竖向直锚深度≥l_{aE}	阳角插筋伸至基础底弯折	做90°弯折，弯钩直段长≥6d 且≥150（容许竖向直锚深度≥l_{aE}）
			容许竖向直锚深度＜l_{aE}	其余插筋采用伸至l_{aE}位置截断	做90°弯折，弯钩直段长见弯钩表（容许竖向直锚深度＜l_{aE}）l_{aE}
		桩基承台	容许竖向锚深度≥l_{aE}且≥35d	全部墙插筋伸至基础底部并做弯折	
				阳角插筋伸至基础底弯折	做90°弯折，弯钩直段长≥6d 且≥150
				其余插筋采用伸至max（l_{aE}，35d）位置	
暗柱					

397

续表

		墙柱钢筋	备注	计算公式
暗柱	在基础内的插筋	各桩竖向直锚深度 $<l_{aE}$且$<35d$ / 桩基承台 全部墙插筋伸至基础底部并做弯折	做 90°弯折，弯折直段长度取 35d 减实际竖直锚固长度且 ≥6d 且≥50	
	中间层长度 同墙身竖向筋	层高一本层非连接区高度+伸入上层非连接区高度（错开连接，错开 35d）		
	顶层长度 同墙身竖向筋	伸入板内 l_{aE}（注意是从板底算起）		

附表 23 墙梁钢筋

			墙梁钢筋	备注	计算公式
连梁	纵筋	端部为墙身	锚入墙身内 $\max(l_{aE},\ 600)$	洞口上方的梁为连梁	
		端部为墙柱	锚入墙柱内 $\max(h_c-c,\ 0.4l_{aE})+15d$		
		中间层	在洞口宽度内布置、起步距离 50mm		
	箍筋	顶层	在纵筋长度范围内布置，洞口里侧起步距离 50mm，洞口外侧起步距离 100mm		

续表

			墙梁钢筋		备注	计算公式
暗梁	纵筋	中间层	端部锚固同墙身水平筋		墙顶为暗梁（类似圈梁）	
		顶层	上部钢筋	伸至梁端下弯 l_{aE}		
			下部钢筋	端部锚固同墙身水平筋		
		与连梁重叠	上、下部钢筋与连梁纵筋搭接：$\max(l_{lE}$，600)		连梁分布筋在墙内锚固 $\max(l_{aE}$，600)	
	箍筋		起步距离 1/2 间距			
			与连梁重叠时，连梁范围内不布置暗梁箍筋			
边框梁	纵筋	中间层	端部锚固同墙身水平筋		墙顶凸出墙身的为连框梁	
		顶层	上部钢筋	伸至梁端下弯 l_{aE}		
			下部钢筋	端部锚固同墙身水平筋		
		与连梁重叠	与连梁纵筋重叠的，搭接：$\max(l_{lE}$，600)			
			与连梁纵筋不重叠的，穿过连梁连通布置			
	箍筋		起步距离 1/2 间距			
			与连梁重叠时，连梁范围内边框梁与连梁箍筋各自设置			

参考文献

［1］汤振华. 钢筋工［M］. 北京：中国环境科学出版社，2003.

［2］侯国华. 图说钢筋工［M］. 北京：中国建筑工业出版社，2009.

［3］刘志国. 钢筋工［M］. 北京：中国环境科学出版社，2015.

［4］中华人民共和国住房和城乡建设部. 建筑工程施工职业技能标准：JGJ/T 314－2016［S］. 北京：中国建筑工业出版社，2016.